미중 패권경쟁과 두 개의 분화구

KODEF
안보총서
128

미중 패권경쟁과 두 개의 분화구

한반도와 대만, 그리고 한국의 국방전략

임기훈 지음

플래닛미디어
Planet Media

★

책을 내면서

미국과 중국, 글로벌 패권 경쟁국이자 자유민주주의와 공산주의의 양대 진영을 대표하는 초강대국이다. 미·중의 협력과 갈등의 사이클은 한반도는 물론 동북아, 나아가 아시아·태평양 지역의 안보 유동성에 심대한 영향을 미치고 있다. 특히 트럼프 행정부 2기 들어서는 지금껏 상수로 여겼던 미국의 아태 지역 중시 전략이 예측하기 어려운 변수로 작용하고 있으며, 미국의 군사전략과 미군의 작전수행개념, 부대·전력구조 역시 급속한 변화에 직면하고 있다. 한반도와 대만은 미국의 국방·군사전략의 변화가 직접적으로 영향을 미치는 두 개의 분화구이다. 일본·호주·필리핀 등 아태 지역의 주요 국가들은 미·중 간 패권경쟁의 한복판에서 자국의 이익을 위해 협력과 경쟁을 하고 있다. 우리 군이 처한 국내적 상황은 더욱 엄중하다. 병역자원의 급속한 감소, 우수 자원의 군 이탈 가속화, 국방 전 분야에 걸친 급격한 비용 상승, 곳곳에 산재한 비효율적·소모적 규정과 제도 등 풀기 어려운 난제가 산적해 있다.

대한민국은 세계 10위권의 경제 강국이자 연간 60조 원 이상을 국방비로 사용하는 군사 강국이다. 동남아·아프리카·남미 등 수많은 개발도상국의 부러움을 받고 있는 뛰어난 과학기술 역량과 교육 인프라, 훌륭한 인재들을 보유하고 있다. 그러한 자원을 활용해 이제 우리 군도 선진 정예화된 군으로 발돋움해야 한다. 대한민국의 국방전략과 군사력 건설의 패러다임을 재설계하고, 국가적 역량을 결집해 우리가 마주한 높은 파고를 헤쳐나가야 한다.

이 책은 이러한 문제들에 대한 필자의 오랜 고민을 서술하고 있다. 육군 교육사령부에서 근무하면서 미중관계, 미래전, 드론·로봇, AI 등에 대해 고민하였고, 국방부에 근무하면서 『미래국방혁신구상』을 통해 우리 군이 나아가야 할 방향을 화두에 올렸다. 국가안보실 그리고 국방대학교에 재직하면서 군사력 운용·군사력 건설 등 국방 전 분야에 걸쳐 혁신 방안을 도출하기 위해 고심했다.

이 책이 나오기까지 많은 분들의 도움과 격려가 있었다. 필자가 존경하는 예비역 장군께서는 필자에게 한미동맹과 우리 군의 국방전략과 관련한 책을 출간할 것을 당부하셨다. 군에 대해 한없는 애정을 갖고 계시는 대선배의 고언은 지난 2년간 필자가 이 책을 집필할 수 있는 큰 동력이 되었다.

또한 국방대학교 총장으로 재직하면서 미 CSIS 등 유수의 안보·국방 전문가와 함께 대한민국의 국방·안보 사안에 대해 토의할 수 있는 시간을 가졌다. 북핵, 확장억제, 미중관계, 한미일 안보협력, 국방획득체계, AI,

드론·로봇, MRO 등 국가안보와 관련된 다양한 주제를 놓고 치열하게 논의했던 시간들은 너무도 소중한 자양분이 되었다. 국방대학교 교수진을 비롯해 수많은 세미나·포럼에서 지혜와 지식을 나누어 준 안보전문가 분들께 감사의 말씀을 드린다.

이 책의 집필 과정에서 국방대 도서관 교직원분들이 보여준 성심성의는 잊지 못할 것 같다. 그 분들의 책임감과 봉사정신은 학교를 거쳐간 많은 군 간부와 공무원, 외국군에게도 큰 감명을 주었음을 말씀드리고 싶다.

마지막으로 항상 나에게 격려와 진심어린 조언을 준 아내 오성희, 두 아들 재형·재윤에게 존경과 감사의 마음을 전한다. 원고의 출간을 위해 각별히 애써주신 도서출판 플래닛미디어 김세영 대표님께도 감사드린다. 아울러 지금 이 순간에도 국토방위와 국민 안전을 위해 헌신하고 있는 군 장병 여러분께 항상 믿고 신뢰한다는 말씀을 올린다. 아무쪼록 이 책이 격변하는 아태 지역 정세를 이해하고, 우리 안보 현실에 대해 다같이 고심하는 데 일조했으면 하는 바람이다.

2025년 11월

임 기 훈

| 차 례 |

★ CHAPTER 2 ★ 두 개의 분화구

| 표 차례 |

| 그림 차례 |

| 약어표 |

A2/AD Anti-Access/Area Denial 반접근/지역거부

ADIZ Air Defense Identification Zone 방공식별구역

AFB Air Force Base 공군기지

AUKUS Australia-United Kingdom-United States
호주-영국-미국 3국 안보협력 파트너십

BMD Ballistic Missile Defense 탄도미사일방어

BMDR Ballistic Missile Defense Review 탄도미사일방어검토보고서

C4ISR Command, Control, Communication, Computer, Intelligence, Surveillance, and Reconnaissance
지휘, 통제, 통신, 컴퓨터, 정보, 감시 및 정찰

CFC ROK-U.S. Combined Forces Command 한·미 연합군사령부

CIS Commonwealth of Independent States 독립국가연합

COTP Condition-based Operational Control Transition Plan
조건에 기초한 전작권 전환계획

DFE Dynamic Force Employment 역동적 군사력 운용

DPG Defense Planning Guidance 국방기획지침

DSC Deterrence Strategy Committee 억제전략위원회

DTT Defense Trilateral Talks 한·미·일 안보토의

FMC Full Mission Capability 완전임무수행능력

FOC Full Operational Capability 완전운용능력

GBI Ground-based Interceptor 지상발사요격미사일

GOP General Outpost 일반전초

HIMARS High Mobility Artillery Rocket System 고기동다련장로켓시스템

ICBM Intercontinental Ballistic Missile 대륙간탄도미사일

INF Intermediate-Range Nuclear Forces Treaty 중거리 핵전력 조약

IOC Initial Operational Capability 초기운용능력

IRBM Intermediate Range Ballistic Missile 중거리탄도미사일

ISR Intelligence, Surveillance, and Reconnaissance
정보, 감시, 및 정찰

JMS Joint Military Strategy 합동군사전략서

JSCP Joint Strategic Campaign Plan 합동군사전략전역기획서

JSOP Joint Strategic Objective Plan 합동군사전략목표기획서

KAMD Korea Air and Missile Defense 한국형 미사일방어

KMPR Korea Massive Punishment and Retaliation 대량응징보복

MAD Mutual Assured Destruction 상호확증파괴

MaRV Maneuverable Reentry Vehicle 기동탄두 재진입체

MC Military Committee 군사위원회

MEF Marine Expeditionary Force 해병기동군

MIRV Multiple Independently targetable Reentry Vehicle
다탄두 재진입 탄두

MLRS Multiple Launch Rocket System 다련장로켓체계

MRBM Medium Range Ballistic Missile 준중거리탄도미사일

NATO North Atlantic Treaty Organization 북대서양조약기구

NCA National Command Authority 국가통수기구

NDS National Defense Strategy 국가방위전략(국방전략)

NMS National Military Strategy 국가군사전략

NPR Nuclear Posture Review 핵태세검토보고서

NSC National Security Council 국가안전보장회의

NSS National Security Strategy 국가안보전략

PAC Patriot Advanced Capability 패트리어트 성능개량

PDI Pacific Deterrence Initiative 태평양 억제구상

PGM Precision Guided Munition 정밀유도무기

PWRM Pre-positioned War Reserve Material 사전배치전쟁예비물자

RSOI Reception, Staging, Onward Movement, Integration
수용, 대기, 전방이동, 통합

QDR Quadrennial Defense Review 4개년 국방검토보고서

QUAD Quadrilateral Security Dialogue
미국·일본·인도·호주 4개국 안보대화

SCM Security Consultative Meeting 한미안보협의회의

SLBM Submarine-Launched Ballistic Missile 잠수함발사탄도미사일

SRBM Short Range Ballistic Missile 단거리탄도미사일

SSBN Ship, Submersible, Ballistic missile, Nuclear-powered
핵탄두 장착 탄도미사일 잠수함

SSN Ship, Submersible, Nuclear-powered 핵추진잠수함

THAAD Terminal High Altitude Area Defense 종말단계고고도방어

TTX Table Top Exercise 도상연습

UAV Unmanned Aerial Vehicle 무인항공기

UCC Unified Combatant Command 통합전투사령부

UNC United Nations Command 유엔군사령부

WMD Weapons of Mass Destruction 대량살상무기

★

서론

21세기 들어 아시아·태평양 지역은 세계의 정치·경제 중심지가 되었다. 그러나 아태 지역의 안보 상황은 북한 핵·미사일 위협, 중국의 군사적 팽창, 미·중을 중심으로 한 진영 간 대립 등으로 인해 불안정성이 지속되고 있다. 군사·외교·통상·문화·기술 등 모든 범주에서 글로벌 차원의 미·중 간 경쟁이 일상사처럼 벌어지고 있다. 미국 주도의 규칙에 기반한 국제질서는 붕괴 직전이며, 한미동맹은 전환기적 상황에 놓여 있고, 한국의 안보는 복합·다층적인 도전에 직면해 있다.

필자는 2022년 3월 『주한미군과 주일미군 : 미국의 아시아 안보전략』에서 향후 아태 지역의 안보적 불확실성이 증가하고 미국의 인도·태평양 전략이 본격적으로 추진되면 다음 4가지 분야를 주목해야 한다고 기술했다. 첫째, 주한미군의 전력 구조와 규모, 운용 개념의 변화 가능성이다. 주한미군은 한반도 방위 역할을 줄여나가면서, 전략적 유연성에 기초하여 동북아 안보를 위한 정치·전략적 역할을 더욱 확대해 나간다는 것이다. 둘째, 주일미군은 중국의 군사적 위협에 신속하게 대응할 수 있는 유일 전력이라는 측면에서, 주일미군의 전략적 중요성은 더욱 증대될 것이며, 주일미군을 중심으로 아태 지역에서 미국의 군사적 활동은 더욱 활발하게 진행될 것이라는 점이다. 셋째, 미국은 중국을 견제하고 아태 지역의 세력균형을 위해 미일동맹을 핵심축으로 하는 국방전략을 수립하고 지속 운용할 것이라는 것이다. 이는 주일미군과 일본 자위대와의 군사적 일체화를 더욱 가속화시키는 요인으로 작용한다. 넷째, 주한미군과 주일미군의 전력구조는 상호 보완적이다. 또한 아태 지역 미군 배치의 불균형성은 역내 안보위협에 신속하고 유연하게 대응하는 데 제약 요인으로 작용한다. 따라서 미국은 한국·일본을 하나의 작전 전구로 묶고, 주한미군과 주일미군을 통합적으로 운용하는 전략과 작전개념을 발전시킬 가능성이 높다는 점이다.[1]

이로부터 얼마 되지 않아 국제사회는 유럽과 중동 지역에서 전쟁이 동시에 진행되는 다중분쟁의 시대에 들어섰다. 중국과의 전략적 경쟁에 국가적 역량을 집중하고 있는 미국으로서는 유럽·중동 지역과 인도·태평양 지역에서 동시에 전개되는 다중분쟁과 경쟁 국면을 미국에 유리한 방향으로 이끌어 나가야 하는 크나큰 도전에 마주하게 된 것이다. 2025년 1월 출범한 트럼프 행정부 2기는 현재 진행 중인 분쟁을 신속하게 종결시키고, 미래에 잠재적으로 분쟁이 발발할 가능성이 큰 지역에 대해서는 분쟁을 억제하면서 미국 주도의 국제질서를 재확립해야 하는 숙제를 안게 되었다. 이를 위해서는 유럽·중동 지역의 분쟁에 대한 미국의 개입을 최소화하면서 미국의 전략적 노력을 인도·태평양 지역으로 집중시켜야 한다.

오바마 행정부 출범 이후 미국은 중국의 전방위적 안보 위협에 대응하는 것을 국가안보전략의 최우선 순위에 두고 있다. 트럼프 1기에 이어 바이든 행정부에서도 이러한 전략 기조는 유지되었으며, 트럼프 행정부 2기 들어서는 전통적 군사영역을 넘어 반도체·우주·사이버, 심지어 중국과의 학술적·문화적 교류까지도 안보 측면에서 바라보고 있다. 인도·태평양 지역은 미국과 중국의 치열한 전쟁터가 된 지 오래이다. 필자가 2022년 3월 제시한 4가지 사항이 가시화되고 있는 것이다.

인도·태평양 지역에서의 미·중 경쟁이 글로벌 분쟁으로 확산될 수 있는 도화선은 단연 한반도와 대만이다. 글로벌 차원의 미·중 경쟁에서 전략적 승리를 달성하는 데 있어, 한반도와 대만에 대한 미국의 국방전략과 군사적 접근법은 매우 중요하다. 대만의 안전과 동중국해와 남중국해 일대 항행의 자유는 글로벌 해상수송로의 안전한 확보에 필수불가결한 요소이다. 북한의 도발이 확고히 억제되어야만 미국은 인도·태평양 지역에 배치된 미군 전력을 유연하게 운용할 수 있다. 미국은 인도·태평양 지역에서 미 군사력의 행동의 자유를 확보하기 위해 대만해협의 안정을 최우선 순위에 두고 있으며, 북한의 위협은 2차 위협으로 간주하고 있는 것이 현실이다. 그러나 한반도와 대만 사태는 분리될 수 없는 불가분의 관계로 묶여 있다. 대만해협의 위기 상황은 한미동맹의 중대한 도전 요인이 될 것이며, 역으로 북한에게는 기회로 작용할 수 있다.

트럼프 행정부 1기 때 미군은 역동적 군사력 운용 개념Dynamic Force Employment, DFE을 제시했다. 군사력을 역동적이고 유연하게 운용함으로써 중국의 도전에 대응하겠다는 개념이다. 이 개념은 한국과 일본 등 동북아시아에 집중 배치된 미군 전력이 광활한 인도·태평양 지역의 군사적 위협에 효과적으로 대응하지 못하고 있다는 문제의식에서 비롯된 것이다. '역동적 군사력 운용'은 미군 전력 운용에 대한 중국의 예측 가능성을 감소시키는 장점이 있다. 그러나 이로 인해 역내 국가들이 느끼는 지역 안보의 불안정성은 더욱 증가할 수 있다.

아태 지역의 안보적 유동성이 극심해짐에 따라 일본·호주 등 아태 지역의 주요 국가들은 '자강'의 국방력을 갖추기 위해 국방예산을 대폭 증액하는 등 전에 없는 노력을 기울이고 있다. 대만해협 위기 시 주일미군을 중심으로 한 미군 전력의 대만해협 집중은 한미동맹의 대북 억제력에 큰 영향을 미치게 된다. 주한미군 병력과 장비의 입출경, 역내 미군 전력의 한국 내 기지 사용, 한미 간 유연한 사전협의 등 전략적 유연성을 실현할 수 있는 조치가 실행될 수도 있다. 한국은 대만에 대한 다양한 군사적·비군사적 지원 옵션을 요구받을 것이다. 위기는 우리가 생각하는 것보다 훨씬 더 빨리 올 수 있다.

필자는 이러한 시기에 아태 지역의 안보적 불확실성을 헤쳐나가기 위한 주요 국가들의 국방전략을 고찰하고, 두 개의 분화구, 즉 아시아·태평양 전역으로 확산될 수 있는 한반도와 대만의 위기상황에 대해 예측해 보았다. 그리고 우리가 직면하고 있는 거대한 안보 도전을 극복하기 위해 한국군이 지향해야 할 '자강과 혁신'의 국방전략에 대해 기술했다.

제1장에서는 아태 지역 주요 국가, 즉 미국·중국·일본·러시아·호주의 국방전략에 대해 소개했다. 위 5개국은 아태 지역의 국제질서를 주도하는 핵심 국가들이자 대한민국의 안보에도 중대한 영향을 미치는 아태 지역의 중심 국가이다. 위 국가들이 아태 지역의 전략환경을 어떻게 바라보고 있는지, 위협 인식을 토대로 어떠한 국방전략 개념과 군사력 건설 방향을 추진하고 있는지 이해하는 것은 매우 의미가 있다. 현재 미국·일본·호주는 광활한 아태 지역에서 자국에 유리한 국제질서를 형성하기 위해 자유주의 국가들을 규합하면서 한국의 동참을 요구하고 있다. 러시아는 '러시아 대국주의' 인식에 기반해 미국의 행태를 비판하면서, 북한과 연대해 아태 지역 안보질서에 도전하고 있다. 중국은 동·남중국해뿐만 아니라 서해까지 내해화 전략을 추진하면서 한국을 압박하고 전략적 선택을 강요하고 있다.

제2장은 두 개의 분화구, 즉 한반도와 대만의 위기 상황에 대한 것이다. 첫 번째 분화구는 한반도이다. 북한의 핵능력과 한미동맹의 대응능력, 미국의 핵태세 등을 살펴보고, 북한의 다양한 도발 양상을 제시했다. 두 번째 분화구는 대만이다. 대만을 둘러싼 미·중 간 경쟁과 대만해협 위기, 그리고 중국의 대만 침공 시나리오 등에 대해 기술했다. 중국이 대만을 위협하거나 침공할 경우 한국을 포함한 주변국가들이 취할 수 있는 전략적 옵션에 대해서도 서술했다. 현재 미국에서는 전략국제문제연구소Center for Strategic and International Studies, CSIS 등 유수의 싱크탱크들이 한반도와 대만에서의 동시 위기상황 발생 시나리오를 상정하고 미국과 동맹국의 대응방안에 대해 논의하고 있다. 한국의 안보 전문가들도 다수 참여하고 있는 만큼, 한반도와 대만에서의 동시 분쟁 가능성은 더 이상 논외 사안

이 아닌 우리가 마주하게 될 현실이 되고 있음을 지각해야 한다.

제3장은 한국의 국방전략에 대한 설명이다. 우리 앞에 놓여 있는 위기를 인식하고, 우리 군이 거센 도전을 극복하기 위해서는 우리의 국방전략을 재설계해야 한다. 군사력 운용 개념과 군사력 건설의 패러다임을 혁신해야 한다. '자강형 정예강군'이 되기 위해서 갖추어야 할 핵심능력이 무엇인지, 한미동맹과 다자안보협력을 강화하기 위한 접근방법, 국방인재를 양성하기 위한 교육체계 혁신 방안 등 국방전략 재설계를 위해 중요하게 고려해야 할 핵심 현안에 대해 필자의 견해를 기술했다.

많은 전문가들은 앞으로 10년이 우리에게 주어진 골든타임이라고 지적한다. 아무쪼록 이 책을 통해 미래 우리 국방을 이끌어 갈 인재들이 엄중한 국제정세를 인식하고, 다가올 위기에 대비할 수 있는 한국군의 국방전략, 군사력 운용 및 군사력 건설 방향에 대해 진지한 고민을 해주기를 바라는 마음이다.

★ CHAPTER 1 ★

아시아·태평양 지역 주요 국가들의 국방전략

★

호주 로위 연구소Lowy Institute가 발표한 2024년 기준 아시아·태평양 주요 국가들의 국력지수를 보면 초강대국Super Power인 미국과 중국이 모든 면에서 1, 2위를 다투고 있다. 아직은 8개 지수 중 경제관계를 제외한 모든 지수에서 미국이 앞서고 있으나, 중국은 미국을 제외한 다른 아시아 국가들을 압도한다. 전체 국력지수에서 한국은 7위, 대만은 14위, 북한은 17위로 평가되어 있다.

군사력만을 놓고 보면, 2025년 Global FirepowerGFP는 전 세계 145개국 중 각국의 재래식 육·해·공군 전력과 병력수, 국방비, 군수지원 능력, 지정학적 위치 등의 요소를 종합적으로 평가한 결과, 미국·러시아·중국이 1·2·3위이며, 그 뒤를 이어 4위 인도, 5위 한국, 6위 영국, 7위 프랑스, 8위 일본, 9위 튀르키예, 10위 이탈리아가 상위권의 군사강국이라고 발표했다. 호주는 18위에 랭크되어 있다. GFP는 한국이 북한에 비해 첨단 기술에서 우위를 보이고 있으며, 항공기, 소형 화기, 선박 건조

능력을 자체적으로 보유하고 있다고 평가하고 있다.[2]

국가들의 국력지수, 경제력, 군사력과 연성 소프트파워 측면에서 미국· 중국·러시아·인도·일본·한국·호주는 아시아·태평양 지역에서 국제질서와 세력균형을 좌우하는 핵심 국가들이다. 특히 미·중을 제외한 인도·일본·호주 등 중강국Middle Power들은 미·중 경쟁이 가열되고 있는 아시아·태평양 지역의 국제질서에 상당한 영향력을 발휘하고 있다. 이에 이번 장에서는 한국 안보의 중요 관계국이자 아태 지역 안보질서의 핵심 행위자인 미국·중국·일본·러시아·호주의 국방전략에 대해 고찰해 보고자 한다. 지정학적 위치, 인도가 처한 전략적 환경, 한국 안보에 미치는 직접적 영향 등을 고려, 인도는 이 장에서 다루지 않기로 한다.

〈표 1-1〉 2024 아시아·태평양 지역 주요 국가들의 Power Index

구 분	국력	경제력	군사력	회복력	미래 자원	경제 관계	국방 네트워크	외교적 영향력	문화적 영향력
1. 미국	81.7	90.2	90.0	85.0	79.5	57.1	85.1	85.1	80.9
2. 중국	72.7	86.7	69.7	70.6	71.1	98.1	23.6	93.4	47.0
3. 인도	39.1	26.1	45.2	56.5	55.9	17.5	19.0	70.2	38.7
4. 일본	38.9	27.2	29.0	35.6	11.6	35.9	58.3	88.8	42.5
5. 호주	31.9	12.9	27.0	41.6	10.2	22.8	62.8	64.8	35.4
6. 러시아	31.1	12.7	54.8	68.9	20.4	5.9	18.4	56.0	20.5
7. 한국	31.0	18.8	33.4	34.8	11.1	27.0	39.3	66.1	27.2
8. 싱가포르	26.4	14.9	24.5	29.5	7.2	30.3	29.3	57.1	26.7
9. 인니	22.3	9.7	15.7	32.0	12.7	17.7	19.1	65.6	22.5
10. 태국	19.8	8.5	13.1	27.5	5.2	20.2	16.7	52.6	27.7
14. 대만	16.0	13.2	22.0	27.4	7.3	11.6	11.0	22.5	13.0
17. 북한	11.3	2.3	27.3	34.6	3.4	0.0	8.3	13.5	1.0

* 출처 : 호주 Lowy Institute

1
★
미 국

(1) 국방전략

가. 안보전략 체계

미국의 국가안보전략 체계는 1986년 '골드워터·니콜스 법'에 따라 '국가안보전략National Security Strategy, NSS – 국가방위전략National Defense Strategy, NDS – 국가군사전략National Military Strategy, NMS'으로 법제화되었다.[3] 그에 따라 문서 형태의 『국가안보전략』은 1987년부터 현재까지 레이건 행정부 시절 2회(1987, 1988), H. W. 부시 행정부 시절 3회(1990, 1991, 1992), 클린턴 행정부 시절 7회(1994, 1995, 1996, 1997, 1998, 1999, 2000), W. 부시 행정부 시절 2회(2002, 2006), 오바마 행정부 시절 2회(2010, 2015), 트럼프 행정부 1기 시절 1회(2017), 바이든 행정부 시절 1회(2022) 등 총 18회 발간되었다. 미국의 『국가방위전략NDS』은 2005년에 최초 발간되었으며 이후 2008년, 2018년, 2022년에 추가 발간되었다. 『국가군사전략』은

1995년 최초 발간 이래 1997년, 2004년, 2015년, 2018년, 2022년까지 여섯 차례 발간되었다.

'골드워터·니콜스 법'에 따라 법제화된 NSS-NDS-NMS 외에도 미국은 여러 형태의 추가적인 안보전략문서를 발간해 위의 3개 전략문서를 보완하거나, 특정 분야에서 보다 구체적인 전략지침을 제시하고 있다. 대표적 문서가 『4개년 국방 검토보고서Quadrennial Defense Review, QDR』이다. 미국은 1997년부터 매 4년 주기로 미국이 직면하고 있는 전략환경 평가, 국방전략목표 등을 작성해 의회에 제출했다. 그러나 NDS와의 중복성, QDR 작성에 방대한 인력이 투입되는 행정력 낭비 등의 지적에 따라 2017년 '국방수권법'에 의거 폐지하기로 결정, 2018년부터는 『국가국방전략NDS』으로 대체되었다.[4]

『미사일 방어 검토 보고서Missile Defense Review, MDR』는 미국이 직면하고 있는 러시아·중국·북한 등의 미사일 위협과 미국의 미사일방어체계를 점검하고, 향후 구상을 제시하는 전략문서이다. 오바마 행정부인 2010년 『탄도미사일 방어 검토 보고서Ballistic Missile Defense Review, BMDR』가 최초 발간되었고, 트럼프 행정부 1기인 2019년에는 BMDR 대신 MDR로 개칭해 발간되었다. 주변국의 미사일 능력이 점차 다종화·고도화되고, 탄도미사일뿐만 아니라 순항미사일의 위협과 능력도 증가하면서, 기존 탄도미사일 중심의 BMDR에서 탄도·순항미사일을 포함하는 MDR로 미사일방어체계의 범위를 확장한 것이다. 이후 바이든 행정부 들어 2022년에 MDR이 재차 발간되었다.

『핵태세 검토 보고서Nuclear Posture Review, NPR』는 미국의 국가안보전략NSS과 국방전략NDS을 뒷받침하면서, 미국의 핵태세와 핵전략에 대해 포괄적으로 기술한 전략문서이다. 1994년 클린턴 행정부에서 최초 발간된 이래, 2002년, 2010년, 2018년, 2022년 총 다섯 차례 발간되었다. 지난 2022년 10월 발표한 바이든 행정부의 NPR은 북한이 미국이나 동맹국·파트너에 핵공격을 가하면 정권의 종말에 이르게 될 것임을 경고하는 내용을 명시했다. 2022년에는 NPR과 MDR, NDS를 통합해 발간했다.

〈표 1-2〉 미국의 안보전략문서

전략문서	작성	내 용
국가안보전략서 (NSS)	백악관	• '골드워터 · 니콜스 법'에 의거 법제화 • 1987년 최초 발간, 2022년 최근 발간 – 레이건 행정부 2회(1987, 1988) – H.W. 부시 행정부 3회(1990, 1991, 1992) – 클린턴 행정부 7회(1994~2000년까지 매년) – W. 부시 행정부 2회(2002, 2006) – 오바마 행정부 2회(2010, 2015) – 트럼프 행정부 1기 1회(2017) – 바이든 행정부 1회(2022)
국가방위전략서 (NDS)	국방부	• '골드워터 · 니콜스 법'에 의거 법제화 • 2005년 최초 발간, 이후 2008, 2018년 발간 • 2022년에는 MDR과 NPR을 통합해 발간
국가군사전략서 (NMS)	합참	• '골드워터 · 니콜스 법'에 의거 법제화 • 1995년 최초 발간, 이후 1997년, 2004년, 2018년, 2022년 발간
4개년 국방 검토 보고서 (QDR)	국방부	• 1996년 9월 '국방수권법'에 의거 4년 주기로 발간하도록 법제화 • 1997년 최초 발간, 이후 2001, 2006, 2010, 2014년에 발간 • 2017년 '국방수권법'에 의거 폐지
미사일 방어 검토 보고서 (MDR)	국방부	• 2020년 『탄도미사일 방어 검토 보고서』로 최초 발간 • 2019년, 2022년 『미사일 방어 검토 보고서』 발간
핵태세 검토 보고서 (NPR)	국방부	• 1994년 최초 발간 이후 2002년, 2010년, 2018년, 2022년 발간
인도·태평양 전략 보고서 (IPSR)	국방부	• 2019년(국방부), 2022년(백악관) 발간

* 출처 : NSS~QDR은 임기훈, 『주한미군과 주일미군 : 미국의 아시아 안보전략』(2022), p.32에서 발췌, MDR 이하는 필자 작성

미국은 21세기 들어 부상하는 중국을 견제하고, 아시아 지역 국가들과 안보협력을 강화하기 위해 국방전략의 중심축을 인도·태평양 지역으로 전환하고, 2018년 '태평양사령부'를 '인도·태평양사령부'로 개편했다. 『인도·태평양 전략서』는 이러한 역동적인 전략환경을 반영하고 인도·태평양 지역에 대한 미국의 국가안보전략과 국방전략을 포괄하기 위해 발간되었다. 트럼프 행정부 1기 미 국방부는 2019년 6월 『인도·태평양전략보고서Indo-Pacific Strategy Report, IPSR』를 최초 발간하였고, 바이든 행정부 들어 2022년 백악관이 『인도·태평양 전략서Indo-Pacific Strategy of the U.S.』를 발간해 인도·태평양 지역이 미국 안보전략의 중심임을 재천명했다.

나. 국방전략의 최우선 순위

중국의 부상을 억제하고 미·중 경쟁에서 승리하면서, 안정적이고 개방된 국제체제를 유지하는 것이 미 국방전략의 요체이다. 이를 위해 미국의 국방전략은 4가지 국방 우선순위를 제시하고 있다. 이는 ①점증하는 중국의 다영역 위협으로부터 미 본토 방어 ②미국, 동맹국, 우방국에 대한 전략적 공격 억제 ③인도·태평양 지역에 대한 중국의 도전과 유럽에 대한 러시아의 도전에 우선순위를 두면서, 침략을 억제하되 분쟁에서 승리할 수 있도록 준비 ④회복성 있는 합동군과 국방 생태계를 구축하는 것이다.[5]

중국과 러시아 등의 위협으로부터 미국을 방어하고, 미국과 동맹국·우방국에 대한 전략적 공격을 억제하되, 분쟁 발생 시 승리할 수 있는 대비태세를 유지하면서, 미군의 회복력과 강건한 국방 생태계를 구축해 나가겠다는 것이다. 이러한 국방전략을 구현하기 위한 수단으로 '통합억제, 전역수행, 지속적인 우위 구축'을 강조한다.

통합억제Integrated Deterrence

'통합억제' 개념은 외교·정보·군사·경제 및 대외정책을 통합해 중국의 부상과 공세적 성향을 억제한다는 전략이다. 중국을 저지하고 인도·태평양 지역에서의 군사적 역량을 강화시키기 위한 노력은 특히 미국 해군과 공군의 전력 증강에 집중적으로 반영되었다.

전역수행Campaigning

전역Campaign이란 주어진 시간과 공간 내에서 전략적 또는 작전적 목표를 달성하기 위해 실시하는 일련의 연관된 주요 작전이다.[6] 전역수행이란 위에서 언급한 전략적·작전적 목표 달성을 위해 평시부터 전시까지 지·해·공·사이버·우주 등 전 영역에서 일련의 군사작전을 지속적으로 시행하는 것으로 정의할 수 있다. 즉, 미국의 국방전략목표를 달성하기 위해 일련의 연속적인 군사적 활동을 지속적으로 실행한다는 것이다. 군사적 우위를 확보하고, 억제 태세를 유지하면서, 회색지대 위협에 대응하기 위한 군사작전, 미국의 사활적 국가 이익에 대한 중국과 러시아의 침략을 억제하고, 위기 시 또는 분쟁 발발 시 상응하는 전투태세를 유지하는 모든 군사적 활동을 포함한다.

지속적인 우위 구축Building enduring advantages

미 국방부의 군사력 개발·설계 및 국방 관리의 재정비 등을 통해 미 국방전략의 수행에 적합한 합동군을 건설한다. 현재의 시스템은 매우 진부하며, 현 획득체계의 문제점을 인식하고, 첨단 무기체계와 비용 대비 효과 등을 고려한 군사 혁신, 국방인력 획득, 전력체계의 신속 획득 등을 통해 우세한 국방력을 지속적으로 유지하면서 군사력의 우위를 달성한다는 것이다.

다. 인도·태평양 전략

미국의 인도·태평양 전략의 핵심은 동맹국·우방국들을 규합해서 부상하는 중국을 적극적으로 견제한다는 것이다. 이러한 기조는 2022년 2월 발표된 『인도·태평양전략Indo-Pacific Strategy, IPS』, 2022년 10월에 공개된 『국가안보전략National Security Strategy, NSS』과 『국가방위전략National Defense Strategy, NDS』에도 그대로 반영되어 있다. 위의 전략서들이 제시하고 있는 인도·태평양 전략의 골격을 서술하면 다음과 같다.

자유롭고 개방된 인도·태평양 지역Free and Open Indo-Pacific, FOIP 구현

인도·태평양 지역은 자유롭고 개방되어야 한다. 자유롭고 개방된 인도·태평양 지역이란 ①민주주의와 투명성, 국제법에 근거한 항해와 영공 사용의 자유가 보장되고 ②미국 중심의 국제질서가 유지되어야 하며 ③자유로운 무역과 투자가 보장되고 ④안전해야 하며 ⑤기후변화와 코로나 등 자연재해에 적극적으로 대응할 수 있도록 유연한 지역을 의미한다.

미 국가안보전략NSS은 중국과의 경쟁에서 유리한 위치를 차지하고, 자유롭고 개방된, 그리고 번영하면서 안전한 국제질서를 구현하기 위해

①미 국력을 강화하기 위한 투자 ②동맹국·우방국과 강력한 연대 ③미 군사력의 증강 및 현대화라는 3가지 노력선을 제시하고 있으며, 향후 10년을 결정적인 골든타임으로 보고 있다.[7]

인도·태평양 지역의 안전 보장과 중국 억제를 위한 국제공조 강화

중국은 자유롭고 개방된 인도·태평양 지역 질서 유지에 지속적으로 도전하고 있으며, 미국은 인태 지역 국가들과 연합해 인태 지역의 이익과 가치를 수호해야 한다. 인태 지역에서 미국은 강력한 억제력을 유지해야 하며, 대만해협의 안정과 평화, 한반도의 비핵화를 적극 추구해야 한다. 이를 구현하기 위한 수단으로 QUAD Quadrilateral Security Dialogue[8]와 AUKUS Australia-United Kingdom-United States[9]를 더욱 강화해야 한다.

태평양 억제 구상 Pacific Deterrence Initiative, PDI

통합억제를 구현하기 위한 인도·태평양사령부의 구상이다. 하와이·괌 등 태평양 지역에서의 강력한 미군의 전투준비태세를 유지하고, 동맹·우방국과의 협력을 강화한다는 것이다.

역동적 군사력 운용 Dynamic Force Employment, DFE

트럼프 행정부 1기 때 제시된 '역동적 군사력 운용'은 중국 등 전략적 경쟁자들을 억제 및 격퇴하기 위해 예측이 불가능한 방향으로 미 군사력을 운용해야 한다는 것으로 정의할 수 있다. 미 군사력을 유연하고 탄력적으로 운용해 중국의 반접근/지역거부 Anti-access/Area-denial, A2/AD 전략에 대응하고, 군사력의 집중과 절약을 통해 미국이 직면하고 있는 당면 위협에 대응한다는 것이다. 미국은 이러한 군사력 운용 전략에 부합하기 위해 더 많은 해외 군사기지의 확보 필요성을 인식하고 있다. 다수의 군사기지를 확보하게 되면, 미 해군과 해병대의 전략적 전개 능력이 훨씬 배가되며, 필요 시 공군과 육군 전력을 추가로 배치할 수 있는 전략적 유연성이 증대된다.

(2) 통합전투사령부Unified Combatant Command

통합전투사령부Unified Combatant Command, UCC는 합참의장의 건의로 국방부장관을 경유해 대통령에 의해 지정되어 설치되고, 2개 이상의 군 구성부대에서 차출된 중요 부대로 구성되며, 단일 지휘관의 지휘 아래 광범위하게 계속적인 임무를 수행하는 사령부이다.[10] Unified Command(통합군사령부)라고 부르기도 한다.

미 통합전투사령부는 1947년 국가안보법이 제정되면서 최초 7개가 창실되있다. 극동사령부Far East Command, 태평양사령부Pacific Command, 알래스카사령부Alaskan Command, 동북사령부Northeast Command, 대서양함대Atlantic Fleet, 캐리비언사령부Carribean Command, 유럽사령부European Command이다.[11] 이후 통합전투사령부는 2년마다 임무·책임·작전지역을 규정하는 '통합군사령부 계획Unified Command Plan, UCP'에 따라 최신화되고 있으며, 2025년 6월 기준 미국은 11개의 통합전투사령부를 유지하고 있다.

11개의 통합전투사령부는 지역별 관할구역을 가진 7개 사령부와 기능별 임무를 가진 4개 사령부로 나뉜다. 지역별 통합전투사령부는 북부사, 남부사, 유럽사, 중부사, 아프리카사, 인도·태평양사, 우주사령부로서, 미국방부의 국방전략과 합동참모본부의 군사전략에 명시된 전략목표를 달성하기 위해 지정된 작전지역에서의 군사작전을 계획하고 실행하기 위한 전구전략을 수립한다. 기능별 통합전투사령부는 특수작전사, 전략사, 수송사, 사이버사령부로서, 지리적 경계 없이 담당 기능에 따른 임무와 작전권한을 갖는다. 해외 주둔 미군은 각 주둔지에 따라 지역별 통합전투사령부의 명령을 받는다.

가. 지역별 통합전투사령부(7개)

① **북부사령부**United States Northern Command, USNORTHCOM

콜로라도주 콜로라도스프링스의 페터슨 공군기지에 본부를 두고 있는 미군의 통합전투사령부이다. 책임 지역은 캐나다, 미국 본토, 푸에르토리코, 멕시코가 속해 있는 북아메리카 대륙 지역이다. 2001년 9·11 테러를 계기로 미국 본토 방어를 위한 통합전투사령부 설립 필요성이 제기되어 2002년 4월 17일 창설되었다. 2025년 6월 미 국방부는 기존에 유럽사령부 관할지역이었던 그린란드를 북부사령부로 편입했다. 사령관은 북미항공우주방위사령부North American Aerospace Defense Command, NORAD 사령관을 겸임한다.

② **남부사령부**United States Southern Command, USSOUTHCOM

플로리다주 마이애미 도랄에 본부를 두고 있다. 책임 지역은 멕시코 이남의 라틴아메리카, 중미·남미 근해, 카리브해이다. 1917년 미국이 설립했던 카리브방위사령부가 그 시초이며, 이후 캐리비언사령부로 명칭이 변경되었고, 1963년 6월 6일 남부사령부로 개편 후 오늘날까지 이어져 오고 있다.

③ **유럽사령부**United States European Command, USEUCOM

독일 슈투트가르트에 본부를 두고 있다. 책임 지역은 유럽, 러시아를 포함한 51개 국가이다. 1952년 8월 1일 창설되었다. 유럽사령부의 사령관은 북대서양조약기구NATO의 유럽연합군 최고사령관을 겸임한다.

* 출처 : 미 전쟁부(U.S. Department of War) 홈페이지[12]

〈그림 1-1〉 미국의 통합전투사령부 엠블럼

④ 중부사령부 United States Central Command, USCENTCOM

플로리다주 탬파 맥딜 공군기지에 본부를 두고 있다. 이스라엘 등 중동과 아프리카의 이집트, 중앙아시아 지역을 담당하고 있다. 1983년 1월 1일 창설되었다.

⑤ 아프리카사령부 United States Africa Command, USAFRICOM

독일 슈투트가르트에 본부를 두고 있다. 이집트를 제외한 아프리카 전역을 담당하고 있다. 2006년 12월 15일 창설되었다.

⑥ **인도 · 태평양사령부**United States Indo-Pacific Command, USINDOPACOM

하와이주 호놀룰루에 본부를 두고 있다. 인도·태평양 지역을 관할하는 미국의 가장 오래되고 커다란 통합전투사령부이다. 미국 서부 해안부터 인도 서부 해안까지 남태평양-북태평양-인도양 지역까지 지구 표면의 약 52%에 해당하는 넓은 곳을 담당한다. 한국과 일본을 포함한 38개 국가가 인도·태평양사 책임 구역 내에 있으며, 주한미군사령부와 주일미군사령부를 예하에 두고 있다. 1947년 1월 1일에 창설되어 오늘에 이르고 있다.

⑦ **우주사령부**United States Space Command, USSPACECOM

콜로라도주 콜로라도스프링스에 본부를 두고 있다. 지구 상공 100km 이상의 우주를 책임구역으로 하고 우주전력을 총괄하는 통합전투사령부이다. 2019년 8월 29일에 창설되었다.

나. 기능별 통합전투사령부(4개)

① **특수작전사령부**United States Special Operations Command, USSOCOM

미 육해공군 및 해병대 특수작전사령부를 총괄하며, 본부는 플로리다주 탬파 맥딜 공군기지에 있다. 1987년 4월 16일에 창설되었다.

② **전략사령부**United States Strategic Command, USSTRATCOM

핵무기를 포함한 전략무기 운용, 미사일 방어, 전자기 작전 등을 관장한다. 본부는 네브래스카주 오펏 공군기지에 있다. 1992년 6월 1일에 창설되었다.

③수송사령부United States Transportation Command, USTRANSCOM

수송사는 전 세계를 대상으로 한 미군의 전구작전 수행을 위해서는 수송작전 능력이 중요하다는 인식하에, 각 군에 분산된 수송자산을 통합 운용하기 위해 설치하였으며 본부는 일리노이주 스콧 공군기지에 있다. 1987년 6월 1일에 창설되었다.

④사이버사령부United States Cyber Command, USCYBERCOM

사이버 자원 관리, 사이버 공간에서의 작전 수행, 미군 네트워크 방어를 담당한다. 본부는 메릴랜드주에 있다. 2009년 6월 23일 창설되었고, 2018년 5월 4일 통합전투사령부로 승격되었다.

다. 예하 통합전투사령부Sub-Unified Combatant Command

예하 통합전투사령부는 상위의 통합전투사령부의 임무 또는 과업의 일부를 수행하기 위해 대통령과 국방부장관의 승인 하에 통합전투사령관이 설치할 수 있다. 현재 운영 중인 예하 통합전투사령부는 인도·태평양사 예하에 주한미군사령부와 주일미군사령부, 북부사령부 예하에 알래스카사령부가 있다. 예하 통합전투사령부 역시 2개 이상의 군에서 차출된 부대로 구성되며, 단일 지휘관이 통합 지휘한다.

〈표 1-3〉 미국의 통합전투사령부

지역별 통합전투사령부		
USNORTHCOM (북부사령부)	콜로라도스프링스 피터슨 공군기지	북미, 중미, 멕시코, 쿠바, 푸에르토리코, 그린란드
USSOUTHCOM (남부사령부)	플로리다 마이애미	과테말라 이남 중앙아메리카, 남미
USEUCOM (유럽사령부)	독일 슈투트가르트 Patch Barracks	유럽, 튀르키예, 러시아
USCENTCOM (중부사령부)	플로리다 탬파 맥딜 공군기지	튀르키예를 제외한 중동, 서남아, 중앙아 및 이집트
USAFRICOM (아프리카사령부)	독일 슈투트가르트 Kelley Barracks	이집트를 제외한 아프리카
USINDOPACOM (인도태평양사령부)	하와이 호놀룰루 캠프 H. M. 스미스	동북아, 동남아, 남아시아(인도), 오세아니아
USSPACECOM (우주사령부)	콜로라도스프링스 피터슨 공군기지	우주
기능별 통합전투사령부		
USSOCOM (특수작전사령부)	플로리다 탬파 맥딜 공군기지	특수작전
USSTRATCOM (전략사령부)	네브라스카 오마하 오펏 공군기지	전략무기
USTRANSCOM (수송사령부)	일리노이 세인트클레어 카운티 스콧 공군기지	수송작전
USCYBERCOM (사이버사령부)	메릴랜드 포트미드	사이버전
예하 통합전투사령부		
USFK (주한미군사령부)	한국 평택 캠프 험프리	한국
USFJ (주일미군사령부)	도쿄 요코다 공군기지	일본
ALCOM (알래스카사령부)	알래스카 앵커리지 엘먼도프-리처드슨 기지	알래스카

* 출처 : 필자 작성

①**주한미군사령부**United States Forces Korea, USFK

미 인도·태평양사령부 예하 통합전투사령부로서, 본부는 경기도 평택에 있다. 1957년 7월 1일에 창설되었다.

②**주일미군사령부**United States Forces Japan, USFJ

미 인도·태평양사령부 예하 통합전투사령부로서, 본부는 도쿄 요코다 공군기지에 있다. 1957년 7월 1일에 창설되었다.

③**알래스카사령부**Alaskan Command, ALCOM

북부사령부 예하 통합전투사령부로서, 알래스카를 담당한다. 본부는 알래스카주 앵커리지 엘먼도프-리처드슨 합동기지에 있다. 1989년 7월 7일에 창설되었다.

(3) 인도·태평양사령부Indo-Pacific Command

가. 인도·태평양사령부 구성

미국의 인도·태평양 전략을 실천하는 핵심 통합군사령부는 인도·태평양사령부이다. 인도·태평양사령부는 동북아시아, 동남아시아, 남아시아, 오세아니아의 광활한 지역을 담당하고 있다. 전 세계의 거의 60%에 이르는 사람들이 인도·태평양 지역에 거주하고 있다. 인태 지역에서 한국·일본·호주·필리핀·태국 5개국이 미국의 동맹국이다. 중국의 공세적 도전, 북한 핵·미사일, 동중국해·남중국해에서의 영토 분쟁, 중국과 인도의 국경분쟁, 말라카 해협, 순다 해협, 롬복 해협 등의 해상교통로 보호, 태풍·사이클론·홍수·가뭄 등 기후위기, 마약 및 인신매매, 인도주의적 위기 등 다양한 군사·비군사 영역에서의 도전과 위협에 대응하는 임무를 수행한다.

한반도 및 동북아 위기관리, 주한미군과 주일미군을 포함한 역내 미군 전력의 운용, 연합연습 및 훈련을 포함한 동맹·우방국과의 군사협력, 군사외교 등의 안보협력을 구체적으로 이행한다

인도·태평양사는 5개의 구성군사령부를 두고 있다.

- 미 태평양 육군US Army Pacific, USARPAC
- 미 태평양 함대US Pacific Fleet, PACFLT
- 미 태평양 공군US Pacific Air Forces, PACAF
- 미 태평양 해병US Marine Corps Forces Pacific, MARFORPAC
- 미 인도·태평양 우주군US Space Forces, Indo-Pacific, SPACEFOR-INDOPAC

각 구성군사령부는 모두 하와이에 본부를 두고 있다. 2025년 8월 기준 인도·태평양사령관은 해군 대장, 인도·태평양사 예하 육군·함대·공군 사령관은 각각 육·해·공군 대장, 해병대사령관은 중장, 우주군사령관은 준장이 보직되어 있다. 인도·태평양사 예하 통합전투사령부 중 주한미군사령관의 계급이 대장이므로, 인도·태평양사에는 총 5명의 대장이 사령관으로 보직되어 있는 셈이다.

태평양 육군사령부는 하와이·괌 등 태평양의 미 영토, 아시아, 오세아니아 및 태평양 도서국에 근무하는 미 육군을 지휘한다. 우리나라의 미8군과 제2사단, 주일미육군, 알래스카에 있는 제11공정사단, 워싱턴주의 제7사단, 하와이의 제25사단 등이 소속되어 있다. 태평양 육군사령관은 과거 3성장군이었으나 2013년부터 4성장군으로 격상되었다.

미 태평양함대는 전 세계에서 가장 강력한 함대이다. 미 서해안부터 인도양까지 지구 표면의 50%를 담당한다. 진주만을 모항으로 하고, 3함대(캘리포니아주 샌디에이고)와 7함대(일본 요코스카)를 지휘한다.

태평양 공군사령부는 진주만 해군기지와 함께 하와이의 대표적 군사기지인 히캄 공군기지에 있다. 예하에 제5공군(일본), 제7공군(한국), 제11공군(알래스카)을 두고 있다. 5만여 명의 병력, 9개의 공군기지, 380여 대의 항공기를 운영한다. 제7공군은 주한미군의 핵심전력으로서 오산·군산기지 등에 전개해 있다.

태평양 해병대사령부는 캘리포니아의 제1해병기동군I Marine Expeditionary Force, I MEF, 오키나와의 제3해병기동군III MEF을 지휘한다. 각각의 MEF는 1개 해병사단, 1개 해병비행단, 군수지원단 등으로 구성된다. I MEF는 미 해군의 제3함대를, III MEF는 제7함대를 지원한다.

인도·태평양 우주군은 우주작전을 기획하고 실행하며, 사령관으로 준장이 보직되어 있다. 2022년 11월에 창설되었으며, 예하부대로 오산에 위치하고 있는 주한미군 우주군을 두고 있다.

나. 인도·태평양사령부 군사력

2024년 6월 기준 미군은 129만 4,191명의 현역Active Duty 병력을 보유하고 있다. 육군 44만 127명, 해군 32만 4,314명, 해병대 16만 8,032명, 공군 31만 2,617명, 우주군 9,371명, 해안경비대 3만 9,730명이다. 이 중

〈표 1-4〉 미군 병력 현황(2024년 6월 기준)

	육군	해군	해병	공군	우주군	해안경비대	계
미군 (총계)	440,127	324,314	168,032	312,617	9,371	39,730	1,294,191
미국 內 주둔	392,897	286,296	144,451	257,492	8,873	38,352	1,128,361
(하와이)	18,445	12,709	6,540	5,428	158	1,467	44,747
해외 주둔	47,230	38,018	23,581	55,125	498	1,378	165,830
한국	15,042	339	158	8,117	75	1	23,732
일본	2,319	22,060	16,009	12,356	89	19	52,852
싱가포르	16	163	11	23	0	8	221
태국	33	9	39	26	0	1	108
호주	48	79	23	141	7	2	300
괌	0	3,785	88	2,284	1	295	6,453

* 출처 : 미 국방부 DMDC(Defense Manpower Data Center) 제시
https://dwp.dmdc.osd.mil/dwp/app/dod-data-reports/workforce-reports. (검색일 2025년 3월 15일)

하와이를 포함해 미국 내에 주둔하는 병력은 112만 8,361명이다. 또한 전 세계에 약 750개의 해외 군사기지를 운용 중이며, 175개국에 16만 5,830명의 병력을 주둔시키고 있다.

해외 주둔 미군을 국가별로 분류해 보면, 가장 많은 미군이 주둔하고 있는 국가는 일본으로 5만 2,852명, 독일 3만 4,894명, 한국 2만 3,732명, 이탈리아 1만 2,319명, 영국 1만 180명 순이다. 한국에는 2만 3,732명의 현역 병력이 주둔하고 있으나 미 국방부 소속 민간인까지 포함하면 2만 7,000명 이상의 인원이 배치되어 있다.

인도·태평양사령부는 한국·일본·싱가포르·호주·괌 및 하와이에 배치된 약 13만 명의 미군을 작전지휘한다. 그러나 필요한 경우 미 서부(워싱턴주)와 알래스카 주둔 병력도 인도·태평양사를 지원할 수 있다. 알래스카 및 미 본토 병력까지 포함하면 총 병력은 28만 9,000명으로, 육군 약 4만 5,000명, 해군 약 13만 명, 공군 약 3만 8,000명, 해병대 약 7만 6,000명 수준에 이른다.

인태 지역 내 미 동맹국·우방국들이 제공하는 미군 기지와 시설은 전 세계에 미군 전력을 투사할 수 있는 전략적 유연성과 신속대응 능력을 한층 증대시켜 준다.

①인도·태평양사가 작전통제하는 태평양 육군은 다음과 같이 구성되어 있다.

- 한국 : 1만 5,000명, 미8군, 2사단, 19전구지원사령부
- 일본 : 2,300명, 미 태평양 육군사령부-전방지휘소
- 괌 : 육군 연방군으로 편성된 2,000명
- 하와이 : 1만 8,500명, 8전구지원사, 18의무사, 311통신사, 94 육군 방공 미사일 방어사, 제25보병사단, 제3다영역작전TF
- 알래스카 : 1만 4,000명, 11공정사단 등
- 미 본토(워싱턴주) : 2만 4,000명, 1군단, 7사단, 제1다영역TF 등

②미 태평양함대는 2024년 기준 189척의 함정, 1,200여 대의 항공기, 13만 명의 병력으로 구성되어 있다. 날짜 변경선을 기준으로 인도에서 날짜변경선까지는 7함대, 날짜변경선에서 미 본토 서부해안까지는 3함대 작전지역이다.

7함대	3함대
• 한국 : 4척 • 일본 : 31척 • 괌 : 23척(잠수함 4척 포함) • 싱가포르 : 10척 • 디에고가르시아 : 12척	• 하와이 : 31척 (잠수함 18척 포함) • 미 서부 해안 : 78척 (항모 4, 잠수함 10척 포함)

③인태사 공군전력은 한국·일본·괌·하와이·알래스카에 분산 배치되어 있다.

〈 병 력 〉 5만여 명(현역 3만, 주·연방 방위군 6천, 예비역 1,500, 민간인 1.2만)

〈 한 국 〉

- 오산기지 : A-10, F-16, U-2, 공군작전지원단
- 군산기지 : F-16

〈 일 본 〉

- 요코다Yokota 기지 : C-130J, UH-1, C-12J, CV-22, RQ-4
- 미사와Misawa 기지 : F-16
- 카데나Kadena 기지 : F-15C/D, HH-60, KC-135, E-3, RC-135, E-8, MC-130J

〈 괌 〉 앤더슨Anderson 기지 : KC-135, RQ-4

〈 하와이 〉 히캄Hickam 기지 : C-37, 공군작전지원단, KC-135, F-22, C-17

〈 알래스카 〉

- 아일슨Eielson 기지 : KC-135, F-16, F-35A
- 엘멘도르프Elmendorf 기지 : F-22, E-3, 공군작전지원단, C-17, HC-130, HH-60, C-12F 등

④인도·태평양사 예하 미 해병대 전력은 아래와 같다.

〈 **병 력** 〉 7만 6,000여 명, 2만 2,500명이 날짜변경선 서측에 전개

〈 **일 본** 〉

- Iwakuni 해병항공기지 : 3,400명
- 오키나와 : 2만 명, 3해병사단, 1해병비행단, 3해병군수지원단

〈 **호주** 〉 2,500명

〈 **괌** 〉 Camp Blaz : 5,000명

〈 **하와이** 〉 6,100명

〈 **미 본토** 〉 캠프 Pendleton, Miramar 항공기지, Yuma 항공기지 등 5만 3,000명, 1해병사단, 3해병비행단, 1해병군수지원단

하와이가 인도·태평양사령부와 예하 구성군사령부가 위치한 지휘소 역할을 수행하고 다수의 군사기지가 위치한 전략적 요충지라면, 괌·일본·호주·필리핀·싱가포르 등은 주요 전력의 입출경과 군수 거점을 제공한다. 인태사령부가 위치한 하와이에서 남중국해까지는 거리가 5천 마일에 이르며, 함대가 이동할 경우 10일 이상 소요된다. 이러한 '거리의 폭정'은 인태 지역에서 억제력을 유지하는 데 제약 요소가 되며, 따라서 위의 동맹·우방국들이 제공하는 주요 군사기지들은 인태사의 작전·군수 역량을 강화하는 데 핵심적 역할을 한다.[13]

괌은 인도·태평양사의 전방 작전기지와 군수보급기지이다. 괌 해군기지는 미국의 대중對中 전략을 위한 최전방 기지로서 역할을 수행한다. 최

신에 핵추진잠수함SSN이 여러 척 전개해 있으며, 괌에서 출항하는 SSN은 3일 내 남중국해에 도착할 수 있다. 또한 항공모함, 전략핵잠수함SSBN, 이지스 구축함이 수시로 기항하고 있다.[14] 인도·태평양사 예하 공군기지 중 우리에게 잘 알려진 기지 중 하나가 괌의 앤더슨 공군기지Andersen AFB이다. 인태 지역에서 전략폭격기를 운용하는 유일한 지역이다. 한반도로 출격하는 미 전략폭격기 B-1, B-52H가 대부분 여기서 출격하며, 한반도·대만·중국·일본 등 아시아 주요 지역에 2~3시간 내 도달할 수 있다.

오키나와에 주둔하고 있는 미 해병대 병력 중 5,000명도 미·일 합의에 따라 괌으로 이전할 계획이다. 해병대가 이전하게 되면 괌은 미 해군·해병·공군이 집결하고 있는 중요한 군사적 허브가 된다. 이런 이유로 인도·태평양 사령관은 괌의 미사일 방어체계 구축을 최우선 과업 중 하나로 보고 있다.[15]

호주 북부의 다윈Darwin기지는 미 해병이 순환배치되는 작전적 요충지이며, 인근의 군사기지는 중국의 군사력 팽창에 대응하고 미군에 병참·정비지원을 제공하는 전략적 거점이다.

필리핀은 미군의 순환배치 및 연합훈련을 위해 군사기지 9곳을 제공하고 있다. 2014년 체결한 미국-필리핀 방위협력강화협정Enhanced Defense Cooperation Agreement, EDCA에 따라 미군은 필리핀의 군사기지 5곳을 사용할 수 있게 되었고, 2023년 2월 미국과 필리핀 국방부 간 합의에 따라 필리핀 내 군사기지 4곳을 추가로 사용할 수 있게 되었다.

싱가포르의 창이Changi 해군기지는 연간 100여 척 이상의 미 군함이 기항하는 전략적 가치가 높은 지역이다. 싱가포르는 비동맹 국가이나 미국과의 합의에 따라 미 함정의 수시 기항과 정비 등을 지원하고 있다. 호주의 다윈기지와 싱가포르의 창이기지는 동북아 지역에 집중되어 있는 미군 전력 배치의 불균형성을 보완하면서, 유사시 남중국해 등에 기민하게 전개할 수 있는 전략적 이점을 제공한다.

인도·태평양사는 하와이에 위치하면서 한국·일본뿐만 아니라 호주·괌·싱가포르를 핵심 전진기지로 활용하고, 그 외에도 태국·필리핀 등 다양한 지역에 인태사 예하 전력을 순환배치하거나 수시 방문함으로써, 인도·태평양 지역에서의 전략적 대비태세를 강화하고 있다.

2
★
중 국

(1) 국방전략

가. 위협 인식

미국을 위협할 정도의 글로벌 G2로 성장한 중국이지만, 중국이 직면하고 있는 안보 위협은 여전히 복잡하고 다양하다.

중국은 대만 독립을 가장 큰 국가적 위협으로 간주한다. 대만이 독립을 추구하거나, 그러한 움직임이 감지될 경우 필요 시 군사력을 사용해 이를 저지할 것임을 분명히 하고 있다. 1996년 제3차 대만해협 위기 시 미국의 항공모함 전단이 대만해협에 전개하였고, 2022년 낸시 펠로시 미 하원의장이 대만을 방문했을 때 중국군이 대만을 포위한 가운데 강력한 군사훈련을 실시했듯이, 대만해협의 위기는 미국과 중국 간 군사적 충돌로 이어질 수 있는 도화선이다. 신장 지역은 1955년 신장 위구르 자치구로 되면서, 분리독립운동이 빈번하게 발생하고 있다. 1990년 위구르족 청년

〈표 1-5〉 중국의 안보 위협

분리독립 세력	영토분쟁	안보이익 위협
• 대만 • 신장 위구르 자치구 • 티베트	• 인도와의 국경분쟁 • 일본과 센카쿠제도(중국명 댜오위다오) 영토 분쟁 • 남중국해 영유권 분쟁	• 미군의 항행의 자유 작전 • 해상수송로 위협 • 초국가적 위협 등

* 출처 : 합동군사대학교, 『중국 국방전략』(2021), pp.22-35 요약해 필자 작성

들이 중심이 되어 '동투르키스탄 이슬람 운동East Turkestan Islamic Movement, ETIM'이라는 무장단체가 설립된 이후 ETIM을 중심으로 반중 무장투쟁이 지속되고 있다. 중국은 ETIM이 탈레반·알카에다·IS 등과 연계해 반중 활동을 전개하면서 신장 위구르 독립운동을 전개할 경우 큰 위협이 될 것으로 본다. 티베트 지역 또한 분리독립운동이 계속되고 있다.

중국은 14개 국가와 국경을 접하고 있다. 1990년대 대부분의 국가들과 국경문제를 해결하였으나, 인도와의 국경문제는 아직도 진행 중이다. 해상에서는 일본과 센카쿠제도(중국명 댜오위다오)에 대한 영토 분쟁을 진행 중이며, 남중국해에서는 주변국들과 영유권 분쟁 중이다. 중국은 남중국해에 대한 영유권 확보를 통해 이 지역의 지하자원 개발, 어업자원 활용, 해상수송로의 안전 확보 및 미국과 일본에 대응하기 위한 군사적 활동을 보장받으려 한다.

미국은 중국의 남중국해 내해화에 대응하기 위해 '항행의 자유' 작전을 시행하고 있고, 공해상 항행의 자유를 명목으로 미군 군함의 대만해협 통과 작전을 지속하고 있다. 중국은 미국 군함의 남중국해 통과를 위협으로 인식하고 있다. 그 외 중국의 발전과 팽창을 위한 해상수송로의 안전과

테러·마약·환경 등 초국가적 위협도 중국의 안보 이익을 위협하는 요인으로 인식하고 있다.

나. 국가안보전략

시진핑은 집권 이후 당·정·군의 최고 권력을 조기에 장악했고, 2018년 국가주석 연임제한 철폐 개헌안을 통과시키면서 1인 독재체제의 틀을 구축했다. 2023년 3월부터 집권 3기에 들어갔으며, 시진핑 중심의 집단 지도체제를 정착시키고 장기 집권 중이다. 중국의 안보전략 체계를 나타내는 중요 문서는 소위 중국의 국방백서라고 평가할 수 있는 2019년 발간된 『신시대 중국의 국방(원제 : China's National Defense in the New Era)』이다. 또한 국내외 각종 문헌 등을 통해 시진핑의 중국이 지향하는 국가전략, 국방전략과 군사전략은 아래와 같이 정리해볼 수 있다.

〈표 1-6〉 중국의 국가안보전략

구분	내용
국가안보전략	• 중국몽(中國夢) • 일대일로(一帶一路) • 군민융합 • 강군몽(强軍夢)
국방전략 (강군몽)	• (국방목표) "국가주권, 안보, 발전이익 수호" • (국방전략 원칙) "방어, 자위, 후발제인(後發制人)" • (국방 및 군대 현대화 건설 3단계 발전전략) – 1단계 : 2020년까지 정보화 및 기계화 실현 (추후 2027년까지 건군 백년 분투목표 실현으로 재설정) – 2단계 : 2035년까지 국방·군 현대화 실현 – 3단계 : 세계 일류군대 육성
군사전략	• 적극방어 군사전략 • A2/AD(Anti-Access/Area Denial, 반접근/지역거부) 전략

* 출처 : 필자 작성

시진핑은 2012년 당 총서기에 오르면서 중국의 국가목표로 '중국몽'을 강조하기 시작했다. 그는 '중국몽', 즉 '중국의 꿈'은 두 개의 '100년 목표'를 달성해 중화민족의 위대한 부흥을 이루는 것이라고 말했다. 첫 번째 100년 목표는 중국 공산당 창당 100주년이 되는 2021년까지 모든 인민들이 중류층 수준의 생활을 한다는 것을 의미하는 '전면적 소강사회'를 건설하는 것이며, 두 번째 100년 목표는 건국 100주년이 되는 2049년까지 부강하고 민주적이며 문명적이고 화합하는 사회주의 현대화 국가를 건설하는 것이었다. 시진핑의 중국몽은 2018년 시진핑이 집권 2기를 시작하면서, 두 개 100년 목표 중간에 2035년까지 '사회주의 현대화 실현'이라는 중간목표를 삽입했다. 중국의 경제력과 과학기술을 발전시켜 혁신국가의 선두에 섬으로써 사회주의 현대화를 실현한다는 것이다.

중국의 일대일로 전략은 2013년 시진핑이 '실크로드 경제벨트絲綢之路經濟帶'와 '21세기 해상 실크로드21世紀 海上絲綢之路' 건설을 제의하면서 공식화되었다. 두 개 구상의 끝 글자를 따서 '일대일로'라고 칭한다. 일대일로 전략은 중국～중앙아시아～유럽을 연결하는 육상 실크로드 경제벨트一帶와, 중국 남부～동남아～중동～아프리카～유럽으로 이어지는 해상 실크로드 경제로一路를 구축한다는 외교와 무역 전략이다. 아시아～중동～유럽～아프리카를 연결하는 경제권을 건설하고, 아시아와 중동에서 중국 중심의 국제질서를 구축해 미국의 동맹체제에 대응한다는 국가전략이다.[16] 중국의 일대일로 전략은 '정책 소통, 인프라 연결, 무역 활성화, 자금협력, 민간 분야'의 다섯 가지 협력 분야로 나뉘어 추진되고 있다.[17] 정책 소통 분야에서는 일대일로 전략의 국제적 협력 기반을 구축하기 위해 정상회담, 국제회의 등을 추진한다. 인프라 연결 분야로는 공항·

항구·고속철도 건설 등 교통망과 광케이블 연결 등 통신망 구축을 포함한다. 무역 활성화 분야는 국가 간 투자, 무역장벽 제거 등을 위한 협력을 뜻하며, 자금협력 분야 촉진을 위해 AIIB(아시아인프라투자은행) 설립을 추진했다. 민간 분야에서는 교육·관광·과학기술에서의 민간 교류를 적극적으로 추진하고 있다. 2025년 5월 기준으로 145~150개 국가가 중국과 양해각서MOU 등을 체결해 일대일로 전략에 참여하고 있다. 중국은 일대일로 전략을 통해 해외에 다수의 항구를 개설하고 있다. 2017년에 지부티에 첫 해외 군사기지를 완공해 운용 중이며, 캄보디아·파키스탄·스리랑카 등지에서 다수의 군사기지를 운용 중이다. 또한 일대일로 전략의 협력 국가들과 군 고위급 교류, 해상 연합훈련, 대테러 훈련, 군수지원협정 등의 안보협력 관계를 강화하고 있다. 이러한 이유로 미국은 중국의 일대일로 전략이 외교와 무역 전략을 넘어 군사전략의 일환으로 보고 있다.

군민융합 전략은 군과 민의 협력과 융합을 통해 경제 성장과 군 현대화를 달성한다는 전략이다. 중국은 민보다 군을 앞세워 민군융합이 아닌 군민융합으로 표기한다. 군민융합 발전은 2015년 3월, 시진핑이 국가전략으로 승격시킨 이래 군민 간 과학기술 혁신 협력, 인재 양성 및 교류, 자원 공유, 군민의 서비스 통합 발전, 국방 동원 현대화 등을 중점적으로 추진하고 있다. 또한 산·학·연의 연계를 통해 민간 기술을 군사 분야에 접목 중이다. 전자·우주·항공·선박·병기 등 다양한 분야에서의 방산기업이 군산복합체 역할을 수행 중이며 AI·메타소재·수소연료·양자·사이버 등 핵심 밀리테크 기술을 중심으로 한 핵심산업을 육성 중이다. 국방동원 체제에 과학기술 비중을 증가시키고, 정보자원에 대한 동원 준비를 강화하고 있다.

다. 국방전략

강군몽은 '중국몽'을 군사적으로 뒷받침하기 위한 전략이다. 『신시대의 중국 국방』에서는 중국의 국가안보 및 국가 발전 이익을 수호할 수 있는 강력한 국방을 건설하고 강력한 군대를 건설하는 것이 필연적이라고 강조하고 있다.

또한 중국의 국방목표fundamental goal of China's national defense를 '중국의 국가주권, 안보, 발전이익을 결연하게 수호'하는 데 있으며,[18] 이를 달성하기 위해 중국의 국방은 아래와 같은 구체적 목표를 지향한다고 명시하고 있다.

- 침략 억제 및 대응
- 국가정치체제, 국민 안보, 사회적 안정 수호
- '대만 독립' 반대 및 봉쇄
- '티베트 독립'과 '동투르키스탄' 창설 같은 분리주의 운동 봉쇄
- 국가주권, 통일, 영토적 통합 및 안전보장 수호
- 중국의 해양권익 수호
- 우주, 전자기 영역, 사이버 공간에서의 중국의 안보이익 수호
- 중국의 해외이익 수호
- 국가의 지속가능한 발전을 지원

* 출처 : The State Council Information Office of the People's Republic of China, *China's National Defense in the New Era*(July, 2019), p.7.

중국의 국방전략은 '방어, 자위自衛, 후발제인後發制人(나중에 손을 써서 남을 제압)'의 원칙에 있다. 이는 '남이 나를 범하지 않으면 나도 남을 범하지 않으며, 남이 나를 범하면 반드시 응징한다'는 원칙이다.[19]

중국은 국방 및 군대 현대화 건설을 위해 단기·중기·장기 3단계 발전전략을 수립했다. 1단계는 2027년까지 '건군 백년 분투목표'를 실현하는 것이다. 애초 중국은 2020년까지 중국군의 기계화 실현 및 정보화 분야에서 가시적인 발전을 이룩해 전략적 능력을 구축하는 것을 목표로 설정했었다. 그러나 중국은 2020년까지 설정한 중국군의 기계화 및 정보화 목표를 실현하지 못한 것으로 평가된다. 이에 기존 목표를 수정해 2027년까지 중국군의 단기 군사력 발전목표를 재설정했다. '건군 백년 분투목표'란 건군 100주년이 되는 2027년까지 중국군을 현대화된 군대로 도약시키겠다는 목표이다. 그러나 미 국방부와 군사 전문가들은 2027년을 중국이 대만 침공을 위한 군사적 역량을 완비하는 시점으로 해석한다.

중국군의 3단계 발전전략 중 2단계는 2035년까지 군 조직, 군 인력, 무기 및 장비 등 전반적인 국방 및 군의 현대화를 실현한다는 것이다. 마지막 3단계는 21세기 중엽까지 중국 인민해방군을 세계 일류의 군대로 건설한다는 것이다.

〈표 1-7〉 중국의 3단계 군사력 발전 전략

1단계	2027년까지 건군 백년 분투목표 실현
2단계	2035년까지 국방 및 군의 현대화 실현
3단계	21세기 중엽 세계 일류 군대 건설

* 출처 : 필자 작성

중국 인민해방군은 시진핑 중앙군사위원회 주석의 지휘 아래 2015년부터 대규모 국방 및 군 개혁을 단행하고 있다. 전쟁 지휘체제 및 군 구조를 혁신하였으며, 첨단 군사력 건설에 매진하고 있다. 중국은 2035년까지 전반적인 국방 현대화를 달성한다는 목표를 강력하게 추진하고 있다. 인민해방군 창설 100주년이 되는 2027년이 2035년 목표 달성을 가늠할 수 있는 중간 지점이 될 것으로 보인다.

라. 군사전략

중국의 군사전략은 적극방어 군사전략과 A2/AD Anti-Access/Area Denial(반접근/지역거부) 전략으로 대표될 수 있다. '적극방어 전략'은 중국군이 전통적으로 유지해 온 전략사상이다. 전략적 수준에서는 방어적 태세를 유지하지만, 작전적·전술적 수준에서는 공세적으로 군사력을 운용한다는 개념이다. 이는 앞에서 언급한 중국의 국방전략과 맥을 같이한다. 즉 스스로 방어할 수 있는 충분한 준비태세를 갖춘 상태에서, 타국이 중국을 침범하지 않는다면 중국도 타국을 침범하지 않지만, 타국이 중국을 침범한다면 중국도 반드시 타국을 침범한다는 후발제인의 원칙을 포함하고 있는 것이다. 적극방어 전략은 방어 위주의 수세적 개념이 아니다. 이는 적의 약점이 발견되면 과감히 공격해 승리를 추구하는 공세적 개념이다.

'A2/AD 전략'은 중국이 상대적으로 강한 해양력을 가진 미국을 상대로 작전을 수행함에 있어, 원거리로부터 적의 접근을 거부하고(반접근), 적이 분쟁지역에 접근했을 때 적의 지역 내 작전을 방해(지역거부)하는 것을 의미한다. 중국은 A2/AD 전략을 구현하기 위해 원해에서부터 미

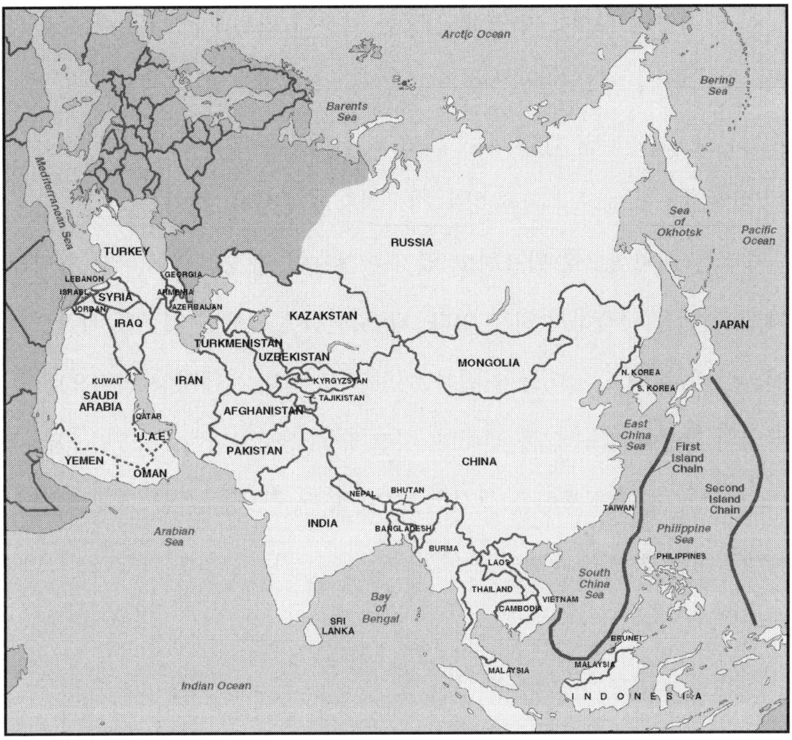

* 출처 : Wikimedia Commons

〈그림 1-2〉 중국의 도련선 전략

항모전투단의 지휘체계와 전투체계를 마비시키고, 대함탄도미사일로 미군의 함정을 타격하며, 공군의 전략폭격기와 장거리 미사일 등을 이용해 미군의 접근을 차단한다. 중국의 영해 지역으로 진입하는 전력에 대해서는 순항미사일과 단거리 탄도미사일 등으로 타격해 미군의 지역 내 작전을 거부한다. 중국의 A2/AD 전략은 1982년 당시 해군사령원 류화칭이 적극적인 근해 방어를 위한 도련선을 제시한 것이 시발점이 되었다. 도련선島鏈線, Island Chain은 해양 세력의 접근을 차단하고 거부하기 위해 중국 해군이 태평양의 도서를 연결해 설정한 가상의 방위라인으로, 제1도련선 First Island Chain과 제2도련선Second Island Chain을 설정하고 있다.[20] 중국은 A2/AD 전략을 1996년 제3차 대만해협 위기 이후 분쟁지역에 대한 외부 세력의 진입을 억제하기 위해 더욱 적극적으로 구사하고 있다.

중국은 대외적으로 발표하고 있지는 않으나, 태평양 도서국과 협력해 제3도련선을 구축하려 하고 있다. 제3도련선은 알류샨 열도를 시작으로 하와이·뉴질랜드 일대를 연결하는 선을 말하며, 서태평양 전역으로 중국군의 확장을 염두에 둔 것이다. 이미 중국 항모전단이 2025년 6월 제2도련선을 돌파해 훈련을 실시한 바 있어, 서태평양 전역으로 군사력을 확장하려는 중국의 공세적 군사전략은 더욱 적극적으로 실행될 것으로 보인다.

마. 전쟁이론 : 초한전超限戰과 3전三戰

(1) 초한전 Unrestricted Warfare

중국군의 대표적인 전쟁이론으로는 초한전과 3전을 꼽을 수 있다. 초한전이란 '모든 경계와 한계를 초월한 전쟁'으로, 영어로는 '무제한전'으로 번역되기도 한다. 이것은 현재의 규칙과 사고의 틀을 초월하여 새로운 전장과 전선을 형성해 전쟁에서 승리하기 위한 전쟁이론이다. 전장과 비전장의 경계선, 무기와 비무기의 경계선, 군인과 비군인의 경계선, 국가와 비국가 혹은 초국가와의 경계선 등 전쟁을 특정 범위 내로 한정시키는 모든 경계선을 초월한다는 것이다.[21] 초한전을 지지하는 기본 원리는 '전

〈표 1-8〉 초한전의 수단과 방법의 예

군사 영역	초군사 영역	비군사 영역
핵전쟁	외교전	금융전
재래전	인터넷전	무역전
생화학전	정보전	자원전
생태전	심리전	경제원조전
우주전	기술전	법규전
전자전	밀수전	제재전
유격전	마약전	언론전
테러전	사이버전(위협)	의식형태전(이념전)

* 출처 : 챠오량·왕샹수이 지음, 이정곤 옮김, 『초한전 : 세계화 시대의 전쟁과 전법』(서울: 교우미디어, 2021), p. 139.

쟁에는 규칙이 없으며, 금지된 것도 없다'는 것이다. 기존의 서구사회가 구축한 전쟁 규칙으로는 미국과의 전쟁에서 승리할 수 없다는 인식에 기초한다. 초한전 이론은 전쟁 수행의 수단과 방법 측면에서 군사 영역, 초군사 영역, 비군사 영역을 포괄하고, 윤리적 한계를 초월해 전쟁에 적용하는 원리로 정착되었다. 군사 영역의 예로는 핵·재래식·우주·전자전 등을 꼽을 수 있으며, 초군사 영역은 외교·정보·심리·기술·밀수·마약 등을, 비군사 영역은 금융·무역·자원·법률·미디어·이념 등을 예로 들 수 있다.

중국의 초한전 이론은 대만에 대한 전형적인 '회색지대 전략'으로 실행되고 있다. 사이버 공격을 통한 정부기관·언론·인프라 시설 마비, 우주와 AI 기반 정보수집 활동, 드론의 대만 상공 비행, SNS를 통해 친중 내러티브를 확산시키는 인지전, 대규모의 해상·공중 무력시위 등의 활동이 복합적으로 실행될 수 있으며,[22] 이러한 전략은 향후 한반도에도 유사하게 적용될 수 있을 것이다.

(2) 3전Three Warfares

3전 이론은 초한전 이론을 강력하게 뒷받침하는 전쟁 방식으로 심리전·여론전·법률전으로 구성된다. 정치·외교 분야에서 중국의 회색지대 전략을 구현하는 핵심 수단이다. 중국은 2003년 12월 중앙군사위가 발표한 '정치공작조례'에서 "인민해방군은 3전을 수행하고 적에 대해 와해공작을 전개한다"고 규정하고, 2005년 8월 여론전·심리전·법률전의 요지를 군에 하달하였으며, 2010년 9월 3전을 '정치공작임무'로 재규정했다.[23]

심리전psychological warfare은 상대국 국민의 심리공간에 내재된 정보·신뢰·사고와 전쟁지도부에 영향력을 행사해 전투의지를 저하시키는 전쟁 방식이다. 여론전public opinion warfare은 모든 종류의 미디어를 활용해 여론을 조작, 중국의 이익에 유리하도록 유도하는 전쟁 방식이다. 상대국의 언론매체와 대량 유포가 가능한 인터넷, SNS를 이용한 방식을 널리 사용한다. 법률전legal warfare은 국내외 법률과 판례를 위·변조해 상대가 법을 위반하는 것처럼 조작함으로써 중국에 유리한 입지를 조성하기 위한 전쟁 방식이다. 무엇보다 3전의 다른 요소인 심리전과 여론전 수행에 필요한 법적 근거를 제공한다.[24] 중국 인민해방군은 3전을 정보화시대 정보화작전을 수행하기 위한 군의 특수작전으로 소개한다.[25] 3전은 군과 민간, 전시와 평시를 가리지 않고 인간의 의지와 심리에 직접적으로 접근한다. 중국의 전형적인 3전 수행 과정은 다음과 같다.

〈표 1-9〉 중국의 3전 수행 방식

1) 목표가 되는 핵심이익이 중국의 소유라는 근거 확보를 위해 사례분석 및 역사 연구를 수행하며, 필요 시 사례나 역사를 조작한다.
2) 핵심이익의 소유권을 주장하기 위한 법률을 연구하고, 이를 입법·행정 절차에 따라 제정·공표한다.
3) 연구·학술계의 기고문·연구성과를 통해 주장의 논리적 정당성을 확보하고 이를 전파한다.
4) 상대국가에 반대 담론이 형성되면, 여론·심리전 수단을 동원해 중국의 정당성과 상대국의 부당성을 강조한다.
5) 모든 외교적, 경제적, 간접적 군사적 수단을 활용한다.
6) 직접적인 군사력 투사는 자제하되, 불가피한 경우 속전속결로 국지전을 수행해 국제사회의 개입 이전에 작전을 종결한다.

* 출처 : 권태영·김푸름, 「중국의 3전과 한국의 대응방향」, 『전략연구』, 제26권 1호(2019)

중국의 전쟁이론인 초한전과 3전은 기존 질서나 도덕적 관념을 초월하는 기만·모략·강압까지 망라하며, 중국의 안보전략 차원에서 중앙군사위에서 계획을 수립하고 가용한 모든 자원을 동원해 시행한다는 특징이 있다.

(2) 중국 인민해방군의 군사력

중국은 2025 GFP 기준으로 미국·러시아에 이어 세계 3위의 군사력을 유지하고 있다.[26] 중국 인민해방군(이하 중국군이라 칭한다)의 규모는 200만 명이 넘는다. 거기에 50만 명의 준군사조직까지 더하면 상비군 규모는 250만 명 이상이 된다. 준군사조직은 32개의 지역사령부를 두고 있는 인민무장경찰과 해경 등으로 편성되어 있다. 그 외 51만여 명의 예비군을 보유하고 있다. 중국군은 육해공군 및 전략미사일군의 4개 군軍과 정보지원군Information Support Force, ISF, 항공우주군Aerospace Force, ASF, 사이버군Cyberspace Force, CSF, 합동군수지원군Joint Logostics Support Force의 4개 부대로 구성되어 있다.[27]

중국의 국방비는 2024년 기준 2,350억 달러로 미국(9,160억 달러)에 이어 세계 두 번째이다. 최근 3년 연속 7% 이상의 국방비 증가율을 보여왔다. 한국의 국방비에 비하면 6배가 넘는 규모이다. 그러나 중국의 국방

〈표 1-10〉 중국군의 규모

구 분	병력(명)	편 성
계	203.5만	
육 군	96만	13개 집단군(각 집단군은 예하에 12개 여단)
해 군	25.2만	3개 함대(동해·남해·북해 함대)
공 군	40.3만	4,000여 대 이상의 항공기 등
전략미사일군	12.5만	6개 미사일 기지 예하에 발사여단 편성
기 타	29.5만	267대의 인공위성 등

* 출처 : IISS, *The Military Balance 2025*

비에는 숨겨진 금액이 많다는 것이 정설이다. 실제 중국은 준군사 조직인 인민무장경찰력과 중국 해안경비대 예산을 국방비에 포함하지 않고 있으며 우주군, 군사위성, 대우주 능력과 관련된 지출도 국방 부문에 포함하지 않고 있다. 이러한 숨겨진 예산을 포함하면 실제 국방비 지출은 미국과 비슷한 규모로, 중국 정부가 공식적으로 밝힌 금액보다 3배 이상 많을 것으로 보고 있다.[28]

중국군은 5대 전구(동부, 서부, 남부, 북부, 중부)로 배비되어 있다.[29] 각 전구는 3개 집단군으로 편성된 육군과, 해군 비행사단으로 증강된 해군, 폭격기사단과 특수임무사단으로 증강된 공군, 그리고 기술지원부대 등으로 편성되어 있다. 각 전구사령관이 전구의 육해공군을 통합 지휘한다. 전략미사일군과 정보지원군·사이버군·항공우주군은 중앙군사위에서 직접 통제한다.

2024년 전략지원군으로부터 분리된 정보지원군은 앞에서 언급한 정보영역에서의 작전, 즉 3전과 인지전을 포괄적으로 수행하는 부대로서, 특히 푸젠성에 위치한 311기지는 대만에 대한 3전을 수행하는 부대로 알려져 있다.[30]

중국군의 무기체계는 현대식 무기체계부터 노후화된 구식 무기체계가 혼재되어 있다. 그러나 중국은 첨단 수준의 무기와 장비를 독자적으로 생산할 수 있으며, 병력 규모가 감축되고 구형 장비가 퇴역하면서 최신 무기체계로 대체되고 있다. 중국군이 고도의 제병협동작전을 수행할 수 있는지에 대해서는 아직 회의적 시각이 있다. 중국은 이러한 중국군의 작전수행 역량을 고도화하기 위해 주요 전력의 현대화 작업을 가속화하고 있다.

육 군

중국 육군은 세계 최대 규모이다. 육군은 중국군의 국방개혁 이후 13개 집단군[31]으로 재편되었고, 각 집단군은 6개의 합성기동여단과 6개의 병종여단으로 구성되어 있다. 합성여단은 중重전차·경輕전차·차륜장갑차·자주포 등으로 구성된 전투여단으로 기존의 사단을 대체하는 전술 단위 부대이다.

6개 병종여단은 각각 특수전·육군항공·포병·방공·공병화학·근무지원여단을 뜻한다. 중국 육군은 다수의 전차·장갑차·포병전력을 포함해 무인전차 및 무인장갑차, 무인기 등을 운용하고 있고, 각 집단군에 육군항공여단을 편성해 입체고속작전을 수행할 수 있도록 하였으며, 합성여단 예하 합성대대 모두 기동화된 장비로 무장되어 있어 전 제대가 기동화된 작전을 수행할 수 있는 역량을 갖추고 있다.

〈표 1-11〉 중국 육군의 주요 전력

구 분	수량(대)	구 성
주요 부대	13개 집단군, 15개 특수전여단, 32개 기갑여단, 14개 방공여단, 2개 공중강습여단, 6개 강습상륙여단, 12개 헬기여단 등	
전차	7,150	주력전차(MBT) 4,700, 경전차 1,250, 돌격전차 1,200
장갑차	1만 2,410+	보병전투차량(IFV) 8,060, 장갑차(APC) 3,600, 상륙장갑차(AAV) 750 등
포병	9,580	자주포 3,240, 견인포 900, 다연장 1,390+, 박격포 2,800 등
헬기	1,040+	공격헬기 320+, 수송헬기 512, 다목적헬기 208
지대공 미사일	754+	중거리 250, 단거리 504

* 출처 : IISS, *The Military Balance 2025*

해 군

중국 해군은 약 26만 명의 병력을 보유하고 있고, 수상함·잠수함·해군 항공·연안방위·해병대의 5개 병종으로 구성되며, 3개 함대 즉 동부전구·남부전구·북부전구 산하에 각각 동해함대·남해함대·북해함대를 두고 있다. 항공모함은 2012년 취역한 랴오닝함Liaoning과 2019년 취역한 산둥함Shandong 2대를 작전 운용 중이며, 3번 함인 푸젠함Fujian은 2024년 5월부터 시험운항 중이다. 랴오닝함은 옛 소련에서 들여온 구형 항모를 개조한 것이며, 산둥함은 랴오닝함의 운용 노하우를 토대로 중국이 자체 건조한 항모이다. 중국의 3번째 항모인 푸젠함은 만재배수량 8만톤, 비행갑판 길이 320미터로, 기존 항모와는 다르게 전자기식 캐터펄트catapult를 이용해 항모 갑판에서 함재기를 쏘아 올리는 방식을 채택하고 있다. 푸젠함에는 공중조기경보통제기와 전투기 등 60대 이상의 함재기 및 헬기를 탑재할 수 있으며, 2026년 말까지는 작전배치될 전망이다. 현재 중국은 기존 항모보다 더 큰 4번째 항모를 건조 중인 것으로 알려져 있다.[32] 중국의 항모는 미국의 항모와는 다른 디젤 추진식이며, 미국의 항모와 비교하면 전반적인 능력은 아직 미국 항모에는 미치지 못한다는 평가이다.

중국 해군은 원해에서의 해양작전 능력과 공중전력의 투사능력을 갖출 수 있도록 항공모함을 전력화함과 동시에, 항공모함을 지원하면서 상륙작전 능력을 확보하기 위해 2019년에 075형 Yushen급 강습상륙함을 취역하였고, 이후 2척의 강습상륙함을 추가로 전력화해 2025년 기준 3척의 075형 대형 강습상륙함을 운용 중이다. 중국이 독자개발한 076형 강습상륙함인 쓰촨함四川艦은 2024년 12월부터 시운전에 돌입했다. 쓰촨함은 차세대 강습상륙함으로 4만여 톤 규모로서, 전자기식 사출기가 설

〈표 1-12〉 중국 해군의 주요 전력

구분	수량	구 성
항공모함	2	J-15 함재기 18~32대 탑재, 추가 2척 전력화 예정
잠수함	59	전략핵잠수함(SSBN) 6, 핵추진잠수함(SSN) 6, 전술잠수함 47
수상함	100	순양함 8, 구축함 42, 프리킷함 50
초계함	142+	
기뢰전함	40	
강습상륙함	3	075형 Yushen급(기갑전투차량 60+대, 병력 800명, 헬기 28대 탑재 가능)
상륙함	39	82척의 상륙정 추가 보유
군수지원함	173	
해군항공	1만 8,000명	공격기 120, 대잠기 25+, 조기경보기 30, 전자전기 6, 수송기 38, 헬기 122 등
해병대	3만 5,000명	1개 특수전여단, 6개 강습상륙여단 등

* 출처 : IISS, *The Military Balance 2025*

치되어 고정익 항공기와 헬리콥터, 수륙양용 장비를 탑재할 수 있다. 쓰촨함은 규모 면에서는 경항모와 비슷하나, 많은 무인 무기체계를 탑재할 수 있어 향후 남중국해와 동중국해, 대만해협에서 중국군의 작전능력을 크게 향상시킬 수 있을 것으로 평가된다.[33] 중국 해군은 또한 전략핵잠수함SSBN 6척을 보유하고 있다. 중국이 4번째 항모를 건조해 4개 항모전단 운용체계가 구축되고, 추가 건조 중인 강습상륙함이 전력화되어 상륙전단을 운용할 수 있는 태세가 완료되면 남중국해와 동중국해 일대에서의 중국 해군의 역량은 대만의 안보와 역내 안정을 갈구하는 미군에게도 매우 도전적인 위협이 될 것으로 보인다.

공 군

중국 공군은 40만 3천 명의 병력을 보유하고 있다. 동부·남부·북부·서부·중부 전구에 군단급 공군기지를 갖추고 있으며, '공군기지-여단-대대'의 체계를 유지하고 있다. 중국 공군은 J-20A 스텔스 전투기 등 다양한 종류의 현대식 전투기를 포함해 4,000대 이상의 항공기를 보유하고 있다. 폭격기·전투기·전폭기·공격기 등 전투용 항공기는 2,989대가 있으며, 그중 600대 이상이 4세대 전투기이고, 2018년부터 J-20 5세대 전투기를 실전 배치하고 있다. 핵탑재가 가능한 H-2 스텔스 전략폭격기를 생산하고 있으며, 장거리 전력 투사를 위한 공중급유기와 조기경보통제기 능력을 증강하고 있다. 최근에는 무인기를 최신식으로 교체하는 등 공군 능력을 지속적으로 강화하고 있다.

〈표 1-13〉 중국 공군의 주요 전력

구분	수량(대)	구 성
폭격기	219	H-6A 12대, H-6G 27대 등
전투기/공격기	656	전투기 456, 공격기 200
전폭기	1,409	J-10 A/B/C/S 608대 등
조기경보기	48	전자전기 34대, 전자전정보기 10대 등 추가 보유
공중급유기	18	H-6, Il-78 등
수송기	280	대형 75, 중형 60, 소형 114
지대공미사일	898+	장거리 670+, 중거리 150, 단거리 78+
공정부대		1개 특수전여단, 6개 공정여단 등

* 출처 : IISS, *The Military Balance 2025*

전략미사일군

중국은 12만 명의 전략미사일군 병력을 보유하고 있다. 5대 전구 산하에 1~3개의 미사일기지가 위치하고 있으며, 기지별로 4~7개의 미사일 여단이 있다. 전략미사일군은 중앙군사위원회에서 직접 통제한다. DF-4를 비롯한 핵탑재 대륙간탄도미사일ICBM 148개, 핵·재래식 양용 중거리 탄도미사일 250개+ 등 2,500~3,500개의 탄도미사일과 순항미사일을 보유하고 있고, 2025년 1월 기준 최대 600개의 핵탄두[34]를 보유하고 있는 것으로 추정된다. 대륙간탄도미사일은 미국 타격이 가능하며, 최대 10발의 탄두를 탑재할 수 있는 다탄두미사일이다. 전략미사일군은 예하에 집단군급 공정부대를 보유하고 있으며, 이들 공정부대는 엄격한 보안 유지 하에 지난 수십 년간 지하에 핵미사일 전용 갱도를 건설한 것으로 알려져 있다.

〈표 1-14〉 중국 전략미사일군의 주요 전력

구 분	수량(기)
핵탑재 ICBM	148
중거리 탄도미사일(핵·재래식 양용)	250
준중거리 탄도미사일(핵)	24
준중거리 탄도미사일(재래식)	78
단거리 탄도미사일	225
지상발사 순항미사일	126

* 출처 : IISS, *The Military Balance 2025*

기 타

중국군의 우주부대는 267개의 위성을 운용하고 있다. 통신위성 12개, PNT Positioning, Navigation, Timing(위치, 항법, 시간 동기화) 위성 45개, 정찰위성 115개, 전자전·통신위성 81개, 조기경보위성 3개 등이다.[35] 그 외 중국 인민해방군의 사이버 작전 지원을 위한 사이버부대, 정보수집 및 자국의 정보지원을 위한 정보지원부대, 중국군의 군수지원을 위한 합동군수지원부대를 운영하고 있다.

중국군은 자국군의 상호운용성을 향상시키고 군사적 역량을 증진시키기 위해 다수의 군사훈련 및 연습을 진행하고 있다. 특히 대만 및 대만 주변지역에서의 해상 및 상륙작전, 공중작전 등에 주안점을 둔 훈련을 지속적으로 시행 중이다. 2021년 중국 공군은 매월 항공기 수백 대를 동원해 대만의 방공식별구역ADIZ을 수차례 진입한 바 있으며,[36] 2022년부터는 대만 인근에서의 중국 공군 비행훈련이 일상화되었다. 이는 대만군이 군사적으로 대응하는 데 상당 수준의 부담을 야기시키고 있다. 또한 중국 해군은 남중국해에서 해전 및 상륙작전 역량을 향상시키기 위한 군사훈련을 집중적으로 실시하고 있다. 중국이 자국의 군사 역량에서 가장 취약한 분야로 인식하고 있는 것은 대잠전 분야로 판단된다.

현재 중국은 거의 모든 종류의 재래식 무기 생산을 위한 방산체계, 군과 산업체 간 협력체계를 구축하고 있어, 모든 영역에서 첨단무기를 생산할 수 있는 능력을 갖춘 것으로 평가된다. 중국의 무한한 양적 생산체계가 기술적 진보와 결합될 경우 재래식 전력 분야에서 양적·질적으로 급속한 성장이 예상된다.

(3) 중국의 해외 군사 네트워크

가. 러시아와의 합동 군사활동

미국과 중국 간의 경쟁관계가 심화되면서 중국은 러시아와의 군사협력을 강화해 나갔다. 중국군과 러시아군 간 군사협력의 출발은 2003년으로 거슬러 올라간다. 2003년 8월 중국군은 카자흐스탄과 중국의 국경지대에서 상하이협력기구Shanghai Cooperation Organization, SCO[37]가 주관한 대테러훈련에 참가하면서 러시아군과 첫 합동훈련을 개시했다. SCO가 주관하는 대테러훈련은 2005년 '평화사명和平使命' 훈련으로 개칭된 이후 격년제로 지속되고 있다. '평화사명' 훈련은 중앙아시아 지역, 신장 등지에서 실시되고 있으며, 이 훈련을 계기로 중국과 러시아는 최대 수천 명의 병력과 수십여 척의 함정 및 잠수함이 참가한 가운데 해상 봉쇄, 상륙작전 훈련, 공수 훈련, 미사일 발사 훈련 등의 다양한 훈련을 실시해 오고 있다.

중·러는 2012년부터 'Joint Sea' 해군 합동훈련을 실시해 오고 있다. 훈련 내용에는 대잠전, 대공방어훈련, 대함사격훈련 등이 포함되어 있다. 이후 Joint Sea 해군 합동훈련은 한국의 동해와 서해, 동중국해와 남중국해 등지에서 매년 지속되고 있으며, Joint Sea-2015 훈련은 흑해와 지중해에서, Joint Sea-2017 훈련은 발틱해에서 실시해 중국 해군의 원양작전 수행 능력과 NATO에 대한 대응 의지를 과시했다. Joint Sea-2025 훈련은 2025년 8월 블라디보스토크 인근에서 실시했다.

중·러가 '평화사명' 훈련과 'Joint Sea' 훈련을 통해 양국 간 군사협력을 강화해 나가고 있는 가운데 중·러의 군사협력이 한층 격상된 계기는 중국이 2018년 9월 러시아 동부군관구가 주관하는 '보스토크

Vostok-2018' 훈련에 참가한 것이었다. 이 훈련은 실전 시나리오를 바탕으로 하는 대규모의 고강도 훈련으로, 훈련 참가국 대부분이 러시아의 동맹국들이라는 점에서 중국의 참여는 중·러 간의 군사관계를 한 차원 격상시킨 전환점이 된 것으로 평가된다.[38] 이후 2021년 러시아는 중국군이 주관한 Western/Interaction-2021 훈련에 참가했고, 중국은 러시아의 우크라이나 침공 이후 2022년 9월에 실시된 보스토크-2022 훈련에 참가했으며, 다시 러시아는 2024년 9월 중국이 주관하는 Northern/Interaction-2024 훈련에 참가함으로써 중·러 간 굳건한 군사협력 관계를 과시했다.

중국과 러시아는 각각 양국의 해군·공군 합동으로 태평양 상에서의 합동해역순찰과 합동비행을 지속적으로 실시해 오고 있다. 중·러 해군 간 합동해역순찰은 2021년 10월 최초 실시한 이래 매년 동해·오호츠크해 등 태평양 상에서 양국의 군함과 항공기 등이 투입된 가운데 지속되고 있으며, 2025년 8월에는 양국의 잠수함이 최초로 투입되어 동해상에서 합동 수중순찰을 실시했다. 중·러 공군의 합동비행은 2019년 7월 중국군의 H-6 폭격기와 러시아군의 Tu-95 폭격기가 동중국해~쓰시마해협 구간에서 실시한 이래, 양국 공군은 정례적으로 합동 전략공군 비행을 실시해 오고 있다. 2022년 11월에는 중국과 러시아의 전략폭격기가 한국방공식별구역KADIZ을 포함한 상공에서 공동으로 비행 후 상대방 기지에 교차 착륙했으며 2024년 11월에는 중·러 합동 공중전력이 KADIZ 포함 동해~태평양 상공을 비행했다.

중·러 양국군 간의 합동훈련은 양국군의 참가 전력과 훈련 내용 수준에서 더 실전적이고 대담해지고 있다. 또한 최근의 합동 해군훈련과 합동

해역순찰 및 합동 공군비행 등은 한국의 동해와 서해, KADIZ를 포함하고 있다는 측면에서 한반도 안보에도 직접적 위협이 되고 있으며, 동중국해와 남중국해 등지에서 중·러의 합동 해·공군 순찰 및 훈련은 주변국의 안보 우려를 한층 드높이고 있다.

나. 중국의 해외 군사기지

중국은 기본적으로 비동맹 및 내정 불간섭이라는 대외정책에 따라 오랜 기간 해외기지를 건설하는 것에 부정적이었으나, 2010년대 들어서는 공세적이고 적극적으로 해외기지 확보를 도모하고 있다.[39]

〈표 1-15〉 중국의 해외 군사기지

구 분	해외 기지	비 고
아프리카	지부티(Djibouti)	해군보장기지
캄보디아	Ream Naval Base	해군보장기지
	구커모섬	해군보급기지
파키스탄	과다르(Gwadar)	전자신호 수집
스리랑카	함반도타(Hambandota)	준군사기지
아프리카	적도 기니(Equatorial Guinea)	군사기지
태국	송클라	준군사기지
미얀마	코코섬(Coco Islands)	신호정보 기지
라오스	참파삭(Champasak)	전자신호 수집
방글라데시	치타공	준군사기지
남태평양	비커치커야섬(솔로몬제도)	준군사기지
	로페디얼비얼섬(폴리네시아)	준군사기지

* 출처 : 필자 작성

중국군은 일대일로 전략을 뒷받침하고, 중국군의 전력 투사 능력을 제고하기 위해 2017년 아프리카 지부티에 첫 해외 군사기지를 설립했다. 이후 태국·캄보디아를 비롯한 동남아·서남아·남태평양·아프리카 등지에 항구 임차 등의 방식으로 다수의 군사기지를 사용하고 있다. 중국의 해외기지는 운송·관측·병참 등을 목적으로 한 민·군 겸용의 준準군사기지를 포함하고 있다. 이러한 준군사기지로는 파키스탄의 과다르Gwadar 항구, 스리랑카의 함반도타hambandota 항구, 방글라데시 치타공Chittagong 항구, 미안마 코코Coco 항구, 태국 송클라Songkhla 항구, 캄보디아 쿠크모Kukmo 항구, 솔로몬Solomon 군도, 폴리네시아 등이다. 위의 준군사기지는 주로 석유 수송로 상에 위치하고 있으며, 해당 국가와 우호관계를 구축하고 영향력 확대를 목적으로 운용하고 있으나, 유사시에는 군사력을 투사할 수 있는 거점으로 활용할 수 있다.[40] 대표적인 해외 군사기지를 소개하면 아래와 같다.

아프리카의 지부티Djibouti

홍해와 아덴만이 만나는, 세계 해상교통의 30% 이상이 지나는 전략적 요충지이다. 이런 이유로 지부티에는 미국·프랑스·이탈리아·일본·아랍에미레이트·중국 등 약 7개국이 장기 임대 형식으로 기지를 운용 중이다. 중국은 지부티공화국과 2016년 1월 지부티 자유무역구 건설 계획을 체결했고, 2017년 7월 지부티 군사기지를 설립했다.[41] 중국 해군은 아프리카 지부티 기지에 1개 해병중대와 1개 의무부대를 포함해 240여 명의 병력을 파견 중이며, 10여 척 이상의 보급 및 지원 함정을 배치하고 있다. 중국은 지부티 기지를 아덴만 인근의 해적 소탕을 통한 국제평화 유

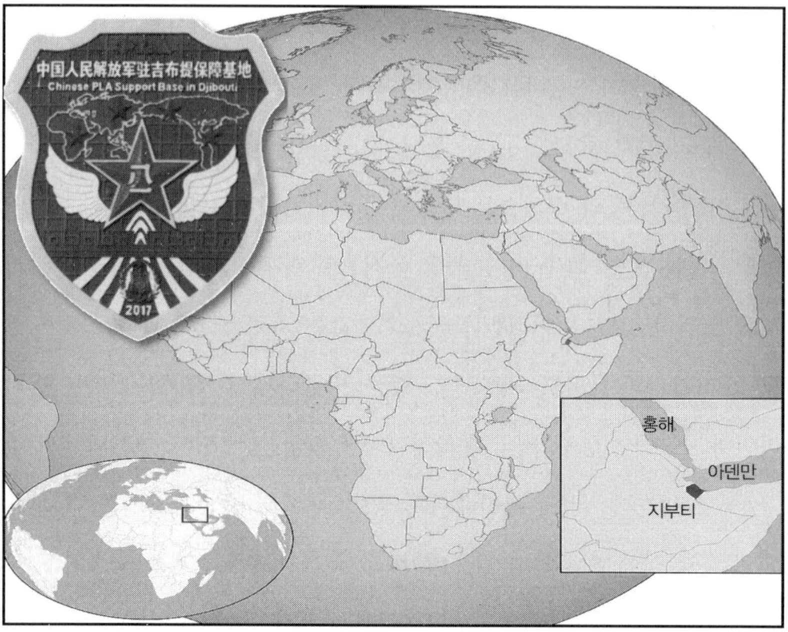

* 출처 : Wikimedia Commons

〈그림 1-3〉 중국 인민해방군 지부티 보장기지

지를 위한 기지라고 하나, 실제로는 중국의 해외 원정작전 수행을 위한 전초기지라는 평가이다. 기지에는 항공모함의 기항이 가능한 정박시설, 활주로와 격납고, 부두 시설, 2,000여 명 이상 수용 가능한 병영시설 등이 완비되어 있는 것으로 알려져있다.

캄보디아 레암Ream

2022년 《워싱턴 포스트》가 중국의 도움으로 캄보디아의 레암 해군기지가 건설 중이라는 사실을 보도함에 따라 대외에 알려지게 되었다. 2024년 4월에는 중국 해군 함정 2척이 캄보디아의 레암 해군기지에 주둔하고 있는 것이 식별되었다. 레암 기지는 중국과 캄보디아 간의 군사협력을 상징하는 해군기지이다. 중국군과 캄보디아군 간의 교류협력과 연합훈련을 목적으로 운용 중이며, 양국은 최근 몇 년 사이 연합훈련을 진행하는 관계로 발전하였고, 훈련 규모도 확대되고 있는 추세이다. 중국은 또한 군사원조를 통해 캄보디아군의 방위력 개선을 지원하고 있다.

파키스탄의 과다르Gwadar 항과 스리랑카의 함반토타Hambandota 항

중국이 항만 건설에 따른 부채 변제의 대가로 2015년부터 장기 임차해 중국의 해군 함정을 배치해 온 것으로 알려지고 있다.[42] 두 항구 모두 민간항구이나, 중국의 핵추진잠수함 등이 수시 정박하고 있어 군사적으로 전용될 소지가 높다.

미얀마의 코코 섬Coco Islands

1992년부터 신호정보기지를 운용하고 있는데, 이는 미얀마 남쪽 300km 지점에서 벵갈만을 바라보는 해상 요충지이다.

아프리카 서부 적도 기니Equatorial Guinea

2021년 중국이 독재정권과 협조해 조성한 군사기지로서, 이 기지는 대서양을 바라보는 핵심 기지이다.

중국의 해외 군사기지 확대는 일대일로의 안정적 추진 기반을 확보하고 중국 해군력의 역외 투사 역량을 증대시키기 위한 거점을 구축해, 만일 남중국해에서 미·중 충돌 시 미국과 동맹국의 개입을 억제하기 위한 목적이다.

중국이 해외 국가와 시행하는 연합훈련 규모와 수준은 미국과 비교하면 아직은 미흡하다. 매년 실시하는 연합연습 및 훈련으로는 이란·러시아·중국이 참여하는 해상안보벨트 연습, 파키스탄·중국의 하이양웨이스, 태국·중국의 잉지, 러시아·인도·벨라루스 등 13개국이 참가하는 보스토크(동방) 훈련, 중국과 러시아의 연합정찰활동, 아프리카 국가들과의 해적소탕회의 등이다. 전반적으로 동남아 지역 국가들과 중국의 군사적 관계는 아직은 매우 제한적이며 얕은 수준에 머물러 있다고 평가할 수 있다.[43]

3

★

일 본

탈냉전기 일본의 안보전략은 미일동맹을 토대로 자국의 안보전략 범위를 일본을 넘어 아시아·태평양 지역으로 확대하고, 테러·사이버·우주 등 글로벌 차원의 안보문제에 적극 개입하면서, 일본 자위대의 역할과 능력을 지속적으로 확대하는 방향으로 나아갔다.[44] 2010년대 들어서는 보통국가로의 변환을 본격적으로 추진하였으며, 2013년 최초의 국가안보전략을 공표한 이래, '국가안보전략 - 방위계획대강 - 중기방위력 정비계획'으로 이어지는 안보정책 체계를 2022년에 미국과 유사한 '국가안보전략 - 국가방위전략 - 방위력정비계획'의 안보전략 체계로 전환했다. 일본 방위전략의 핵심은 중국 견제, 미일방위협력의 가속화로 요약될 수 있다. 미·일연합방위체제에 기반해 일본 자위대와 주일미군의 상호운용성을 강화하고, 미일동맹을 미영동맹 수준으로 격상해 미국의 인도·태평양 전략에 동승하고 있는 것이다.

(1) 안보정책

가. 헌법 제9조에 대한 해석

일본의 방위전략을 이해하는 첫걸음은 일본 헌법 제9조이다. 제2차 세계대전에서 패배한 일본은 맥아더 장군이 지휘하는 연합군최고사령부의 통치 기간 중 헌법을 개정해 1947년 5월 3일 이래 지금까지 유지하고 있다. 일본 헌법 제9조는 '전쟁을 영원히 포기하고, 전력戰力을 보유하지 않으며, 국가의 교전권을 인정하지 않겠다'는 3대 원칙을 명시해 '평화헌법'이라 불린다.

일본 정부는 헌법 제9조가 인정하는 일본이 보유할 수 있는 자위력, 자위권 발동 요건, 자위권을 행사할 수 있는 지리적 범위에 대해 다음과 같은 견해를 제시하고 있다.

보유할 수 있는 자위력

헌법상 보유할 수 있는 자위력은 필요 최소한도에 머물러야 한다. 이는 당시의 국제정세, 군사기술 수준, 기타 여건에 따라 판단해야 하나, ICBM, 장거리전략폭격기, 공격형 항공모함 등 공격적 무기는 최소한도

〈표 1-16〉 일본 헌법 제9조

① 일본 국민은 정의와 질서를 기초로 하는 국제평화를 성실히 희구(希求)하고, 국권이 발동되는 전쟁과 국제분쟁을 해결하는 수단으로서 무력에 의한 위협 또는 무력행사를 영구히 방기(放棄)한다. ② 전항의 목적을 달성하기 위하여 육·해·공군, 기타의 전력을 보지(保持)하지 아니한다. 나라의 교전권은 인정하지 않는다.

의 범위를 넘는 것으로 보유해서는 안 된다.

자위권 발동요건

헌법 제정 후 일본 정부는 자위권 발동 요건을 '①일본에 대해 급박하고 부당한 침해가 있을 것 ②이를 배제하기 위해 여타 적절한 수단이 없을 것 ③필요 최소한도의 실력 행사에 한할 것'이라는 3가지 요건에 한정한다고 해석해 왔다. 그러나 냉전 종식 이후 미국의 국방전략이 아시아·태평양 지역 중시 기조로 전환되면서 일본의 안보정책 또한 미국의 전략적 기조에 편승하는 방향으로 조정해 나갔다.

미·일 안보체제를 아시아·태평양 지역의 안정과 평화를 위한 핵심 기반으로 설정함에 따라 일본은 자위대의 안보적 역할을 재검토하였고, 보통국가로의 변환 노력을 본격화했다. 일본은 2013년 12월 최초의 '국가안보전략'을 공표하였고, 2014년 7월 1일 헌법 해석을 변경해 동맹·우방국이 무력공격을 받을 경우에도 필요한 최소한의 무력행사를 할 수 있도록 했다. 당시 각의 결정에 따라 용인된 신新자위권 발동 3요건은 ①일본 또는 일본과 밀접한 관계가 있는 타국에 대한 무력공격이 발생했을 때 ②이로 인해 일본의 존립이 위태로워지고 국민의 생명, 자유, 행복추구권이 근저에서 침해받을 명백한 위험이 있을 때 ③이를 배제하고 일본의 존립과 국민의 권리를 지키기 위해 다른 적당한 수단이 없을 때, 필요 최소한도의 '무력행사'가 헌법상 허용되어야 한다는 것이다. 이러한 무력행사는 국제법상 집단적 자위권을 근거로 한다. 집단적 자위권이란 유엔 회원국이 갖는 권리로서, 회원국이 제3국으로부터 공격받을 경우 이를 군사적으로 지원할 수 있는 권리이다. 즉 타국에 대한 무력공격이 일본의 존립을 위협할 경우 일본은 불가피한 자위 조치로서 무력행사를 할 수 있다는 것이다.

자위권을 행사할 수 있는 지리적 범위

일본이 자국을 방위하기 위한 무력행사의 지리적 범위는 반드시 일본의 영토·영해·영공으로 국한되지는 않는다. 이러한 무력행사 범위는 개개의 상황에 따라 판단해야 한다는 것이다.

나. 방위정책의 기본 원칙

일본의 방위정책은 전수방위 원칙, 비핵 3원칙, 방위장비 이전 3원칙 등의 규범을 토대로 수립되었으며, 오늘날에도 그 연속선상에서 방위정책을 추진하고 있다.

첫째는 전수방위專守防衛 원칙이다. 이는 상대로부터 무력공격을 받았을 때만 방위력을 행사하고, 방위력 행사 및 방위력의 보유 규모도 자위를 위한 필요 최소한으로 제한한다는 것이다. 전수방위 원칙은 1970년 『일본 방위백서』가 처음으로 발간될 때 수록되었다.

둘째는 비핵 3원칙이다. 1967년 12월 사토 총리가 "핵무기를 보유하지도, 만들지도, 반입하지도 않는다"고 선언한 것이며, 현재까지 유효하다.

셋째는 방위장비 이전 3원칙이다. 이는 1967년 사토 총리가 언급한 무기 수출 3원칙을 폐기하고, 2014년 4월 1일 새롭게 정립한 것으로, 기존의 무기 수출 3원칙은 '①공산권 국가에 무기를 수출하지 않는다 ②유엔 결의에 의해 무기 수출이 금지된 국가에는 무기를 수출하지 않는다 ③국제분쟁의 당사국이나 분쟁 발생 우려가 있는 국가에는 무기를 수출하지 않는다'는 원칙이다. 새롭게 정립한 방위장비 이전 3원칙은 '①국제조약/유엔안보리결의 등을 위반한 국가, 분쟁 당사국에는 무기 수출을 금지한다 ②평화 공헌/국제협력과 일본 안보에 기여할 경우 무기 수출을 허용한다 ③목적 외 사용과 제3국으로의 이전은 일본 정부의 사전 동의가 필요하다'라는 원칙이다. 일본이 종래 유지해 온 무기 수출 3원칙은 일본 방산업체가 생산해 온 무기를 대외로 수출하는 것이 사실상 금지되었다. 그러나 이를 방위장비 이전 3원칙으로 대체함으로써 일본은 미국·영국·호주 등과 공동으로 무기를 개발하고 수출을 추진할 수 있게 되었다.

위의 원칙들은 현재도 일본 정부의 공식적인 방위정책의 근간으로 유지되고 있다. 이는 일본이 군사대국을 지향하지 않는다는 주장의 근거로 제시되고 있다. 그러나 2000년대 이후 일본은 '보통국가'와 '적극적 평화주의'라는 이름 아래 자위대의 해외 파견, 지부티에 해외기지 설치, 미·일방위협력지침 개정, 집단적 자위권 행사 용인, 상륙전 부대의 창설, 장거리미사일 도입 등을 추진했다. 특히, 2022년 '선제적 반격능력 보유'를 일본의 공식 안보정책으로 선언함으로써, 일본이 견지해 온 전수방위 원칙은 사실상 사문화된 것으로 평가된다. 선제적 반격능력은 적국에서 일본에 대한 공격 징후가 있거나 동맹국을 공격한다면 먼저 적 기지를 타격할 수 있다는 것이다.

(2) 방위전략

가. 방위전략 3문서

일본의 국가방위전략은 방위전략 3문서를 통해 그 대강을 알 수 있다. 방위전략 3문서는 일본 안보정책의 지침이 되는 『국가안전보장전략』, 『국가방위전략』, 『방위력정비계획』의 3가지 문서를 일컫는다. 이러한 일본의 방위전략 문서 체계는 2022년 12월 정립되었는데, 미국의 국가안보전략 체계와 맥을 같이할 수 있도록 기존의 전략문서[45]의 명칭과 성격을 변경한 것이다.

『국가안전보장전략National Security Strategy, NSS』은 미국의 『국가안보전략』에 상응하는 최상위 문서로서 일본의 국가 이익, 국가안보의 기본 원칙, 전략환경, 국가안보목표 등을 기술한다. 국방뿐 아니라 외교·경제·기술·사이버·정보 분야에서의 전략적 지침을 제시한다. 『국가방위전략National Defense Strategy, NDS』은 미국의 『국방전략』에 상응하는 문서로서, 『국가안보전략』의 기조 아래 국가방위목표, 방위목표 달성을 위한 접근 방법 등을 제시한다. 기존에는 『방위계획대강National Defense Program Guidelines, NDPG』[46]이라는 명칭으로 발간되었는데, 2022년 『국방전략』으로 개칭되었다. 『방위력정비계획Defense Buildup Program, DBP』은 미국의 『국가군사전략』을 참고해 자위대의 구조와 능력, 전력증강 방향, 방위력 증강 비용 등을 담고 있다. 향후 5년 동안의 전력증강 계획과 향후 10년 기간의 대략적인 전력증강 방향을 포함하고 있다. 『방위력정비계획』은 매년 예산을 수립할 때 기준 문서가 된다.

방위전략 3문서는 10년 주기로 개정되나, 안보환경 및 군사과학기술

〈표 1-17〉 일본의 안전보장 정책 체계

국가안보전략	• 일본 안보와 관련된 최상위 문서로서, 대략 10년을 상정 • 일본의 국익, 안전보장 기본 원칙과 과업, 안보목표를 달성하기 위한 전략적 접근방향을 제시
국가방위전략	• 일본의 국가방위목표, 목표를 달성하기 위한 접근방법 및 수단 등을 제시, 대략 10년을 상정
방위력정비계획	• 일본 방위를 위해 보유해야 할 방위력 수준과 예산 소요, 주요 장비의 정비소요 등 제시 • 10년 기간의 대략적인 계획, 향후 5년간의 예산, 정비소요 등을 포함한 구체적인 전력증강 계획 제시
연도예산	• 각 연도별로 필요한 경비를 계상

* 출처 : 필자 작성

의 진보 등을 고려해 수시로 개정할 수 있다. 현재 일본의 『국가안보전략』과 『국가방위전략』, 『방위력정비계획』은 모두 2022년 12월 16일 국가안전보장회의와 내각의 승인을 거쳐 유효한 문서이다.

나. 일본의 방위목표와 접근법

일본의 국가안보목표, 국가방위목표와 방위목표 달성을 위한 접근법은 〈표 1-18〉에서 보는 바와 같다. 일본의 방위전략은 일본 방위력 증강, 미일동맹 강화, 우방국과의 협력 강화를 기본으로 한다. 일본은 방위력 증강을 위해 육해공 자위대 모두 스탠드오프Stand-off 방위 능력, 즉 원거리로부터의 방위 능력을 최우선적으로 강화하는 것을 추진하고 있다. 이를 위해 2027년까지 방위 예산을 GDP의 2% 수준까지 이르도록 지속적으로

〈표 1-18〉 일본의 국가방위목표와 접근법

국가안보목표	① 독자적 방위력 증강 ② 미일동맹 강화　③ 아태 지역 국가와 안보협력 추진
국가방위목표	① 힘에 의한 현상 변경을 허용하지 않는 안보환경 조성 ② 동맹·유사 국가와 협력·연대해, 힘에 의한 현상 변경 및 시도를 억제하고 조기에 상황을 통제 ③ 일본에 대한 침략 발생 시, 일본이 주도하고 동맹국과 우방국의 지원 하에 침략을 저지하고 격퇴
방위목표 달성을 위한 접근법	① 일본 자체의 방위태세 강화 a. 일본 방위력의 근본적인 강화 b. 일본 전체의 방위태세 강화 ② 미일동맹에 의한 공동 억제 및 대응능력 강화 ③ 유사 국가(Like-minded Countries)와 우방국과의 연대 강화
방위력의 근본적 강화를 위한 능력 (7개 최우선 분야)	① 스탠드오프(Stand-off) 방위능력 ② 통합 방공 및 미사일 방어능력 ③ 무인자산 방위능력　④ 영역횡단작전 능력 ⑤ 지휘통제정보 관련 기능 ⑥ 기동전개 능력/민간 방호　⑦ 지속성 및 회복력

* 출처 : 일본 방위성, *2024 Defense of Japan*(2024年度 防衛白書 英語版, 2024년 9월 19일), pp.214-223.

증가시켜 나갈 계획이다.

미·일 안보체제는 일본 안보의 중심축이다. 일본은 미국의 용인 하에 자위대의 역할을 확대하고 자위대의 능력 확장을 지속적으로 추구하고 있으며, 미국과 일본의 국방전략에서 제시한 모든 수단과 방법을 통합해 통합억제력을 강화하고 있다. 동맹조정메카니즘Alliance Coordination Mechanism, ACM을 통해 미일동맹 현안을 조정해 나가고 있으며, 정보보안, 사이버, 방위장비 기술협력 등 동맹의 기반요소를 보다 강화하는 데 주력하고 있다. 주일미군의 재편과 안정적 주둔을 위해 각종 정책을 미국과 협력 하에 긴밀히 추진하고 있다. 일본은 또한 일본 자위대와 주일미군 간의 군

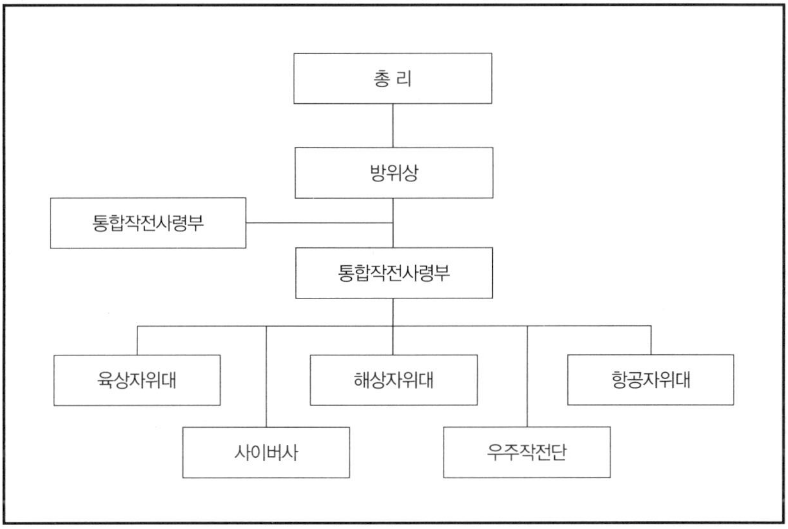

* 출처 : 일본 방위성, *2024 Defense of Japan*(2024年度 防衛白書 英語版, 2024년 9월 19일), pp.250–251 참조해 필자 작성

〈그림 1–4〉 일본 자위대 지휘체계

사협력을 강화하고, 2025년 3월 24일 미군의 지휘체계와 유사한 '통합작전사령부'를 설치했다. 새로운 지휘체계에 따라 통합막료의장은 미국의 합참의장과 유사하게 방위상에 대한 군사적 조언 및 전략적 수준의 역할을 수행하며, 통합작전사령관이 육해공 자위대를 통합지휘한다.

2022년 10월 22일, 일본과 호주 양 정상은 '안전보장 협력에 관한 신 일본·호주 공동선언'을 발표했다. 이 선언은 향후 10년간 일본·호주 간의 안보·방위 협력 방향을 공표한 것으로,[47] '일본과 호주의 주권, 지역 안보 이익에 영향을 미치는 긴급사태에 대해 상호 협의하고 대응조치를 검토하며, 미국·일본·호주의 전략적 연대 강화가 불가피함'을 명기하고 있다. 일본·호주의 새 안보선언은 2007년 이후 15년 만에 개정한 것으로, 중국의 군사굴기에 양국이 공동으로 대응하겠다는 의지를 천명한 것으로 해석된다. 또한 아태 지역 안보를 위해 미·일·호주 3국이 공동의 대응태세를 구축했다는 데 큰 의의가 있다.

일본은 '자유롭고 열린 인도·태평양Free and Open Indo-Pacific, FOIP' 구상을 기반으로 미·일 양국 간 연합연습 및 훈련, 방위협력 및 교류 등을 착실히 이행하고 있으며, 미일동맹을 중심축으로, 미·일·호주 3국의 안보협력 수준을 동맹 수준으로 끌어올리면서, 향후 아태 지역에서의 질서를 3국이 주도하겠다는 전략을 대외에 공표한 것이다. 일본은 미·일·호주 안보협력을 기반으로 인태 지역 내 규칙 기반 질서가 유지될 수 있도록 필리핀·인도·영국·프랑스·독일·캐나다·뉴질랜드 등 유사 국가들과 FOIP 비전을 공유하면서 교류협력을 확대해 나가고 있다.

(3) 일본의 군사력

가. 자위대 전력

일본은 미일동맹을 축으로 미일 연합방위체제의 기틀을 굳건히 해나가면서, 일본의 '보통국가화' 및 '적극적 평화주의' 실현을 위해 자위대의 능력과 역할을 확대해 나갔다. 한마디로 '싸울 수 있는 군대'가 되기 위한 역량을 적극적으로 확보해 나간다고 말할 수 있다. 현재 일본은 자위대 전력증강의 최우선순위를 stand-off 능력(원거리 타격능력)과 다영역 작전수행능력Cross-domain operation, 남서 제도 방위력 증강에 두고 있다. 특히 남서 제도에 장거리 미사일 등 stand-off 무기 등을 배치하고 공군기지를 건설하는 것은 대만 유사시 중국의 일본기지 공격 가능성에 대응하는 것은 물론 미군이 개입할 경우 미군을 지원하기 위한 것이다.[48]

육상자위대

육상자위대는 5개 지역사령부(북부·북동부·동부·중앙·서부 방면대)[49]로 편성되어 전국적으로 균형 배치되어 있다. 각종 사태 대비 높은 기동력을 가지고 있는 기갑사단·기계화사단·기보여단이 주축이며, 상륙작전 수행능력 확보를 위해 1개 강습상륙여단을 보유하고 있다. 또한 최신식 전차·장갑차, 155mm 자주포 135문, 아파치 공격헬기 12대, 코브라 공격헬기 50대 등 현대식 무기체계로 무장되어 있다. 일본은 남부의 방위력 증강을 위해 큐슈와 남서 제도 일대에 12형Type-12[50] 지대함미사일을 배치해 두고 있으며, 대함미사일의 사거리를 현재 200km에서 900+km로 연장을 추진 중이다. 또한 대함 및 지상 공격을 위해 2026년부터 지상발사

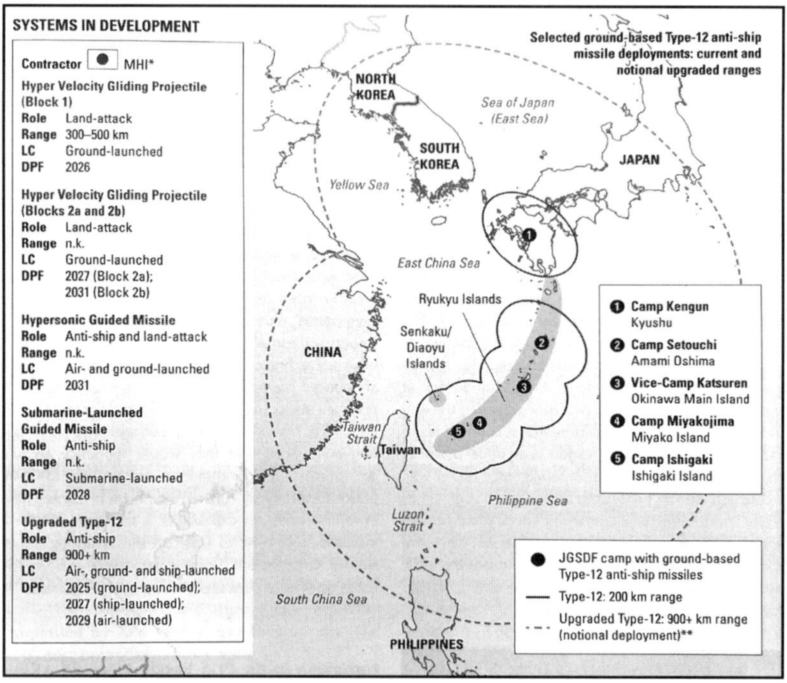

* 출처 : IISS, *The Military Balance 2025*, p.217

〈그림 1-5〉 일본의 미사일 사거리 연장 계획

극초음속활공체Hyper Velocity Gliding Projectile의 배치를 추진 중이며, 초음속미사일도 개발하고 있다.

해상자위대

해상자위대는 호위함대·잠수함대·항공대로 구성되어 있다. 호위함대는 예하에 4개 전대(요코스카, 사세보, 마이주루, 쿠레)로 구성되어 있으며, 헬기탑재 경항모aircraft carrier/helicopter, CVH 4척, 이지스함 8척 등으로 구성되어 있고, 수상함정 전력면에서 세계 최상위권으로 평가된다. 일본이 보유하고 있는 헬기탑재 경항모는 휴가급Hyuga 2척,[51] 이즈모급Izumo 2척으로, 휴가급은 SH-60 등 다양한 헬리콥터를 운용할 수 있어 경항모에 준하는 역할을 수행할 수 있으며, 이즈모급 2척은 F-35B의 이착함이 가능하도록 개조되어 최대 10~12대의 F-35B를 탑재할 수 있다. 일본 해상자위대의 주요 수상함정은 SM-3 미사일을 탑재하고 있어 세계 3위권의 함대 방공능력을 보유하고 있다. 또한 함대 차원의 반격능력 및 Stand-off 능력을 증강하기 위해 사정거리 1,600km에 이르는 토마호크 미사일의 전력화를 추진 중이며, 중국 견제를 위해 잠수함발사미사일SLBM의 개발과 잠수함 전력의 확대를 추진하고 있다. 또한 미국의 남중국해 항행의 자유 작전 지원을 위해 해상자위대의 군사력 운용 범위를 지속적으로 확대하고 있다.

항공자위대

항공자위대는 4개 방면대(북부·중부·서부·남서부)와 3개 직할사령부로 편성되어 있다. 북부·중부·서부 방면대는 2개의 전투비행단과 조기경보, 지대공미사일단 등으로 구성되어 있고, 남서부 방면대는 나하Naha에 1개 전투비행단을 포함해 남서 제도 일대에 조기경보, 지대공미사일단 등을 두고 있다. F-15J 7개 비행대대, F-2 3개 비행대대, F-35A 2개 비행대대 등 12개의 전투비행대대, 공중급유기 2개 대대, 전자전 1개 대대, 전자전 정보 1개 대대, 조기경보통제기 3개 대대 등 최신예 전력을 보유하고 있어 세계 4위의 공군전력을 갖춘 것으로 평가된다. 일본 방위성은 미국방부와 MOU를 체결해 UAV에 적용할 자율무기체계 기술을 공동개발하기로 하였으며, 영국·이탈리아와 협력해 F-2 전투기를 대체할 6세대

전투기를 개발하는 등 공군전력 증강에 박차를 가하고 있다. 아울러 정찰 감시용 군사위성, 위성항법체계, 우주감시체계 등 우주작전 수행 능력도 확충해 나가고 있다.

〈표 1-19〉 일본의 군사력 현황(2024년 기준)

<table>
<tr><th colspan="3">병 력</th></tr>
<tr><td rowspan="3">24만 7,150명</td><td>• 육상자위대 15만 250명</td><td>• 해상자위대 4만 5,400명</td></tr>
<tr><td>• 항공자위대 4만 7,000명</td><td>• 통합막료감부 4,500명</td></tr>
<tr><td colspan="2">• 준군사조직(해안경비대) 1만 4,800명</td></tr>
<tr><th colspan="3">육상자위대 주요 전력</th></tr>
<tr><td colspan="3">• 5개 지역사령부(방면대), 1개 기갑사단, 4개 기계화보병사단, 2개 기보여단, 4개 보병사단, 2개 공수여단, 1개 강습상륙여단, 3개 포병여단, 1개 헬기여단, 5개 헬기단, 2개 지대공미사일여단 등</td></tr>
<tr><td>• 전차(MBT) 349대
• 공격헬기 99대</td><td>• 장갑차 804대
• 수송헬기 226대</td><td>• 포병 1,429문
• 지대공미사일 319+개</td></tr>
<tr><th colspan="3">해상자위대 주요 전력</th></tr>
<tr><td colspan="3">• 호위함대(4개 전대), 항공대(6개 비행단), 잠수함대(2개 전대)</td></tr>
<tr><td>• 경항공모함 4척
• 구축함 34척(이지스급 4척 포함)
• 강습상륙함 3척</td><td>• 이지스순양함 4척

• 기뢰전함 19척</td><td>• 호위함 12척
• 초계함 6척
• 잠수함 25척</td></tr>
<tr><td colspan="3">• 해군항공대 9,800명(7개 항공단)
– 대잠초계기 66, 전자전기 5, 수송기 24, 대잠헬기 81, 소해헬기 10 등</td></tr>
<tr><th colspan="3">항공자위대 주요 전력</th></tr>
<tr><td colspan="3">• 4개 방면대, 공군지원사령부, 공군훈련사령부, 공군발전 및 시험평가사령부</td></tr>
<tr><td colspan="3">• 전투기 200대(156 F-15 J, 44 F-15DJ) • 전폭기 130대 (F-2, F-35A)</td></tr>
<tr><td>• 공중조기경보통제기 22대
• 전자전기 3대</td><td>• 공중급유기 11대
• 수송기 53대</td><td>• 구조기 26대
• 6개 지대공미사일단</td></tr>
</table>

* 출처 : IISS, *The Military Balance 2025*

나. 주요 연합연습 및 훈련

일본 자위대가 참여하는 연합훈련은 〈표 1-20〉에서 제시한 주요 훈련 외에도 매우 다양한 형태로 전개되고 있다. 미·일 간의 연합훈련은 1990

〈표 1-20〉 일본의 주요 연합 연습 및 훈련 현황

미·일 연합연습 및 훈련		
통합막료감부 주관		
Keen Edge (CPX)	• 日 : 각 자위대 사령부급 부대 • 美 : 주일미군사령부 및 예하부대	
Keen Sword (FTX)	• 日 : 각 자위대 부대 • 美 : 주일미군사령부 및 예하부대	함정 및 항공기 수백 대 참여 대규모 기동훈련
탄도미사일 대응훈련 : 日 자위함대, 항공총대 등, 美 제7함대 등 참가		
육상자위대		
야마사쿠라 (지휘소연습)	• 日 : 육상막료감부, 방면대 사령부 • 美 : 인도태평양사, 주일육군사	연 2회 실시하는 방면대(韓 군단급) 지휘소연습
미 육군과 실기동훈련	• 日 : 방면대 지휘부, 보병부대 • 美 : 주일육군사, 보병부대	연 2회, 美 본토와 日 방면대 주둔지 에서 실시
미 해병대와 실기동훈련	• 日 : 오키나와 주둔 보병부대 • 美 : 제31해병기동부대 예하 부대	연 2회, 美 본토와 日 방면대 주둔지 에서 실시
해상자위대		
지휘소연습	• 日 : 해상막료감부 • 美 : 주일해군사령부, 제7함대 등	
소해훈련	• 日 : 함정, 항공기, 기뢰요원 등 • 美 : 함정, 항공기, 기뢰요원 등	일본 주변 항만의 기뢰제거 훈련
대잠훈련	• 日 : 함정, 항공기 등 • 美 : 함정, 항공기 등	오키나와 주변 해역, 대잠수함 훈련
기지방호훈련	• 美·日 합동 요코스카 기지방호	
항공자위대		
COPE NORTH	• 괌 기지에서의 미·일 전투기·지원기의 공대공·공대지 훈련	
전투기 훈련	• 美·日 전투기 참가 공중·공지 훈련	
방공훈련	• 美·日 전투기·패트리어트 참가 대공방어·기지방공 훈련	

다자 훈련	
한·미·일 연합훈련	
Freedom Edge	• 북한 위협 대응/한·미·일 3국의 항모·함정·항공기 참가
미사일 경보훈련	• 북한 미사일 대응/한·미·일 함정·통제소 참가 수시 실시
해상 미사일 방어훈련	• 북한 미사일 대응/한·미·일 함정·통제소 참가 수시 실시
대잠훈련	• 북한 위협 대응/한·미·일 함정·잠수함·해상초계기 참가
해양차단훈련	• 3국 안보협력 강화/한·미·일 함정·항공기 등 참가
대해적훈련	• 3국 안보협력 강화/한·미·일 함정·항공기 등 참가
수색구조훈련	• 3국 안보협력 강화/한·미·일 함정·항공기 등 참가
다국간 훈련	
RIMPAC	• 30여 개국의 함정·항공기 등이 참가하는 실기동훈련 • 하와이 근해에서 격년제로 실시
Pacific Dragon	• 한·미·일 + 우방국 참가, 하와이 근해에서 실시하는 해상훈련
Pitch Black	• 16개국 참가, 호주에서 실시하는 공군훈련
Cope North	• 한·미·일·호주·프랑스 등 참가, 괌에서 실시하는 공군훈련
Sea Dragon	• 5개국 함정·항공기 참가, 괌에서 실시
Pacific Vanguard	• 4개국(한·미·일·호주) 함정·항공기 참가, 괌에서 실시
Khaan Quest	• 30개국이 참가하는 육상훈련, 몽골에서 실시
Kamandag	• 미국·필리핀 주도, 우방국과 대테러 훈련 등 다국적 훈련
Cobra Gold	• 태국에서 실시하는 다국적 훈련
Sea Cat	• 21개국이 참가하는 해상훈련, 싱가포르에서 실시

* 출처 : 필자 작성

년대 이후 자위대의 역할과 기능이 확대되면서, 범위·규모·횟수가 증가하고 있다. 일본 방위 및 주변사태에 대한 대응을 목적으로 미·일 공동의 통합연습과 통합 실기동훈련이 매년 정례적으로 실시되고 있으며, 육상·해상·항공 자위대별로 미·일 간 연합작전 수행능력을 숙달하기 위해 지휘소연습~방면대 단위 실기동훈련과 소부대급 실기동훈련까지 매년 수십 차례씩, 미 본토와 일본·괌·하와이·알래스카 등지에서 지속적으로 실시하고 있다.

오마바 행정부 들어 인도·태평양 전략이 본격화되고, 인태 지역에서 다국적 안보 협력의 필요성이 증대됨에 따라 일본 자위대의 다국적 훈련 참여도 증가하고 있다. 한·미·일 3국 훈련에 더해 일본은 미국 및 제3국(호주·캐나다·뉴질랜드 등)과 함께 노블 레이븐,[52] 오토노머스 워리어, 카카두 훈련에 참가했고, 미·일·호주·프랑스 4국은 ARC 21 훈련[53]에도 참가했다. 그 외에도 라 페르즈와 같은 일본·프랑스·호주 3국 훈련, JIMEX와 같은 일본·인도 연합훈련, 일본·캐나다의 KADEX 훈련, 말라바르 훈련과 같은 미·일·호주·인도의 4자 훈련, 오구리베르니와 같은 일본·프랑스 연합훈련 등이 지속적으로 개최되고 있다. 사실상 인도·태평양 전역에 걸쳐 미국과 일본이 주도하고 캐나다·호주·뉴질랜드·프랑스·인도 등이 참여하는 3자, 다자훈련이 연중 중단없이 시행되고 있는 실정이다. 미국과 일본은 남중국해와 동중국해 등 역내 위기상황 발생 시 공동으로 대응할 수 있는 태세를 구축하면서, 미·일 간 군사적 일체화를 향해 나아가고 있다.

4

★

러시아

(1) 국방전략

구소련 해체 이후 러시아연방은 '러시아연방의 완전한 안전'을 최우선적 가치로 추구했다. 이는 러시아가 더 이상 미국과 패권경쟁을 추구할 수 있는 능력을 보유하고 있지 못하다는 자성에서 출발한다. 그러나 러시아 국민들이 갖고 있는 '러시아 대국주의'의 정서는 뿌리 깊게 각인되어 있어, 러시아의 국가안보전략을 설명하는 데 중요한 키워드가 된다. 러시아 국민의 '러시아 대국주의' 정서는 강력한 리더십과 민족주의를 주창하는 푸틴을 지도자로 선택하는 배경이 되었다.[54]

다음의 몇 가지 키워드는 러시아의 안보인식을 설명하는 데 유용한 틀을 제공한다. 첫째, '러시아 대국주의'는 러시아의 안보전략을 지배하는 중요한 요인이다. 러시아는 기본적으로 강대국이라는 인식이다. 세계질서를 재편할 주요 행위자로서, 국제사회에서 강대국의 위상과 지위를 갖고 있다는 것이다. 2014년 크림반도의 합병과 2022년 2월 우크라이나 침공은 이러한 인식을 잘 반영한다. 러시아는 구소련 지역은 러시아 안보에 사활적인 지역이며 러시아가 배타적 권리를 갖고 있다고 생각한다. 러시아인들은 크림반도의 합병은 전적으로 크림반도 주민들의 선택에 의한 것이며, 우크라이나 침공 역시 우크라이나를 러시아와 유럽 중간에 위치한 경계지대이지 독립국가로 받아들이지 않는다는 인식과 맥을 같이 한다.[55]

둘째, 러시아는 NATO의 확대를 러시아 국가안보에 심각한 위협으로 인식하고 있다. NATO의 확대는 전략적·군사적 측면에서 동유럽 지역에서의 군사적 균형을 저해하고, 러시아와 NATO간 완충지대 소멸, 발틱해·흑해에 위치한 러시아 함대의 기동의 자유 상실, 유럽에서의 긴장 고조 등으로 이어져 러시아에 실질적 위협이 된다고 평가한다.[56] 러시아는 미국과 NATO를 러시아 안보를 위협하는 근본세력으로 보고 있다. 러시아는 미국이 민주주의의 확대를 목적으로 민주주의의 가치를 국제사회에 확장시키는 것이 러시아의 권력 기반을 침식할 수 있다고 본다. 또한 미국이 2019년 '중거리 핵전력 조약Intermediate-Range Nuclear Forces Treaty, INF'을 폐기하고, 유럽과 아태 지역에 단거리·중거리 미사일을 배치하면서 미사일방어시스템을 구축하는 것은 러시아의 생존적 위협이라고 주장한다.[57]

셋째, 러시아는 미국 주도의 일극체제보다 다극체제가 러시아에 있어서 더욱 안전한 체제라고 믿고 있다. 서유럽과의 평화로운 공존은 불분명하며, 빠른 속도로 서구화되고 있는 동유럽 국가들의 탈러시아 바람에 대한 우려가 깊다. 푸틴은 미·중 갈등이 러시아에게 새로운 도전과 기회가 될 수 있다고 인식하고, 다극체제 형성을 통해 견제와 균형을 도모하고, 러시아의 독자적 유라시아 전략을 추구할 수 있다고 생각하고 있다. 미국 주도의 일극체제는 부당하며 다극체제의 국제질서가 구축되어야 한다고 주장한다. NATO의 동진을 견제하고, 미국의 패권적 행태를 비판하면서 중국에 대해서는 다극주의 질서를 함께 이뤄나갈 동반자로 간주하고 있다.[58] 이를 위해 러시아의 우방국인 중국·이란·북한 등과 연대를 강화하고 있다. 이러한 인식은 2021년 『러시아 국가안보전략』에 잘 나타나 있다. 『러시아 국가안보전략』은 러시아를 봉쇄하기 위한 정치·경제·군사적 도전을 언급하면서, 미국과 NATO, EU와의 협력에 대해서는 언급하고 있지 않다. NATO의 군사적 인프라와 군사훈련이 러시아에 실질적 위협임을 지적하고, 지역 안정과 협력 메커니즘 창출을 위해 CISCommonwealth of Independent States(독립국가연합)[59] 국가들 외에도 중국 및 인도와의 협력을 언급하고 있다.[60]

러시아는 현재 세계 정치 및 경제의 중심이 인도·태평양 지역으로 이동하고 있다고 인식하고 있다. 비록 우크라이나 전쟁 등 NATO와의 갈등으로 인도·태평양 지역에 대한 전략적 노력은 답보상태이나, 인태 지역에서 인도 및 아시아 국가들과 양자 협력을 통해 미국의 패권을 견제하고 있다. 미국의 인도·태평양 전략에 반대하면서, 미국에 대항하는 축으로서 중국을 주목하고 있다. 러시아는 중국과의 관계가 에너지의 상호의존과 더불어 중앙아시아에서의 경쟁이라는 이중적 성격을 띠고 있으나, 미국을 견제하기 위해서 중국과의 전략적 협력은 불가피하다고 인식하고 있다. 러시아는 중국이 주창하는 '하나의 중국' 정책을 지지한다. 이는 러시아 내부의 다민족 통합 문제와 유사한 맥락이기 때문이다.

푸틴은 러시아의 국가목표로 '군사력 재건을 통한 압도적 세계 강국으로의 도약'을 천명했다. 전략핵무기의 현대화 완료를 포함해 『국가무장계획 2018-2027』을 통해 군 현대화 추진을 국방개혁의 최우선 목표로 설정하고 진행 중이다. 무인 및 극초음속 무기체계 등 비대칭 전략무기 증강에 중점을 두고 있으며, 지상·해상·항공우주의 전략핵무기 증강을 추진 중이다. 중국과는 해·공군 간 연합훈련을 정례화하면서 군사협력을 강화하고 있다. 2012년부터 합동 해상군사훈련을 거의 매년 실시해오고 있으며, 훈련 지역도 중국 칭다오 부근 해역, 러시아 블라디보스토크 부근 해역, 남중국해, 북유럽 발틱해 등 다양한 지역으로 확대하고 있다.

러시아는 한반도에 대한 영향력을 유지하기 위해 오랫동안 중립을 고수해 왔다. 한국과는 경제 협력 필요성에 따라, 북한과는 북한의 대중국 의존도가 심화되는 것을 경계하기 위해 적정 수준의 대북 협력을 모색하면서 남북한 균형외교를 추구해 왔다. 그러나 러-우 전쟁의 발발로 한국이 우크라이나에 대한 직·간접적 지원을 지속하고, 한·미·일 안보협력 수준이 확대되면서 러시아와 한국의 관계는 경색 기조에 접어들게 되었다. 이러던 차에 북한의 러시아 지원은 국제 안보 지형에 큰 변화를 가져왔다. 러시아는 우크라이나 침공으로 비롯된 국제적 고립 상태에서 벗어나고, 미사일과 포탄 등 소진된 재래식 무기 재고량을 보충할 수 있게 된 것이다.

러시아는 2024년 6월 푸틴 대통령의 북한 방문을 계기로 북한과 '포괄적·전략적 동반자 관계에 관한 조약'을 체결했다. 이 조약은 군사·외교·에너지·무역경제·투자·과학기술 분야 등 모든 분야에 걸친 협력을 망라하고 있으며, 조약의 체결로 러·북 관계는 역사상 최고 수준의 관계에 도달한 것으로 평가된다. 특히 이 조약 제4조에 따라 러시아와 북한은 단순한 우호협력을 넘어 군사동맹으로 거듭났다.

(러·북 포괄적·전략적 동반자 관계에 관한 조약 제4조) "쌍방 중 어느 일방이 개별적인 국가 또는 여러 국가들로부터 무력침공을 받아 전쟁 상태에 처하게 되는 경우 타방은 유엔헌장 제51조와 조선민주주의인민공화국(북한)과 러시아연방의 법에 준해 지체 없이 자기가 보유하고 있는 모든 수단으로 군사적 및 기타 원조를 제공한다."

조약 체결 이후 북한은 러시아에 대규모의 군대를 파병하고, 미사일과 포탄을 지원했다. 북한이 러시아의 확고한 파트너로서 미국과 NATO에 실질적인 위협이 되고 있음을 전 세계에 각인시킨 것이다. 북한은 중국과 구축했던 혈맹관계를 러시아와도 형성함으로써 러·북 관계는 향후 동북아, 나아가 인도·태평양 안보질서에 중대한 변수로 등장했다.

러시아는 2022년 2월 우크라이나 침공 이후 '다영역 강압Cross-Domain Coercion' 전략을 충실히 구사하고 있다. '다영역 강압' 전략이란 국제사회로부터 만족할 만한 결과를 얻어낼 때까지 핵 사용 위협과 함께 재래식 무기의 사용 및 정보 영역에서의 강압을 고수하는 전략이다.[61] 이러한 공세적인 러시아의 군사전략 사상은 현재 진행 중인 러시아-우크라이나 전쟁은 물론 향후에도 지속적으로 이어질 것이기 때문에 글로벌 안보질서에 심대한 도전이 될 것이다.

(2) 군사력

러시아는 '강대국 러시아'의 안보를 지키는 핵심요소로서 군사력을 강조한다. 러시아 군대를 '강대국 러시아'를 대변하고, 러시아와 주변 공간을 통제하는 주요 수단이라고 인식한다.[62] 러시아는 강력한 재래식 군사력과 함께 세계에서 가장 많은 핵무기를 보유하고 있다. 러시아군의 총병력은 약 110만 명이며, 군관구 - 군 - 여단의 3단계 지휘체계를 유지하고 있다. 러시아는 현재 5개 군관구가 있다. ①레닌그라드 군관구는 러시아 서북부 지역을 ②모스크바 군관구는 수도 모스크바의 주변지역을 ③중부 군관구는 러시아 중부 지역을 ④동부 군관구는 극동 지역을 ⑤남부 군관구는 러시아 남부 지역을 담당한다. 각 군관구 사령관이 책임지역의 각 군과 경찰·국경수비대를 통합 지휘한다.

* 출처 : 위키피디아

〈그림 1-6〉 러시아의 5개 군관구(2024년 기준)

러시아군은 지상군·해군·항공우주군의 3개 군종과 전략로켓군과 공수군의 2개 병종으로 편성되어 있다. 3년 이상 지속된 우크라이나와의 전쟁 여파로 2025년 6월 기준 러시아의 실질 병력 규모 및 무기·장비 보유 수준은 각종 문서에서 제시하고 있는 것보다는 다소 낮을 것으로 판단된다. 그러나 러-우 전쟁으로 축적된 실전 경험, UAV 등 무인전투체계 생산능력, 전쟁 기간 대폭 증액된 국방비, 부분동원체계의 적시적 가동을 통해 손실된 병력과 부대를 신속히 재편성하고 있으며, 세계적인 우주기술 및 과학기술력 등을 토대로 향후에도 세계 2~3위의 군사력은 상당기간 유지될 전망이다.

육군은 강력한 기갑·기계화·포병·방공전력 등으로 구성되어 있으며, T-72 급 이상 전차를 1,700여 대 이상 보유하고 있다. 해군은 약 6만 톤급 항모 1척, 전략핵잠수함SSBN 12척을 포함하고 있고, 공군은 4세대급 이상 전투기 약 800여 대를 포함해 1,000여 대 이상의 항공전력을 보유하고 있다. 전략로켓군은 대륙간탄도탄 등을 운용하는 부대로서 핵을 탑재할 수 있는 ICBM 발사대 324기를 보유하고 있고, 공수군은 적 후방에 침투해 특수작전을 수행하는 부대이다.

러시아 동부군관구는 한반도·일본 등 동북아 지역을 담당하며 사령부는 하바롭스크에 있다. 동부군관구는 약 8만 명의 육군, 전략핵잠수함 6척과 핵추진잠수함 8척을 포함한 태평양함대, 5개 전투기·폭격기 연대로 구성된 제11공군으로 구성되어 있다. 러시아의 광활한 영토 특성상 동북아 지역 유사시 다른 군관구에서 동부군관구를 물리적으로 지원하는 것은 쉽지 않다. 그러나 동부군관구의 해·공군력은 한국·일본 등 주변국의 해·공군력을 상회할만큼 막강하다. 동부군관구의 해·공군 활동

〈표 1-21〉 러시아의 군사력 현황(2024년 기준)

주요 전력	
현 역 (113.4만 명)	• 육군 55만 명 • 해군 11.9만 명 • 공군 17만 명 • 전략로켓군 5만 명 • 공수군 3.5만 명 • 특수작전부대 1,000명 • 철도군 2.9만 명 • 지휘 및 지원 18만 명 • 준군사조직 56.9만 명
육 군	• 14개 군사령부, 7개 군단사령부, 8개 특수전여단, 1개 특수전연대, 3개 전차사단, 2개 전차여단, 16개 기계화사단 등 • 전차(MBT) 2,730대, 기갑수색 200+ • 전투장갑차(IFV) 3,280대, 장갑차(APC) 4,500+대 • 포병 5,157문(자주포 1,703, 다연장 1,131 등)
해 군	• SSBN(전략핵잠수함) 12척, 항공모함 1척, • 전술잠수함 39척(SSGN 10척, SSN 10척 포함) • 순양함 3척, 구축함 11척, 프리킷함 20척, 초계함 124척, 상륙함 17척, 군수지원함 284척 등 • 해군항공기 163대, 대잠헬기 67대, 수송헬기 41대 등
항공우주군	• 3개 폭격기 연대, 4개 폭격기 대대, 1개 조기경보기 연대, 1개 공중급유기 대대, 6개 전투기 전대, 10개 전폭기 전대 등 • 항공기 1,224대(폭격기 127대, 전투기 931대 등) 정찰기 58대 공격헬기 334대, 수송헬기 307대 등
전략로켓군	• ICBM 38개연대, ICBM 발사대(핵탑재) 324기
동부 군관구	
• 육군 : 제4군사령부, 1개 기계화사단, 1개 기갑여단, 8개 기계화여단, 4개 미사일여단 등 8만여 명 • 태평양함대(블라디보스톡) : 주력 수상함 11척, SSBN 6척, 전술잠수함 17척(핵추진 8척 포함), 초계함 25척, 기뢰함 12척, 상륙함 9척 등 • 공군 : 제11공군(5개 전폭기 연대) 및 방공군(6개 방공연대 등)	

* 출처 : IISS, *The Militay Balance 2025*, pp.181–196 참조해 필자 작성

의 영역과 빈도수는 점차 증가하고 있다. 특히 2023년 이후 동부군관구 소속 함정과 항공기가 한반도 및 일본해역 주변으로의 작전활동이 한층

빈번해지고 있다. 러시아 공군은 중국 공군과 합동으로 동해를 거쳐 오키나와까지 정례적으로 비행하고 있으며, 블라디보스토크에 있는 태평양함대 소속 잠수함의 활동도 식별되고 있다. 한반도를 거쳐 동중국해 일대까지 러시아와 중국의 연합 군사활동은 주변국에 우려를 안기고 있다.

5

★

호 주

(1) 국방전략

2010년대 후반 이후 미·중 전략적 경쟁이 심화되면서, 국방·외교 분야에서 호주의 대응은 전 세계의 주목을 받고 있다. 호주는 미국의 동맹국으로서 남태평양 일대 도서국가들에 대한 군사적 맹주로서의 입지를 확고히 유지하고 있다. 군사적으로 호주에 위협이 되는 직접적 세력이 없기에 스스로를 전 세계에서 가장 안전한 나라로 평가하기도 했다. 이에 따라 호주는 미국이 추구하는 자유민주주의의 가치와 규칙 기반의 국제질서에 동조하지만, 1970년 미중 관계정상화 이후 중국과의 관계 개선을 도모했고, 이후 중국과 밀접한 경제적 의존 관계를 맺어 왔다.

그러나 2020년대 호주가 처한 전략적 환경은 1980년대 중반에 평가했던 것과는 판이하게 바뀌었다. 인도·태평양 지역 내 중국의 영향력 증가와 중국군 현대화, 미·중 경쟁으로 초래된 인태 지역의 전략적 유동성이 심화됨에 따라 호주는 미국의 인도·태평양 전략에 편승하면서, 역내 중국의 팽창을 견제하기 위해 미국 주도의 안보 네트워크에 적극 동참하고 있다.[63] 또한 강력하고 자주적인 억제력을 확보하기 위해 군사력 증강을 국방정책의 최우선 순위로 설정했다.

호주는 제2차 세계대전 이후 남태평양 지역에서 군사적 맹주로서의 역할을 수행해 왔다. 그러나 태평양 도서국에 대한 중국의 영향력 확대는 호주에 안보적 위협으로 다가왔다. 남태평양 지역에서의 안전한 해상무역로는 호주의 국가안보와 직결되며, 태평양 도서국은 호주의 안보를 방어하는 방어선 역할을 담당하기 때문이다. 또한 동남아시아·남중국해 지역은 남태평양 다음으로 호주와 가장 인접한 지역으로 호주의 주요 무역교통로이기도 하다. 때문에 호주는 남중국해에서 규칙에 기반한 국제질서를 지속적으로 촉구해 왔으며, 미국과 연계해 동남아시아의 해양안보 역량 강화에 기여해 왔다.[64] 호주는 태평양 도서국에 대한 중국의 영향력 확대와 동남아·남중국해 지역에서의 중국의 현상변경 움직임은 호주에 불리한 전략적 환경을 조성하고 호주의 국가이익을 저해할 가능성이 높다고 인식한다.

2020년 7월 1일, 호주는 호주판 국방백서라고 할 수 있는 『2020 국방전략 업데이트Defense Strategic Update』를 발표했다. 호주가 2016년에 발표했던 이전의 국방백서를 최신화한 것은 호주가 처한 전략적 환경을 재평가하고, 갈수록 높아지는 중국의 위협에 대응하기 위해 새로운 국방전략이 필요했기 때문이다.[65] 호주의 모리슨 총리는 호주가 제2차 세계대전 이후 최대의 안보위협을 받고 있다고 강조하면서 ①호주에 유리한 전략적 환경을 조성하고shape Australia's strategic environment ②호주의 이익을 침해하는 행위를 억제하며deter actions against Australia's interests ③필요시 신뢰할 수 있는 군사력으로 대응한다respond with credible military force, when required는 세 가지 국방목표를 제시했다.[66] 『2020 국방전략 업데이트』는 호주가 인도양 북동 지역으로부터 동남아시아 해상, 파푸아뉴기니 및 서남태평양 지역에서 국익을 보호할 수 있는 자주국방 능력과 국제 연합작전의 수행능력을 갖추어야 한다고 명시했다. 이를 위해 호주는 향후 10년간 2,700억 호주달러(미화 1,870억 달러)를 투자해 정보수집 및 정찰감시 능력, 장사정 타격능력, 회색지대 분쟁 대응역량을 포함해 호주의 자주적인 군사적 역량을 강화할 것이라고 밝혔다. 호주가 이렇듯 군사력 증강에 박차를 가하는 것은 중국의 위협 때문이다. 호주의 『2020 국방전략 업데이트』는 호주의 국방정책이 글로벌 위협보다는 인태 지역에서 직접적인 위협에 대한 억제·대응능력을 강화하겠다는 기조로 전환했음을 보여주고 있다.

2023년 4월, 호주는 『2020 국방전략 업데이트』 발간 이후 전략적 환경 변화에 따른 호주군의 전략과 전력증강 우선순위를 담은 『국방전략검토Defense Strategic Review』를 발표했다. 『국방전략검토』에서는 현재의 호주군 방위태세가 호주가 처한 전략환경에 적합하지 않다고 판단하고, '거부전략strategy of denial'을 호주군의 군사전략으로 채택할 것을 제시했다. '거부전략'이란 적이 무력이나 무력사용 위협을 통해 국가를 강압해 목표를 달성하고 우세를 확보하는 것을 중단시키는 방어적 접근으로, '거부'는 침략행위를 방어하고 격퇴할 수 있는 능력 및 의지와 관련이 있다고 명시했다.[67] 또한 호주군을 합동군으로부터 통합군으로 전환From Joint to Integrated force해야 한다고 권고했다. 육해공군이 합동으로 효과를 발휘하는 현재의 합동군은 지·해·공·우주·사이버의 5개 영역에서 통합작전을 수행하는

〈표 1-22〉 호주의 2024 국방전략

통합·집중화된 군(Integrated, Focused Force)으로 전환	
군사전략	거부전략(Strategy of Denial)
각 군	• 보다 규모가 크고 치명적인 해군 • 연안작전에 최적화된 육군 • 고도의 기동성을 갖춘 공군 • 사이버능력 강화 • 통합 우주능력 확충
6대 전력 건설 우선순위	• 재래식 무기로 무장된 핵추진잠수함 • 장사정 타격 및 유도무기 능력 증강, 정비체계 강화 • 호주 북부기지 능력 증강 • 고도로 숙련된 노동력 확보 • 발전된 전략적 능력 획득을 통해 국방혁신 • 인태 지역에서의 파트너 국가와의 국방 협력 증진

* 출처 : Australia Government, *2024 National Defence Strategy*

데 적절하지 않다는 것이다. 이를 위해 '장거리 수상 정찰감시 및 타격을 포함한 수중전 수행능력, 표적획득 능력, 모든 영역에서 장사정 타격능력, 상륙작전 수행능력, 해양거부 및 국지적 해양통제를 위한 해양능력, 네트워크화된 원정작전 수행능력, 호주 북부기지로부터 전력을 투사하고 작전을 수행할 수 있는 능력' 증강을 위해 주력해야 한다고 명시했다.[68] 즉 장거리 정찰감시 및 타격능력, 수상·수중전 수행능력, 전력투사능력 등을 증강해 호주식 A2/AD(반접근/지역거부) 능력을 갖추어야 한다는 것이다.

호주는 2023년 『국방전략검토』의 권고사항을 검토·채택해 2024년 4월 『국방전략서National Defence Strategy, NDS』를 발간했다. 2024 NDS는 호주군이 '통합되고 전문화된 군Integrated, Focused Force'이 되어야 함을 강조하면서, '거부전략'을 호주군의 군사전략으로 채택했다. '거부전략'을 달성하기 위해 미국을 비롯한 우방국과 협력할 것임을 명시했다. 아울러 2024년부터 2033~2034년까지 3,300억 호주달러를 투자해 육·해·공·사이버·우주의 전 영역에서 작전수행능력을 증강할 것이며, 이를 위해 우선적으로 투자해야 할 6대 분야를 제시했다. 호주는 인태 지역에서의 불안정성이 높아지고 있음을 인식하고, 자국의 군사력 증강과 한국을 포함해 미국·일본·인도·뉴질랜드 등의 국가와 국방 협력을 적극적으로 추진하고 있다. 호주의 차기 국방전략서는 2026년 발간될 예정이다.

(2) 군사력

호주방위군Australian Defence Force(이하 호주군이라 칭한다)은 병력 규모면에서는 크지 않으나, 훈련 수준과 장비 측면에서는 잘 훈련된 역량있는 군으로 평가할 수 있다. 호주 육군은 호주 본토와 연안 방어를 위한 최소한의 병력을 보유하고 있으며, 호주 해군 역시 연안 방어에 적합한 소규모의 수상함과 재래식 잠수함을 보유하고 있다. 반면 호주 공군은 F-35A, F/A-18와 같은 최신예 전투기와 공중조기경보통제기, 다목적 공중급유기,

〈표 1-23〉 호주의 군사력 현황(2024년 기준)

병 력	
상비군	5만 8,200명 (육군 2만 8,400명, 해군 1만 5,000명, 공군 1만 4,800명)
예비군	2만 1,500명(육군 1만 5,600명, 해군 1,950명, 공군 3,950명)
편성 및 주요 장비	
육 군	• 1개 사단사령부, 4개 기계화보병여단, 1개 강습대대, 1개 항공여단, 1개 전투지원여단, 4개 특수전연대 등
	• 전차 59대, 전투장갑차 221대, 병력수송용장갑차 416대, 포병 264문, 상륙정 15대, 공격헬기 22대 등
해 군	• 잠수함 6척, 수상전투함 10척(구축함 3, 프리킷함 7), 연안전투함 13척, 상륙함 3척, 대잠헬기 23대 등
공 군	• F/A-18 1개 대대, F-35A 3개 대대, P-8A(대잠초계기) 1개 대대, EA-18G(전자전기) 1개 대대, E-7A(조기경보통제기) 1개 대대, A330(다목적 공중급유기) 1개 대대, 수송기 4개 대대 등
	• 항공기 144대(F-35A 63대, FA-18 24대, P-8A 12대, EA-18G 12대, E-7A 6대, A330 7대, C-17A 8대 등)
국방비	미국 달러 기준 385억 달러(한국 : 455억 달러)

* 출처 : IISS, *The Militay Balance 2025*, pp.231-234.

전자전기 등 첨단 전력을 갖추고 있다. 현재 호주는 대부분의 군사장비를 수입에 의존하고 있으나, 자국의 방위산업 육성에도 적극적인 노력을 기울이고 있다.

호주는 중국의 군사적 팽창에 대응하고, 역내 불안정성에 대비하기 위해 향후 10년간 자국의 군사력 증강을 위해 획기적인 투자를 계획하고 있다. 『2024 호주 국방전략서』에서 제시한 바와 같이 '거부전략'을 구현하면서, 특히 호주 북부기지에서 전력을 투사할 수 있는 능력을 갖추기 위한 전력증강을 추진 중이다.

호주군의 전력증강계획 중 특히 주목할 사항은 AUKUS를 통한 핵추진잠수함SSN 확보계획이다. 호주는 2021년 9월 미국·영국·호주 3개국이 맺은 AUKUS 안보동맹을 통해 핵추진잠수함 확보를 추진하고 있으며, 18개월 간의 연구 끝에 2023년 3월 AUKUS를 통한 호주의 단계별 핵추진잠수함 확보계획이 공개되었다.

우선 2023년부터 미국 잠수함의 호주 방문이 증가하고, 2026년부터는 영국 잠수함의 호주 방문이 증가한다. 2027년 초반부터 미국과 영국의 핵추진잠수함을 호주에 순환배치한다. 2020년대 후반부터 영국과 호주는 AUKUS - 핵추진잠수함 개발을 시작한다. 대략 2033년부터 호주는 3척의 버지니아급 핵추진잠수함을 미국으로부터 구매하며, 2040년대 초반 AUKUS 3국이 개발한 첫 번째 핵추진잠수함을 호주에 공급한다. 이후 2050년대까지 호주는 8척의 핵추진잠수함을 확보한다.[69]

이 계획은 향후 25년간의 호주 해군의 단계별 전력증강계획으로 미국·영국·호주가 담당할 분야에 대해 최선의 노력을 다한다는 전제 하에 수립된 것이다. 많은 도전 요인이 예상되나,[70] 이 계획에 따라 2033년부터 호주가 핵추진잠수함을 운용하게 되면 호주가 천명한 '거부전략'을 구현하는 핵심전력으로 활용될 것이며, 호주 해군의 원거리 작전수행능력은 획기적으로 강화될 것으로 전망된다.

미국은 2012년부터 호주 북부 지역에 미 해병을 순환배치하고 있다.[71] 미 해병의 호주 순환배치는 태평양 도서국가들에 대한 중국의 영향력을 견제하고, 북핵 및 남중국해 등 지역안보와 관련해 긴밀한 협력체제를 구축하겠다는 의지이다. 미국은 호주군과 합동훈련을 위해 B-52 전략폭격기와 F-22 전투기를 수시로 전개시키고 있으며, 2025년 8월에는 사거리 2,800km에 이르는 최신예 중거리탄도미사일 '다크이글'을 호주 북부에 배치했다.

호주는 싱가포르 및 말레이시아와 함께 남중국해에서 정례적으로 연합훈련을 실시하고 있으며, 2014년 이후에는 미국·필리핀이 주도하는 발라카탄 훈련에도 참여하고 있다. 또한 2023년 8월에는 최초로 호주·필리핀 상륙훈련Exercise Alon을 시행했으며, 2025년 8월에는 남중국해에서 양국 장병 3,600명이 참여하는 역대 최대규모의 합동훈련을 실시했다. 2026년에는 호주·필리핀 간 방위협력을 강화하는 협정을 체결할 예정이다. 이렇듯 호주는 남중국해 및 태평양에서 중국의 세력 확장과 일방적 현상변경 행위에 대응하기 위해 주변국가들과 군사협력을 강화하고 있으며, 태평양제도에 위치한 국가들을 대상으로 군사교육을 제공하는 등 자체 국방력 강화와 대외 군사협력을 강화하고 있다.

★ CHAPTER 2 ★

두 개의 분화구

★

한반도와 대만은 아태 지역에서 가장 중요한 지정학적 요충지이자 언제 폭발할지 모르는 두 개의 분화구이다. 강대국 간의 경쟁과 갈등의 장이자, 동아시아에서 가장 강력한 군사력을 가진 국가들이 대결하는 곳이다. 북한의 도발로 초래될 수 있는 한반도 전쟁과 중국의 대만 침공은 글로벌 전쟁으로 확산될 수 있는 도화선이자 핵전쟁의 발화점이 될 수도 있다. 북한과 중국의 핵능력은 급속도로 신장되고 있고, 어느 한 지역에서의 분쟁이 다른 지역으로 확산될 위험성이 그 어느 때 보다 높은 것이 현실이다. 오늘날 한국과 미국이 마주하고 있는 전략적·작전전 도전은 앞으로 5년, 10년 후 직면하게 될 도전에 비하면 아무것도 아닐 수 있다. 그만큼 시간이 갈수록 도전과 위협이 가중되고 있기 때문이다.

지난 2025년 5월 미국 싱크탱크인 아틀랜틱 카운실Atlantic Council이 주관한 도상연습Table-Top Exercise, TTX이 미국에서 열렸는데 이는 한국과 대만 위기상황을 상정한 '가디언 타이거Guardian Tiger'로 명명된 연습이었다. 당시

TTX에 참가했던 익명의 미 정부 관료는 다음과 같이 언급했다.

"가디언 타이거는 인도·태평양에서 우리의 작전 및 전략적 태세를 재고해야 한다는 것을 깨닫게 해주었습니다. 우리는 지역전쟁으로 확산될 수 있는 국지전, 핵 확전과 미국 본토에 대한 위협에 대비해야 합니다. 두렵지만, 그런 상황이 멀리 있다고 생각하면 안 됩니다. 우리는 중국과 북한을 동시에 마주할 수 있습니다. 중국이나 북한 어느 쪽이라도 포기하기 전에 핵을 사용할 수 있습니다."[72]

이에 이번 장에서는 한반도, 특히 북한의 핵능력을 중심으로 북한의 위협과 한미동맹의 대응 개념을 우선 검토하고, 이어서 대만을 둘러싼 미국과 중국의 정책, 군사력 현황 등에 대해 살펴보고자 한다.

1

★

북핵과 한반도

(1) 북한의 핵위협

북한의 핵·미사일 위협이 날로 고도화되고 있다. 북한은 2022년 9월 핵무력 사용을 법제화한 데 이어, 2023년 9월에는 핵무력 정책을 헌법에 반영하면서 공세적 핵전략을 천명했다. 수십여 기의 핵탄두를 보유하고 있는 동시에 상당량의 핵탄두를 제조할 수 있는 핵물질을 추가 보유하고 있다. 또한 영변 원자로 및 우라늄 농축시설을 가동하면서 핵물질 생산을 지속하고 있다. 핵탄두를 소형화·표준화하면서 고체추진 ICBM을 포함해 다양한 투발수단을 선보이고 있다.

북핵에 대한 국민적 우려가 그 어느 때보다 커지고 있다. 북한의 핵위협을 억제하고, 북한이 핵공격 시 미국이 약속한 확장억제가 과연 제대로 작동할 것인지에 대한 우려도 깊다. 북한의 핵능력은 어디까지 와 있는가? 미국의 확장억제 의지와 능력은 신뢰할 수 있는가? 미국과의 '확장억제 협력' 강화는 최선의 선택인가? 안보 전문가는 물론 대다수 국민들은 북핵으로부터 초래되는 안보 불안감을 해소할 수 있는 강력한 대응책을 주문하고 있다.

가. 북한의 핵고도화 경과

북한은 1980년대 중반부터 핵개발을 시작한 이래, 지금까지 핵무기와 핵투발수단을 급속도로 확장해 왔으며, 이제는 한국을 넘어 미국에까지 공공연하게 핵위협을 언급하고 있다. 북한은 일찌감치 핵 인력을 체계적으로 양성함으로써 핵개발의 기반을 닦았다. 관련 통계가 거의 노출되지 않기 때문에 북한의 핵무기 개발 인력 규모를 산출하는 것은 매우 제한되나, 북한은 1950년대 중반부터 김일성종합대학을 시작으로 김책공업종합대학, 물리대학 등 유수 대학에서 지금까지 8,000여 명의 핵 관련 인력을 양성해 왔다. 그 중 연구인력은 3,000여 명에 이르며 핵무기 생산과 관련한 핵심인력은 1,000명을 넘어설 것으로 추정하고 있다.[73] 이렇게 양성된 인력들이 핵무기 개발부서에 배치되어 핵기술 개발을 선도하고 있다.

북한은 냉전시대 구소련의 핵개발 경로를 그대로 답습했던 것으로 판단된다. 1986년에 영변에 플루토늄 생산의 주역인 5메가와트MWe 원자로가 가동을 시작하면서 핵무기 개발을 본격화했다. 1980년대 후반부터 우라늄 농축, 핵융합, 사용후 핵연료 재처리 등 플루토늄Pu 생산과 함께 무기화 연구를 수행했으며, 1990년대 초반부터는 기폭장치 실험을 수행했다.[74] 1994년경에는 북한과 파키스탄 간 미사일-원심분리기 교환으로 원심분리기 개발에 상당한 진전을 이룬 것으로 보인다. 플루토늄 기반의 원자탄뿐만 아니라 원심분리기를 활용해 고농축 우라늄HEU의 대량생산 능력을 구비하려 한 것이다.[75] 이와 관련해 파키스탄의 칸 박사는 1999년 북한 방문 시, 탄도미사일에 탑재할 수 있는 직경 24인치인 플루토늄 소형 핵탄두 3개를 목격했다고 증언한 바 있다. 칸 박사는 또한 북한이 2002년에 원심분리기 3,000대를 가동했다고 언급했다. 이는 연간 무기급 고농축 우라늄 60kg을 생산할 수 있는 규모다.

북한의 핵개발 경과와 칸 박사의 진술을 토대로 유추하면, 북한은 2006년 1차 핵실험 이전 이미 핵무기를 보유하고 있었기 때문에 자신감을 갖고 1차 핵실험을 감행한 것으로 볼 수 있다.[76] 북한은 2006년 10월 1차 핵실험 이후 지난 2017년 9월까지 여섯 차례의 핵실험을 감행했다. 지난 여섯 차례에 걸친 북한 핵실험 시 지진파 규모와 폭발위력은 아래와 같다.

〈표 2-1〉 북한의 핵실험과 폭발력kt

핵실험	Center for Naval Analysis(2024)	ISIS[77]	『국방백서 2022』	참 고
1차 (2006. 10. 9)	0.5–2	1.0 이하	약 0.8	성공적 핵실험 (北 주장)
2차 (2009. 5. 25)	2–4	2–5	3–4	폭발력 강화 (北 주장)
3차 (2013. 2. 12)	6–9	6–16	6–7	소형화·경량화된 원자탄 사용(北 주장)
4차 (2016. 1. 6)	7–10	7–15	6	수소탄(北 주장) 증폭핵분열탄(평가)
5차 (2016. 9. 9)	10	15–25	10	증폭핵분열탄(추정) 핵탄두 규격화·표준화
6차 (2017. 9. 3)	140	200	50	수소탄

* 출처 : 이석수, 『북핵 위기와 해법』(논산: 국방대학교, 2025), p.215.

표에서 보는 바와 같이 북한 핵실험 시 국제기구에서 발표한 폭발위력은 우리 국방부에서 발표한 것과는 다소 상이하다. 북한은 1차는 성공적 핵실험, 2차는 위력 향상, 3차는 소형화 성공, 4차는 수소폭탄 시험, 5차는 표준화 성공, 6차는 대륙간탄도탄ICBM용 수소폭탄 실험으로 발표했다. 북한은 현재까지 6회의 핵실험을 통해 핵분열탄(축구공 형태)과 수소탄(땅콩 형태) 2종류의 핵탄두 성능을 확인했다. 이를 평가하면 북한은 1~3차까지의 핵실험을 통해 각종 기술을 개발하고, 5차 핵실험을 통해 소형화된 핵분열탄(원자탄)의 개발과 핵탄의 실전배치를 염두에 둔 표준화를 달성했고, 4차와 6차 핵실험을 통해 수소탄을 개발했다는 의미가 된다.[78] 즉, 소형화·표준화된 기본형 핵탄의 개발과 위력이 대폭 증강된 수소폭탄의 개발에 성공했다는 의미다. 핵실험에서 수소탄 실험까지 미국 87개월, 영국 66개월, 중국은 26개월이 걸렸는데, 북한은 최초 핵실험 이후 10년 이상 경과했으므로, 북한이 원자탄과 수소탄 2종류의 핵무기 개발에 성공했다는 주장은 충분히 일리 있다고 평가할 수 있다.

그러면 현재 북한의 핵능력은 어느 정도일까? 지금까지의 핵고도화 경과를 볼 때 현재 북한은 10~20kt 정도의 표준형 원자탄과 100~200kt 정도의 증폭원자탄[79]을 완성했으며 메가톤급Mt 위력의 수소탄 개발능력을 보유하고 있으리라고 추정된다. 폭발위력 100~200kt의 증폭원자탄이 우리나라에 투하될 경우 국가 존망의 위기를 초래할 만큼 심대한 피해를 야기하는 전략핵무기로 볼 수 있다.

스톡홀름국제평화연구소Stockholm International Peace Research Institute, SIPRI는 2025년 기준 북한은 50여 기의 핵탄두를 보유하고 있고, 40기의 핵탄두를 더 생산할 수 있는 핵물질을 보유하고 있다고 발표했다.[80] 만일 북한이 보유하고 있는 핵물질을 전량 핵탄두 제조를 위해 사용한다면 북한은 최대 90기의 핵탄두를 보유하고 있다고 추정된다. 북한은 2023년 직경 40~50cm의 전술핵탄두인 화산-31과 8종의 투발수단[81]을 공개했다. 북한 발표에 의하면 화산-31은 소형·경량화·규격화된 전술핵탄두로서, 단거리 탄도미사일, 초대형 방사포, 순항미사일, 어뢰 등에 탑재 가능한 것으로 보인다. 북한은 15kt 이하의 위력을 소형화 개념으로 정의하는데, 화산-31은 5~15kt의 위력을 지닌, 다양한 무기체계에 탑재 가능토록 크기를 표준화한 원자탄으로 추정된다.

북한은 러시아나 중국에 비해 소량의 핵무기를 보유하고 있으나, 핵탄두와 투발체계를 증가시키고 있다. 상당 규모의 지상발사 단거리 탄도미사일SRBM과 중거리 탄도미사일MRBM을 보유하고 있으며, 지상발사 순항미사일을 개발 중이다. 이동식 ICBM은 다탄두MIRV[82] 능력을 갖춘 것으로 판단되며, 2017년·2022년·2023년에 미국 본토까지 도달 가능한 ICBM을 발사한 바 있다. 북한의 이동식 발사능력은 발사 전 타격에 어려움을 야기한다. 북한은 또한 잠수함 발사 ICBM 능력을 갖추기 위해 개발 중이며, 핵 심벌이 표기되어 있는 군장을 짊어지고 있는 보병부대는 또 다른 핵 부대가 배치되어 있음을 암시하고 있다.

원자탄과 수소탄, ICBM 개발에 성공한 북한은 수 킬로톤kt 이하의 소형 전술핵 개발에 주력하고 있다. 소형 전술핵은 군사목표를 정밀타격하는 데 유용한 수단이다. 북한은 핵무기 투발수단을 소형 미사일, 소형 어뢰, 야포 등으로 다변화하고, 발사기지도 지상·지하·수중·차량 등으로 다변화를 추진하고 있다.

나. 북한의 핵전략

북한은 핵무력을 통해 전쟁 억제를 추구함과 동시에 공세적 전쟁 수행 태세를 구축하려 한다. 북한 김여정은 2023년 4월 4일 담화에서 "전쟁 초기에 주도권을 장악하고 타방의 전쟁의지를 소각하며 장기전을 막고, 자기의 군사력을 보존하기 위해서 핵 전투무력이 동원되게 된다"라고 밝혔다. 이는 북한이 핵무기의 사명으로 전쟁 억제를 넘어 제2의 사명, 즉 핵전쟁 수행을 천명한 것으로 해석된다.

북한은 2022년 9월 8일 최고인민회의 제14기 7차 회의에서 '조선민주주의인민공화국 핵무력 정책에 대하여'라는 명칭의 법령을 채택했다. 핵무기 사용 원칙과 조건, 절차를 구체적으로 명시한 핵 독트린(핵교리)을 공표한 것이다. 북한의 핵무력 정책법령 제3조 3항은 "국가 핵무력에 대한 지휘통제체계가 적대세력의 공격으로 위험에 처하는 경우 사전에 결정된 작전 방안에 따라 핵타격이 자동적으로 즉시에 시행된다"고 명시하였고, 제6조에는 5가지의 핵무기 사용 조건을 제시했다.

〈표 2-2〉 북한의 5가지 핵무기 사용 조건

① 북한에 대한 핵무기 또는 기타 대량살상무기 공격이 감행됐거나 임박했다고 판단되는 경우
② 국가지도부나 국가 핵무력 지휘기구에 대한 적대세력의 핵 및 비핵공격이 감행됐거나 임박했다고 판단되는 경우
③ 국가의 중요 전략적 대상들에 대한 치명적 군사공격이 감행됐거나 임박했다고 판단되는 경우
④ 유사시 전쟁의 확대와 장기화를 막고 전장의 주도권을 장악하기 위한 작전상 필요가 불가피하게 제기되는 경우
⑤ 기타 국가의 존립과 인민의 생명안전에 파국적인 위기를 초래하는 사태가 발생해 핵무기로 대응할 수밖에 없는 불가피한 상황이 조성되는 경우

북한의 핵전략은 한미동맹에 대한 강압을 통해 정권의 생존 유지를 보장하고, 한반도에서의 현상변경을 통한 군사적 주도권을 추구하는 것이다. 이를 위해 미국 본토와 괌·하와이 등을 타격할 수 있는 전략핵 능력과 한국과 일본의 주일미군 기지 등을 향한 전술핵 공격능력을 확보하는 것이다. 미국에 대한 제2격 능력을 구비하고, 유사시 미군의 한반도 증원을 차단할 수 있는 전술핵 공격능력을 갖춘다면 미국의 대북 적대시 정책을 파기하고, 한미동맹의 결속력을 약화시키면서, 한반도에서의 군사적 주도권을 확보할 수 있다는 것이 북한의 계산이다. 재래식 전력이 열세인 북한은 이러한 전략에 따라 위기 발생시 핵 확전 위협을 가함과 동시에 제한적인 핵전쟁 수행 전략을 구사할 가능성이 높다. 2023년 6월, 미국이 비밀해제한 『국가정보판단서 초록National Intelligence Estimate Extract』에 의하면 북한은 핵무기를 강압전략의 수단으로 사용할 가능성이 가장 높다고 명시하고 있다.[83] 이러한 전략을 구현하기 위해 북한은 핵무력 정책을 법제화했고, 분쟁시 핵 선제타격nuclear preemptive strike과 선제 핵사용nuclear first use을 포함한 공세적 핵교리를 채택한 것이다.

북한은 이러한 핵전략에 기반해 2023년 3월 '핵 방아쇠'라고 명명한 핵무기 관리 및 사용절차를 공표했다. '핵 방아쇠'는 북한의 핵무력을 지휘·관리·통제·운용하는 체계로서, 국가적 차원의 핵 지휘통제체계와 핵무기를 운용하는 핵작전 지휘통제체계를 포함한다. 핵미사일, 핵폭탄, 핵어뢰 등의 모든 핵무기를 통합 운용하는 체계인 것이다.[84] 북한은 동 절차에 따라 2024년 4월 실제 핵 상황을 상정한 훈련을 실시했다. 북한이 실시한 핵공격 훈련은 '화산경보', 즉 핵 위기사태 경보를 발령하고, 핵무기 운용을 위한 지휘체계가 가동하고, 핵무기 운용부대가 준비태세를 갖

〈표 2-3〉 김정은의 핵전략

구 분	평 시	위기시	전시
목 표 (End)	• 미국의 대북 적대시 정책 파기	• 한미동맹 약화	• 결정적 승리 달성
방 법 (Ways)	• 국가존엄, 영토보존, 근본이익에 대한 효과적 보장수단 • 북에 대한 침략은 파멸에 이를 것이며, 북한을 핵보유국가로 인정해 줄 것을 요구	• 한미동맹의 단합된 대응을 위한 결의 약화	• 침략 격퇴 • '제2의 핵임무'를 결정적으로 달성
수 단 (Means)	• 핵보복능력 구축 • 핵전력 현대화 • 핵전략을 주기적으로 최신화 • 핵능력 현시	• 재래식 도발 • 핵위협과 무력시위 • 동맹과 미 본토에 대한 미사일 위협 • 핵 명령이 즉각 실행될 수 있는 준비태세 • 전쟁이 불가피할 경우 주도권 확보를 위한 제반조치 시행	• 리더십 또는 핵지휘통제(NC2)에 대한 핵·비핵 공격시 핵무기 사용 • 그러한 공격이 임박할 경우 핵무기 사용 • 주도권 확보/확전방지를 위해 핵무기 사용

* 출처 : Brad Roberts, 『The Plausible Alternative to the South Korean Bomb, Deterring A Nuclear-Armed North Korea』, Lawrence Livermore National Laboratory, May 2023, p. 30.

추면, 김정은이 핵 타격부대를 선정하고 발사 명령을 하달하는 순으로 진행된다. 명령을 하달받은 부대가 핵무기를 발사하는 일련의 절차는 북한이 실제 전시·위기시 핵 공격을 감행할 가능성이 높다는 것을 방증한다.

북한의 핵사용 결정은 김정은 1인에 의해 독단적으로 이루어지는 지휘통제체계를 적용하고 있는 것으로 보인다. 다만 핵무기의 보관·관리와 핵무기의 운용은 철저히 구분해 이원화된 체계로 운용하고 있는 것으로 판단된다. 이는 핵무기의 보관과 관리를 투발부대와 분리해 평소 핵탄두의 생산과 보관·유지·정비·결합·조립 등 일체의 관리를 전담토록 하는 것으로 추정된다.

다. 북한의 핵능력 고도화 전망

현 시점에서 북한이 핵을 포기할 가능성은 거의 없다고 보는 것이 현실적 판단이다. 손재락 박사는 북한이 핵을 포기하지 못하는 이유를 다음과 같이 설명한다. 첫째, 북한은 핵은 북한 정권의 생존과 직결되어 있으며, 북핵 완성 후 북한 정권은 더욱 공고화되었다고 인식한다. 둘째, 북핵 완성 후 국제사회에서 김정은과 북한의 위상이 급상승했기 때문이다. 셋째, 북핵 고도화는 수많은 경제적 이익을 북한에 제공해 줄 것이라고 생각한다. 넷째, 북한 지도부는 핵을 포기하면 리비아의 카다피나 이라크의 후세인과 같은 운명에 처할 것이라고 믿고 있다. 우크라이나 역시 핵을 포기하고 강대국으로부터 안전보장을 확약받았으나 실제 러시아로부터 침략을 당했기 때문에 핵 포기는 매우 어렵다. 다섯째, 북핵은 남한을 제압할 수 있는 최강의 수단이므로 북핵 포기는 대남 혁명전략을 포기하는 것과 다를 것이 없다고 믿기 때문이다. 이러한 이유로 북한은 국가전략의 성취 수단으로 핵을 지속적으로 고도화·첨단화시킨다는 것이다.[85]

현재 미국은 북한의 핵능력을 미 본토 타격이 가능한 수준으로 평가하고 있으며, 교리적으로 분쟁 초기 핵무기 사용이 가능하다고 판단하고 있다. 북한은 2016년 이후 원자탄, 수소탄, 화산-31 전술핵탄두를 개발하였고, 북한이 보유한 모든 종류의 탄도미사일은 핵탄두의 탑재가 가능한 것으로 평가되고 있다. 북한은 현재 극초음속·MIRV·MARV[86]를 개발 중

〈표 2-4〉 북한의 ICBM 계보

ICBM	최초 시험발사	추진방식	최대 사거리	탄 두
화성-14형	2017. 7. 4	2단 액체연료	10,000km	KN-22 열핵탄두 (1.5 Mt)
화성-15형	2017. 11. 29	2단 액체연료	13,000km	KN-22 열핵탄두 (1.5 Mt)
화성-17형	2022. 3. 24	3단 액체연료	15,000km	열핵탄두
화성-18형	2023. 4. 14	3단 고체연료	15,000km	열핵탄두
화성-19형	2024. 10. 31	3단 고체연료	18,000km	열핵탄두(1.5 Mt) / 다탄두(MIRV)
화성-20형	개발 초기			다탄두

* 출처 : 필자 작성

이며, 발사 플랫폼을 다변화하고 있다.

북한은 미 본토를 직접 타격할 수 있는 전략핵으로 고체 및 액체 추진 ICBM과 전략핵잠수함을 개발하고 있다. 화성-15형(액체)은 3회의 고각발사를 통해 비행안정성 및 신뢰성을 확보했으나 완전한 탄두 재진입 성능을 입증하지는 못했고, 화성-17형(액체)은 8회의 고각 시험발사를 했으나 아직 충분한 신뢰성을 확보하지는 못한 것으로 평가된다. 고체 ICBM인 화성-18형은 2023년 2회의 시험발사에 성공했으나, 정상각도 발사를 시행하지 않아 탄두 재진입체의 완전한 개발 여부는 확인하지 못한 상태이다. 핵추진잠수함과 관련해서는 아직 기술 개발이 초기 단계로 평가된다. 전반적으로 아직 전략핵 보복역량을 완전히 갖추었다고 보기는 어렵다.

브루스 베넷 박사는 북한은 전략핵 보복과 전술핵 공격능력을 확보하기 위해 300~500개의 핵전력을 계획하고 있으며, 2030년경 북한 핵무기가 300개 정도에 도달할 수 있을 것으로 평가한다.[87] 현재 전 세계적으로 9개의 국가가 핵무기를 보유하고 있다. 미국·러시아·중국은 500기 이상의 핵무기를 보유한 핵 강대국이며, 프랑스와 영국이 350기 내외로 그 뒤를 잇고 있다. 인도와 파키스탄이 약 150~200기 정도의 전력을 보유하고 있고, 이스라엘은 약 90기 정도의 소규모 핵전력을 운영하고 있다. 북한은 프랑스와 영국 수준의 핵무기 보유를 추구하고 있는 것이다.

북한은 전략핵과 전술핵을 균형있게 구비하려 한다. 먼저 전략핵을 보면, 북한은 충분한 수량의 대미 핵보복 및 타격역량을 갖추려 한다. 즉 유사시 한미동맹의 선제적 공격으로부터 생존성을 확보한 후 미 본토에 상당한 타격을 가할 수 있는 역량을 갖춘다는 것이다. 이러한 전략핵 투발수단에는 최소 200kt 이상의 수소탄 핵탄두가 장착될 수 있다. 북한이 추구하는 전략핵 역량은 최소 100기 이상일 것으로 판단되며 여기에는 고체 및 액체 ICBM, IRBM, 잠수함 발사 SLBM이 포함된다. 북한의 경제능력과 기술력을 고려한다면 핵 3축체계의 나머지인 전략폭격기를 자체적으로 개발하는 것은 당분간 어려워 보인다. 북한은 유사시 한반도를 석권하기 위한 전술핵 역량도 구비해야 한다. 이를 위해 대략 200기 내외의 전술핵 역량을 구비하려 할 것으로 보인다. 대남 전술핵능력은 아직까지 실전배치를 공식 선언하지 않은 상태이나, 전술유도무기, 중장거리 순항미사일 등 일부 능력을 구비 중이다. 유사시 지휘시설·공군기지·항만 등을 타격하고 전략적 예비를 위해 충분한 수량의 핵탄두를 보유하려 할 것이다.[88]

북한이 주장하는 핵무력 완성을 위해 향후 극복해야 할 기술적 도전요소는 액체 및 고체 ICBM과 다탄두MIRV 개발, 핵전력 운용에 필요한 정찰감시 및 지휘통제를 지원할 군사정찰위성 개발, 제2격 능력으로서 생존성이 높은 전략핵잠수함 개발, 핵탄두 및 전술핵무기 대량생산 등이다. 지금까지의 기술 내용을 표로 요약하면 아래와 같다.

〈표 2-5〉 북한의 핵능력과 고도화 전망

현 능력	• 핵탄두 50여 기 보유(원자탄, 수소탄) 추가적으로 40여 기의 핵탄두를 더 생산할 수 있는 핵물질 보유 • 화산 - 31(전술핵탄두) 개발 완료
투발체계	• 액체 및 고체추진 ICBM 개발(고위력 수소탄 장착) • SRBM 이상 미사일에 핵탄두 장착 가능 • 화산 - 31 탑재 가능한 8종의 투발수단 공개
핵 정책	• 핵무력 정책법령 채택, 핵무기 사용 조건 공개
훈련	• 핵무기 관리 및 사용 절차 정립, 핵 공격 훈련 실시
향후 추진 로드맵	• 액체 및 고체 추진 ICBM 성능 향상 • 핵전력 운용에 필요한 지휘통제·정찰감시(위성) 능력 확보 • 핵탄두 및 전술핵무기 대량 생산(300여 기의 핵탄두 보유 추구) • 전략핵잠수함 개발

* 출처 : 필자 작성

(2) 한반도 전쟁 양상 예측

북한은 비대칭전력을 지속적으로 고도화하고 있고, 핵·미사일 전력을 실전배치하고 있으며, 세계 최고 수준의 사이버전 역량을 갖추고 있다. 우크라이나-러시아 전쟁과 이스라엘-하마스, 이스라엘-이란 전쟁은 전통적인 재래식 전쟁과 드론·AI·인공위성 등의 첨단기술이 결합된 전쟁 형태를 보여준다. 또한 디지털 교란, 사이버전, 심리전·인지전 등 정보공간에서의 전쟁이 일상처럼 벌어지고 있다. 한반도에서 전쟁이 재발한다면, 전쟁 양상은 단순히 북한의 재래식 무력도발을 넘어 복합전의 형태로 전개될 것이라고 판단하는 이유이다. 한반도 전쟁 양상을 예측하는 데 있어 필자는 다음의 몇 가지 고려 요소를 반드시 염두에 두어야 한다고 생각한다.

첫째, 첨단 과학기술이 핵무기의 발전과 핵전략에 중요한 영향을 미치고 있다. 대한민국은 현재 제2차 핵시대에서 제3차 핵시대로 넘어가는 전환기적 상황에 있다. 일반적으로 제1차 핵시대는 냉전기를 언급한다. 미국·소련·영국·프랑스·중국이 핵무기를 보유하고 있었으나, 미·소의 상호확증파괴 전략에 의해 핵무기 통제가 가능했던 시대이다. 핵무기가 세계 안정 유지의 핵심 수단으로 작용한 점이 특징이다. 제2차 핵시대는 냉전 종식 이후 새로운 핵보유국들이 등장하며 국제적 핵 확산이 범세계적인 도전으로 등장한 시대이다. 1991년 이후 현재까지의 시기를 일컫는다. 지역 위기가 심화될수록 의도적 핵사용 가능성이 증가하며, 비국가 행위자로 핵 확산 가능성이 높은 도전기적 시대이다. 제3차 핵시대는 핵무기와 첨단 과학기술의 결합 및 연결에 기반한다. 핵탄두를 투발하는 미사일 기술의 발전, 핵탄두의 위력과 정확도를 정밀하게 조정할 수 있는 표적화 기술의 성숙, AI 기반 지능형 결심체계 등 핵지휘통제통신NC3 기술의 혁신, 우주·사이버 공간의 군사화 등 첨단 과학기술이 핵무기 운용 기술, 핵전략에 지대한 영향을 미치고 있다.[89]

둘째, 한반도 전쟁은 한미일 대 북중러의 진영 간 대결의 장으로, 어느 일방이 압도하기 어려운 국제전 양상으로 전개될 가능성이 높다. 한미일 3국은 '한미상호방위조약'과 '미일안보조약'으로 긴밀히 연결되어 있다. 북중러 역시 '조중우호조약'과 '러북 포괄적 전략적 동반자 관계에 관한 조약'으로 연결되어 있다. 한미일은 한미동맹의 경제·외교·군사력뿐만 아니라 역내 신속대응전력으로서 주한미군과 주일미군의 투입, 일본 내 유엔사 후방기지를 통한 다국적 전력의 투사, 중·러의 팽창을 견제하기 위한 우방국의 지원 등 국제적 지원 역량이 충분하다. 북중러 역시 핵무기에 의한 확전 가능성을 경고하면서, 중국의 북부전구, 러시아의 동부군관구 전력 등의 지원에 힘입어 충분히 대응할 수 있는 역량을 갖추었다고 보는 것이 타당하다. 2022년 2월 이후 진행 중인 러시아-우크라이나 전쟁이 어느 한 쪽이 일방적으로 승리하기 어려운 구도로 전개되고 있음은 현재 국제분쟁의 현실을 잘 보여준다.

셋째, 한반도와 주변에는 가공할만한 군사력이 대치하고 있다. 〈표 2-6〉에서 보는 바와 같이, 중국 동부전구의 해군력은 대규모의 병력을 수송하기에는 부족하나, 제78, 79, 80 집단군으로 구성되어 있는 육군 전력은 북한의 핵 및 대량살상무기Weapons of Mass Destruction, WMD 시설을 확보하고 북한과 중국 국경 간 완충지대를 지키기 위해 한반도 전구에 투입될 것으로 예상된다. 중국 동부전구의 공군은 3세대부터 5세대까지 다양한 전력으로 구성되어 있으나 일단 투입되면 한미동맹의 공군력은 상당한 위협에 직면하게 된다. 남북한을 비롯해 한반도 전구에 직접적으로 투입이 예상되는 대규모의 군사력은 일단 전쟁이 발발하면 재앙적 결과를 초래한다. 따라서 미·일·중·러 주변국의 초기 군사적 개입은 전면적 수준보다는 제한적 수준에서 진행될 것이다. 직접적 병력의 투입은 매우 신

〈표 2-6〉 남·북한, 주한미군, 중국 동부전구의 군사력

구 분		중국 동부전구	북한	한국	주한미군
육군	병력	215,000	1,100,000	365,000	28,500
	전차	1,320	3,500–4,300	2,115–2,200	28–43
	전투장갑차	1,610	32	540	–
	야포	1,755	8,800–16,100	2,800–3,100	280
	다연장	285	5,500	298–310	40
해군	항공모함	1	0	0	
	순양함	4	0	3	
	구축함	12	0	6	
	강습상륙함	0	0	2	
	SSN	4	0	0	
	디젤잠수함	7	20	18	
	상륙정	–	255	29	
공군 전투기	5세대	72(J–20A)	0	39	0
	4세대	120 (J–16, J–10)	18–35 (MIG–29)	279 (F–15K, F–16, FA–50)	68 (F–16)
	3세대	120	299–306	29–69	
	2세대	0	107–114	173	0

* 출처 : Ashton H.S. Cho and Yuan–Chou Jing, *Tipping the Balance? China's PLA Northern Theater Command and the Korean Peninsula, The Korean Journal of Defense Analysis*, Vol. 36, No. 2, June 2024, pp.163–168.

중하게 판단할 것이며, 확전 통제에 중점을 두고 전쟁을 관리할 가능성이 높다. 그러나 확전으로 이어지는 다양한 트리거 포인트trigger point가 잠재해 있어 전장이 극단의 상황으로 전개될 수 있는 높은 불안정성을 내포하고 있다.

넷째, 군사적·비군사적 수단이 전쟁에 투입되고, 첨단기술 전쟁과 재래식 전쟁이 혼합된 장기 소모전 양상이 될 것이다. 전쟁은 군사 영역뿐만 아니라 민간 영역에서도 발생한다. 남남 갈등, 반미 감정, 양극화 등의 이슈를 부각해 우리 국민을 상대로 한 여론전과 조직적인 정치심리전, 사이버전이 진행될 것이다.[90] 자율무기체계의 정확성과 살상력이 향상되면서 다양한 유무인 복합전투체계와 AI 네트워크 전쟁이 동시에 진행된다. 진지·참호전, 미사일과 포병에 의한 화력전 등의 전통적인 군사기술은 여전히 유효하며, 이러한 물리적 공간에서의 전투는 위성과 무인체계 등 첨단기술과 결합한 형태로 진행될 것이다.[91]

마지막으로는 북한군 재래식 전력의 현대화이다. 러-우 전쟁에 북한군이 파병된 이래 북한군 재래식 전력의 질적 성장은 주목할 만하다. 2025년 6월 12일 북한은 두 번째 5,000톤급 구축함인 '강건호'의 진수식을 개최했으며, 2025년 3월에는 공중조기경보통제기를 공개했다. 북한의 군사력 건설 및 실전배치 속도는 우리의 예상을 뛰어넘는다.

북한이 지금까지 추구해 온 전략과 전술의 적용, 핵과 재래식 전력의 배합, 북·중·러의 연대를 고려컨대, 북한의 도발 양상은 회색지대 위협으로부터 국지도발 및 제한전, 전면전 상황까지 다양하게 그려볼 수 있다.

위에서 언급한 북한의 도발 양상은 지역 안보 상황, 북한 정권의 안정성, 한미동맹의 강건함 등 다양한 조건에 의해 영향을 받는다. 북한은 정

〈표 2-7〉 북한의 도발 양상 예측

회색지대 위협	• 핵·WMD 활용한 강압, 한미동맹의 갈등 조장 • 역정보 전파, 정보작전을 통한 사회 혼란 조성 • 반정부 정치집단 지원
국지도발과 제한전	• 정보작전, 심리전, 법리전, 여론전 등 비군사적 수단에 의한 인지전 및 사이버·전자전 • 무인기 테러, 은밀공격 • 중·러와 연계, 한·미·일의 인프라 파괴 및 무력화 • 특수부대 및 기습상륙전력에 의한 서북도서 강점 • 핵공격 위협 하 수도권 북부에 대한 화력 공격
전면전	• 회색지대 전략·전술과 정규전의 배합 • 핵과 재래식 전력의 배합(섞어쓰기)

* 출처 : 손한별, 「북한의 미래도발 양상전망」, 김은비 외, 『두 개의 전쟁과 미래전쟁』(국방대 국가안전보장문제연구소, 2024), pp.164-185 요약

보전, 심리전, 사이버·전자전 등 다양한 영역에서 동시다발적 도발을 감행함으로써 한국 사회의 혼란을 조성할 것이다. 국지도발과 제한전은 한미동맹이 본격적으로 대응하기 이전에 신속히 상황을 정리하면서, 전략적 성과를 거두려 할 것이다. 만일 북한이 전면전을 감행한다면 이는 북한 정권의 생존과 직결되므로 핵 사용 가능성도 염두에 두어야 한다. 한반도에서의 전면전은 국제사회의 핵질서와 아태 지역에서의 미·중 경쟁체제를 완전히 바꾸는 큰 변화를 불러올 것이다.

한반도 전쟁은 우리의 상식과 합리적 사고를 뛰어넘는 수준으로 진행될 가능성이 높다. 위기는 우리가 생각하는 것보다 훨씬 가까이 있으며, 우리 사회 내부가 작금의 위기 상황을 제대로 인식하지 못한다면 한반도 위기는 더 빨리 다가올 것이다.

(3) 미국의 핵정책

미국은 인도·태평양 지역에서 2개의 거대 핵강국(러시아, 중국)과 1개의 소형 핵보유국(북한)과 마주하고 있다. 동북아시아에 핵 2.5시대가 도래한 것이다.[92] 핵무기 보유량 측면에서 미국과 러시아가 전 세계 핵무기 보유량의 90% 이상을 차지하지만, 중국과 더불어 북한의 핵능력 증강 속도는 향후 수년 내 국제 핵질서의 안정성을 크게 약화시킬 것으로 본다. 중국과 북한의 핵능력 증강은 미국이 동맹국에 제공하는 확장억제의 신뢰성을 약화시키는 동인이 될 것이며, 핵무기 비확산 체제 역시 커다란 도전에 직면할 가능성이 크다. 미국이 고수해 온 전통적인 핵정책을 살펴보면 아래와 같다.

가. 미국의 핵사용 원칙[93]

핵무기를 사용하면 회복할 수 없는 피해가 발생하며, 심각한 정치적 영향을 초래한다. 핵을 사용하면 불과 수분 내 핵 전쟁으로 이어지므로, 핵 사용을 고려할 경우 매우 짧은 시간 내에 군사력을 동원해야 한다. 또한 확고하고 안전이 보장된 핵무기 지휘통제체계가 유지되어야 한다. 이런 이유로 미국은 오직 미 대통령만이 핵 사용을 승인할 수 있다. 미국의 핵 정책은 아래와 같은 원칙에 기반한다.

긍정적 통제 Positive Control

핵무기에 대한 지휘통제는 크게 긍정적 통제positive control와 부정적 통제

〈표 2-8〉 미국의 핵정책 원칙

- 긍정적 통제(Positive Control)
  - 오직 대통령만이 핵 사용을 승인할 수 있다.
  - 국가통수기구(National Command Authority, NCA) 이하 다른 모든 제대(사령부)에서 미 대통령의 지시를 수행하기 위해서는 각각 독립적 위치에 있는 두 명의 인원이 필요하다(Two-man Rule).
- 핵사용 시 최대한 부수적 피해를 피해야 한다. 도시에 대한 타격은 하지 않는다(No city busting). 핵 표적은 적의 핵전력을 최우선적으로 고려한다(counterforce targeting).[95]
- 핵무기의 근본적 목적은 압도적 억제이다.
- 만일 적으로부터 기습공격을 받았을 경우, 적에게 감내하기 어려운 피해를 줄 수 있는 충분한 수준의 보복능력(제2격 능력)을 보유하고 있어야 한다.
- 적의 오판을 최소화하고 안정적인 증원을 위한 군사적 대비태세가 유지되어 있어야 한다.

negative control로 구분한다. 긍정적 통제는 최고 지도자가 핵무기의 사용 명령을 내릴 경우, 어떠한 상황에서도 핵무기가 정상적으로 작동되어야 하는 지휘체계이다. 부정적 통제는 평상시 핵무기를 사용하지 않을 때에는 어떠한 경우에도 핵무기가 발사되어서는 안 된다는 지휘체계이다. 긍정적 통제 체계 하에서는 핵무기를 직접 운용하는 부대에 보다 많은 핵무기에 대한 접근권이 허용되고, 반면 부정적 통제가 적용되는 체계 하에서는 핵무기의 통제 권한이 소수의 지도부에 집중되게 된다.[94] 미국은 긍정적 통제를 적용하고 있으며, 긍정적 통제는 핵무기와 관련된 모든 군 전력에 해당한다.

Two-man Rule

Two-man Rule은 핵무기를 장착하거나 발사할 때 반드시 2명의 독립된 인원이 필요하다는 원칙이다. 핵 임무에 대한 접근과 임무 수행에 적용된다. 핵무기는 한 사람이 접근·통제·실행할 수 없다. Two-man Rule은 미 대통령을 제외한 모든 제대와 투발수단에 적용된다. Two-man Rule의 적용 절차는 투발수단의 형태(ICBM 통제센터, 잠수함, 전략 폭격기)에 따라 상이하다.

국가통수기구National Command Authority

미국에서는 오직 대통령만이 핵무기 사용 승인 권한이 있기 때문에 어떤 희생이 있더라도 대통령은 생존해 있어야 하며, 대통령과 핵을 운용하는 부대의 지휘통제통신 체계는 반드시 안전하게 유지되어야 한다. 미국 대통령은 핵무기 사용에 대한 의사결정 이전에 누구와 무엇을 상의할 것인가에 대한 독자적 권한을 갖고 있다. 미 국방부는 대통령과 핵 운용부대 지휘관 간 최고의 보안을 갖춘 통신수단을 유지해야 한다. 일반적으로 국방부Pentagon 내 국가군사지휘센터National Military Command Center, NMCC, 예비 NMCC, 공중지휘소(E-4B, E-8 항공기)가 국가통수기구의 지휘소가 된다. 그리고 대통령과 핵 부대 지휘관을 연결하고 회의를 준비할 수 있는 지휘반command element이 항상 대통령을 수행한다.

핵 지휘통제통신Nuclear Command, Control & Communication, NC3

NC3는 핵 지휘통제통신 체계이다. 미국의 NC3 시스템은 대통령이 핵무기에 대한 접근 권한을 부대 지휘관에게 위임하면서, 지휘관에게 '무엇을 할 것인가'를 전달하는 시스템이다. NC3는 오직 대통령만이 핵사용 승인 권한이 있고, 핵사용 시 극도의 짧은 경고와 의사결정 시간, 확전 통제 측면에서 매우 특별한 기준을 요구한다. NC3 체계는 확실하게 작동되어야 하며surety, 철저한 보안이 요구되고security, 안전safety이 보장되어야 한다. 이런 이유로 엄격한 훈련과 검증이 필요하다. 핵사용 결정 시 촉박한 시간 때문에 대부분의 표적은 사전에 계획되어야 하며, 이를 지속적으로 최신화해야 한다.

NC3 체계는 합동참모본부에서 관리한다. 확실하고 안전한 NC3 체계의 운용은 다음의 5개 사항이 정상적으로 작동되어야 함을 의미한다.

① 전술적 경고 : 전술적 경고는 지상, 위성기반 레이더 등 최소 2가지 이상의 수단으로부터 획득된 징후가 있어야 한다.

② 국가통수기구National Command Authority, NCA · NCA 체계, 즉 미 대통령과 핵 운용부대 간 보안통신체계가 필수적으로 유지되어야 한다.

③ 긴급행동메시지Emergency Action Message, EAM 하달 : 미 대통령의 핵승인 지침, 즉 EAM이 정상적으로 전달되어야 한다.

④ 공격 평가 : 핵공격 후에는 핵공격에 대한 평가를 할 수 있어야 한다.

⑤ 부대 재편성 : 핵작전 이후 새로운 임무를 수행할 수 있는 지휘통신체계와 작전부대의 능력이 유지되어야 한다.

확전통제Escalation Control

확전에는 3가지의 형태가 있다. 오해 또는 소통 미흡으로 인한 부주의한 확전Inadvertent Escalation, 기술적 결함 또는 오폭으로 인한 우발적 확전Accidental Escalation, 그리고 의도적 확전Intentional Escalation 이다.

극도의 짧은 대응시간과 재앙적 결과를 초래할 수 있기 때문에 핵정책에 있어 확전통제는 최우선 순위가 된다. 확전통제를 위해서는 제2격 능력이 확보되어야 한다. 확전통제를 위한 절차, 예를 들면 미·러 핫라인과 같이 확전을 관리하기 위한 절차가 마련되어야 하며, 적의 공격 징후는 반드시 2가지 이상의 확실한 징후가 있어야 한다. 한 개의 징후에 의존해서는 안 된다. 진짜 공격과 허위 공격을 구별해야 하며, 허위 경보에 대응해서는 안 된다.

징후 및 경고

징후 및 경고는 위험을 고조시키려는 적의 속성·행동에 대한 틀template에 기반을 두어야 한다. 즉 평상시 패턴과는 다른 적 부대의 구조와 대비태세, 인사·군수 분야 준비, 지도부의 위치와 활동, 통신 활동 등 징후 및 경고에 대한 평가표가 마련되어 있어야 한다. 징후 및 경고는 적의 핵공격 가능성에 대한 평가이다. 확실한 징후와 포괄적인 정치적 분석이 균형있게 이루어져야 한다. 핵공격 징후·경고는 재래식 징후·경고보다 정치적 판단이 더 중요하다.

부대의 동원과 대비태세 수준은 관측하기 어렵다. ICBM과 탄도미사일 발사 잠수함SSBN의 이동은 관측하기 힘들며, 대부분의 전술적 투발 체계는 이중목적이다. 핵무기 운용에 대한 교리도 없다. 핵무기는 단지 전개와 발사만 있을 뿐이다. 핵무기에 대한 지휘통제시스템Nuclear C2 system은 안전이 보장되어 있고, 고도로 훈련된 인원들이 운용한다. 핵위협이 변화하면 이전에 설정한 경보태세 또한 조정된다. ICBM 발사 승무원과 SSBN 승무원의 준비태세, 투발체계의 대비태세와 함께 지휘센터의 대비태세 또한 격상된다. 모든 항공기의 전술 시스템의 방호와 기지방호태세 또한 조정된다. 부대방호태세를 1급으로 격상할 때에는 항상 국가통수기구가 관여한다.

전술적 경고/공격 평가

두 가지 체계, 즉 위성을 통한 적외선 센서와 지상기반 레이더, 양쪽 모두에 의해 징후가 포착되어야 한다. 적외선 위성은 근실시간 발사 경고를 하고, 공격용 미사일의 특성(종류, 수량, 발사지역)을 신속하게 포착한다. 우주기반 적외선 위성은 지구를 지속적으로 관찰한다. 우주에서 획득한 데이터는 미 지상 송신소와 전방에 전개된 전술송신소에 전파된다. 지상기반 레이더는 공격을 확인하고 표적을 구분한다. 즉 탄도미사일의 궤적을 통해 표적을 식별하고, 대기권 진입 시 주변 환경을 통해 진짜탄두와 가짜탄두decoy를 구분한다. 이러한 두 가지 징후 포착은 미 대통령의 의사결정에 있어 매우 중요하다.

긴급행동메시지Emergency Action Message, EAM

군사적 행동을 실행하기 위한 대통령의 권한을 전달하는 메시지이다. EAM 확인 없이 각 개인이 핵무기를 무장하거나 발사할 수 없다. EAM은 특별히 지정된 통신채널을 통해 하달된다. 대통령으로부터 하달된 EAM의 진위 여부는 기술적 근거와 작전적 절차의 두 개 프로토콜을 통해 확인한다.

나. 미국의 핵선언 정책

---

①전략적 모호성(Strategic Ambiguity) 유지

②극단적 상황(Extreme Circumstance)에서만 핵 사용

③No First Use(핵 선제 불사용) 또는 Sole Purpose(유일 목적) 불不수용

핵무기의 사용과 관련된 핵 선언 정책은 미국 핵전략의 중요한 수단이다. 미국은 핵무기 사용의 전략적 모호성strategic ambiguity을 유지하는 것이 핵정책의 목표 달성을 위해 유리하며 동맹국들의 안전을 보장하기 위한 것이라고 본다. '전략적 모호성'이란 핵무기 사용 대상을 별도로 지정하지 않음으로써 불확실성과 복잡한 환경에서 억제효과를 극대화하려는 정책이다. 억제는 미 국방전략의 핵심이다. 미국은 핵사용에 관한 '전략적 모호성'을 통해 전략적 안정성을 추구한다. 전략적 안정성은 어느 일방도 핵무기를 먼저 사용하지 않겠다는 의도가 성립될 때 유지된다. 전략적 모호성을 유지하지 못할 경우 미국의 핵사용에 대한 신뢰도가 약화될 것으로 판단한다.

미국의 핵 선언 정책의 또 다른 요소는 핵무기는 오직 극단적 상황에서만 사용한다는 것이다. 미국은 치명적인 국익과 관련된 극단적인 상황에서만 핵 사용을 고려한다.

미국은 '핵 선제 불사용no first use'이나 '유일 목적sole purpose'의 선언은 채택하지 않는다. '유일 목적'은 적의 핵공격 억제가 핵무기의 유일한 목적임을 천명하는 정책이다.[96] 즉, '핵무기 선제 불사용'과 '유일 목적'을 수용하지 않음으로써, 선제 핵공격과 적의 핵공격에 대한 보복공격 가능성

을 열어두고 있는 셈이다. '핵 선제 불사용' 원칙은 오직 중국과 인도만이 공식적으로 채택하고 있다.

핵 선언 정책이 실효적 억제 수단이 되기 위해서는 능력Capability, 신뢰Credibility 소통Communication의 3C가 확보되어야 한다. 우선 상당 수준의 핵무기 보유량이 적의 공격을 받아도 남아 있어야 한다. 이를 억제 및 전략적 안정성을 유지할 수 있는 '생존 가능한 제2격 능력'이라 칭한다. 핵무기를 사용할 것이라는 정치적 의지를 보여줄 수 있는 수단과 자산이 있어야 핵 선언 정책의 '신뢰'를 달성할 수 있다. '소통'은 상대방이 우리의 의지와 의도를 신뢰할 수 있도록 잘 전달messaging되어야 함을 뜻한다. 미국은 NATO · 한국 · 일본 · 호주에 핵우산을 제공하고 있다.

다. 미국의 핵 3축체계

미국의 핵전략을 구현하고, 동맹 · 우방국들에게 전략적 억제력을 제공하는 핵심수단이 핵 3축체계Nuclear Triad이다. 핵 3축체계는 ①지상기반 대륙간탄도미사일ICBM ②탄도미사일 발사 원자력추진잠수함SSBN ③전략폭격기이다.

현재 미국이 운용하고 있는 지상기반 ICBM은 지하의 강화된 콘크리트 시설인 Silo에 배치되어 있는 Minuteman-III 미사일로, 사정거리 5,000km 이상으로 미국 핵전력의 중추적 역할을 담당한다. 지상기반 ICBM은 신속한 대응과 상호확증파괴Mutual Assured Destruction, MAD를 위한 유효 수단으로 현재 미군은 400기의 ICBM을 작전배치하고 있다. ICBM은 발사 후 30분 내 타격 가능하며, 각각의 Minuteman-III는 3개의 핵탄두를 탑재할 수 있으나, 냉전 이후 러시아와의 핵무기 통제 조약으로 현재는 1개의 핵탄두를 탑재하고 있다.

SSBN은 핵탄두 탄도미사일을 탑재한 전략핵잠수함으로서 확증보복을 위한 신뢰할 수 있는 제2격 수단이다. 현재 미군은 14척의 SSBN을 운용하고 있으며, SSBN 1척에는 20기의 잠수함발사 탄도미사일SLBM 발사대를 장착하고 있다. 현재 미국은 Trident I/II 잠수함발사 탄도미사일을 운용하고 있으며, 사정거리가 8,000~12,000km에 이른다. SSBN은 가장 생존성이 강한 전력으로 평가된다. SSBN의 은밀성과 SLBM의 장사정 타격능력으로 SSBN은 미국이 제2격 능력을 유지하는 데 필수적인 전력으로 간주된다.

미국이 운용하고 있는 전략폭격기는 B-52H, B-2A 등이 있으며, 재래식 공격과 핵공격 능력을 보유하고 있다. B-52H는 아음속 전략폭격기로서, 항속거리는 15,000km에 이른다. 스트라토포트리스Stratofortress라는 별칭을 갖고 있다. B-2A는 스텔스 기능을 보유한 전략폭격기이다. 2025년

〈표 2-9〉 미국의 핵무기 보유량

구분	발사대/항공기	핵탄두
ICBM	400	400
SLBM	280 (14척의 SSBN)	970
전략폭격기	66	300
비전략무기	•	100
총 1,770기의 핵탄두가 실전배치		

* 출처 : 미 CSIS, *U.S. Nuclear Stewardship*

6월 미국이 이란 핵시설 공격 당시 출격했던 전략폭격기이다. 미국의 전략폭격기는 전 세계 어디든지 단시간 내에 신속히 전개할 수 있어, 적에게 강력한 경고 메시지를 보낼 수 있는 가장 실효적인 수단이다.

핵탄두를 투발할 수 있는 지상기반 수단은 고정시설의 ICBM, 이동식 ICBM 및 크루즈미사일, 이동식 탄도/크루즈 미사일 등이 있다. 수상·

〈표 2-10〉 핵전력의 특성

핵전력	긍정적 특성	부정적 특성
고정식 ICBM	• 안전한 내부통신망 • 초정밀 사격 가능 • 사전 준비된 Silo에 저장, 상시 준비 상태 유지	• 위치 노출, 미 본토에 대한 적의 대규모 공격에 취약 • 발사 경고 즉시 발사해야 생존성 보장
이동식ICBM	• 고정 ICBM보다 생존성 증대 (미국은 보유하고 있지 않음)	• Silo 기반 ICBM보다 준비소요 증대, 방호태세 미흡
SLBM	• 가장 생존성이 강한 자산	• 평시 해상에는 전체 전력 중 1/2만 전개, 잔여전력은 항만에 위치, 취약점 노정 • 통신 소통의 어려움
잠수함 발사 핵 크루즈 미사일	• 핵투발체계 중에서 가장 생존성이 강한 자산 (미국은 보유하고 있지 않음)	• 탄도미사일 대비 표적 타격에 장시간 소요되어 적의 미사일 방어에 취약
중력폭탄, 공중발사 순항미사일 탑재 중(重)폭격기	• 전개시 적에게 명확한 시그널 제공 • 확장억제의 가시적 근거 • 다양한 공격 접근로 사용	• 항공기와 기반시설에 대한 증강된 부대방호 필요 • 공중급유 필요, 방공에 취약
중력폭탄 탑재 이중목적 전투기 (DCA)	• DCA 전개는 확장억제 증표 • 동맹의 참여 필요 • 다양한 공격 접근로 사용	• 항공기와 기반시설에 대한 증강된 부대방호 필요 • 공중급유 필요, 방공에 취약

* 출처 : 미 CSIS, *U.S. Nuclear Stewardship*을 참조해 필자 작성

수중기반 투발수단은 잠수함발사 탄도미사일SLBM과 수상함발사 크루즈미사일이 있으며, 공중기반 투발수단은 항공기에서 투하되는 중력폭탄Gravity bombs과 항공기발사 크루즈미사일 등이 있다.

미사일의 정확성이 향상되면서 지상에 고정되어 있는 발사시설은 적의 공격에 상시 노출되어 있는 취약성이 있다. 반면 잠수함은 은밀성으로 인해 '안정'된 전력으로 간주된다.

미국은 현재 운용 중인 핵 3축체계를 비롯한 핵무기를 현대화할 계획이다. 1960년대 개발 이후 지금까지 운용해 오고 있는 지상기반 ICBM인 Minuteman-III를 대체해 Sentinel 미사일을 2030년대 중반 배치할 계획이다. 차세대 ICBM인 Sentinel 미사일은 Minuteman-III보다 크기는 작고 속도는 더 빠르다. 해군의 오하이오급 SSBN은 2030년경부터 퇴역하고 콜럼비아급 차기 전략핵잠수함 12척을 건조한다. 공군의 B-2A 폭격기는 B-21 폭격기로 교체해 약 100대를 생산할 예정이며, 현재 운용 중인 F-15E DCA(이중목적항공기)는 F-35A DCA로 교체한다는 계획이다.

〈표 2-11〉 미국의 핵무기 현대화 계획

구 분	현 재	향 후
ICBM	Minuteman-III	Sentinel
SSBN	오하이오급	콜럼비아급
전략폭격기	B-2A	B-21 Raider
이중목적항공기	F-15E	F-35A

* 출처 : 필자 작성

미국의 핵전력은 미 전략사령부U.S. Strategic Command를 통해 운용된다. 미 전략사는 ① 전략적 억제strategic deterrence ② 핵작전nuclear operations ③ 범지구적 타격global strike ④ 합동 전자기스펙트럼 작전Joint Electromagnetic Spectrum Operation ⑤ 미사일 위협 평가Missile Threat Assessment ⑥ 핵지휘통제통신Nuclear C3 임무를 수행한다.

라. NATO의 핵태세

NATO는 미국의 핵동맹nuclear alliance이다. 미국의 핵전력은 NATO의 안전을 보장하는 최상위 전력이다. 러시아의 우크라이나 침략은 명백히 국제 기준을 위반해 미국과 NATO에 위협을 가한 것이며, 최근 NATO는 러시아뿐만 아니라 중국도 NATO의 전략적 기획의 중심에 포함하고 있다.

NATO 조약 제5조는 집단방위의 원칙을 규정하고 있다. 즉 NATO 가입국 중 어느 한 나라에 대한 공격은 전체에 대한 공격으로 간주해 그 나라를 보호하는 데 핵무기를 포함한 모든 동맹의 자원을 사용할 수 있음을 명시하고 있다.

(NATO 조약 제5조) 당사국들은 유럽이나 북미에서 그들 중 한 나라 이상에 대한 무력공격이 그들 모두에 대한 공격으로 간주돼야 한다는 것에 동의하며, 그러한 무력공격이 발생할 경우, 유엔 헌장 제51조에 의해 인정된 개인 또는 집단적 자위권을 행사하는 것에 동의한다. 북대서양 지역의 안전을 회복하고 유지하기 위해 필요하다고 판단되는 조치를 취하는 등 공격을 받은 당사자나 당사자들은 개별적으로, 그리고 다른 당사자들과 협력해 지원한다. 이러한 무

력공격 및 그 결과로 취해진 모든 조치는 즉시 안보리에 보고돼야 한다. 이러한 조치는 안보리가 국제 평화 및 안보의 회복과 유지를 위해 필요한 조치를 취했을 때 종료된다.

NATO 핵능력의 목적은 평화를 유지하고 강압을 예방하며, 침략을 억제하는 데 있다. 이러한 목적을 구현하기 위해 미국과 영국은 NATO에 핵무기를 배치하고 있다. 프랑스는 NATO에 핵무기를 할당하고 있지 않으며, 핵전력의 합동기획Joint Planning에도 참여하고 있지 않다. 미국의 전술핵무기tactical nuclear weapons는 미국과 주둔국에 의해 공동으로 통제되는 유럽의 시설에 배치되어 있다. 유럽에 배치된 전술핵무기는 모두 항공기 투발용air-delivered으로 독일·이탈리아·네덜란드·벨기에·튀르키예 5개국만이 핵무기를 지정된 목표지역으로 수송할 수 있는 임무와 능력을 보유하고 있다. NATO에 배치된 미국의 핵무기도 미국 대통령만이 사용을 승인할 수 있다.

〈표 2-12〉 영국과 프랑스의 발사대 및 작전배치된 핵탄두

	영국		프랑스	
	발사대	배치된 핵탄두	발사대	배치된 핵탄두
ICBM	–	–	–	–
SLBM	4 SSBN / 48	40 (120개까지 가능)	4 SSBN / 48	240
항공기	–	–	50	50
총계		120		290

* 출처 : 미 CSIS, *U.S. Nuclear Stewardship*

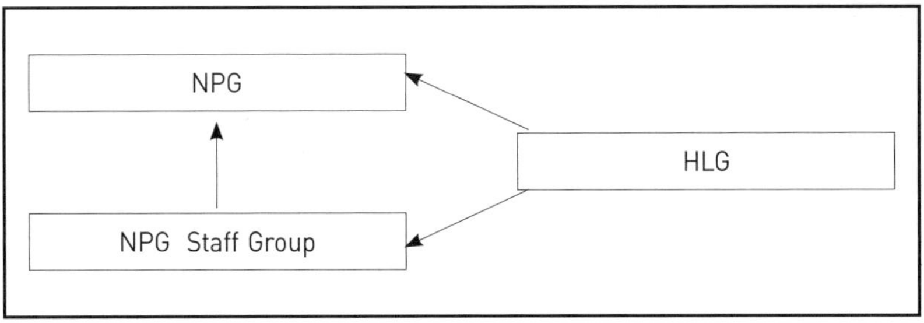

＊출처 : 필자 작성

〈그림 2-1〉 NATO 핵 협의체계

NATO는 NPG Nuclear Planning Group, NPG Staff Group, HLG NPG High Level Group의 3개 핵 협의체계를 운용하고 있다. NPG는 NATO 사무총장이 의장이 되며, 국방장관급 또는 NATO 대표단 수준의 자문기구로서, NATO 핵정책에 대한 최고 수준의 협의체이다. NPG Staff Group은 NPG를 준비하거나 NPG를 지원하기 위해 국방장관자문 또는 정치담당관 Defense Counsellor, Political Counsellor 수준의 실무위원회이다. HLG는 미국이 의장국이 되며, NPG에게 정책자문을 제공하기 위한 고위 자문그룹 수준 Policy Director Level 기구이다.

(4) 한미동맹의 대응전략

고도화되고 있는 북한의 핵·미사일 위협과 능력에 대비해 한국은 한국형 3축체계의 완전한 구축을 통해, 미국은 확장억제의 제공을 통해 대응하고 있다.

가. 한국형 3축체계

한국군은 북한의 핵·미사일 위협에 대응하고, 우리 군의 공격·방어·응징보복 능력을 획기적으로 강화하기 위해 '한국형 3축체계'의 확충을 최우선 과업으로 추진하고 있다.[97] 한국형 3축체계는 ①킬체인Kill Chain ②한국형 미사일 방어체계Korea Air and Missile Defense, KAMD ③대량응징보복Korea Massive Punishment and Retaliation, KMPR으로 구성된다.

킬체인은 북한이 핵무기를 사용할 의도나 징후가 명확할 경우 북한의 핵·미사일 지휘·발사·지원체계 및 관련 시설에 대한 '예방적 타격preemptive strike' 체계이다. 한국형 미사일 방어체계KAMD는 적의 미사일을 탐지·요격하는 복합 다층방어체계를 뜻한다. 대량응징보복KMPR은 북한이 핵·WMD를 사용할 경우 우리 군의 고위력·초정밀 타격능력으로 적 전쟁지도부와 핵심시설을 응징보복하는 체계이다.[98]

한국은 핵을 가진 북한을 상대해야 한다. 한국형 3축체계는 핵보유국인 북한을 상대로 한국군의 첨단 재래식 전력으로 대응하는 전략으로, 전면전all-out war으로 비화될 수 있는 가능성을 내포하고 있다. 때문에 일부 전문가들은 한국군의 한국형 3축체계 전략을 공세적이라고 평가하고 있

〈표 2-13〉 한국형 3축체계 핵심전력

구 분	핵심전력
정찰감시 (ISR)	• 군사용 정찰위성(EO/IR, SAR), 소형 정찰위성, 초소형 위성 • 고고도 무인항공기(High Altitude Unmanned Aerial Vehicle, HUAV) • 중고도 무인항공기(Medium UAV, MUAV) • 신호정보 수집체계(백두체계 등)
킬체인	• 고위력 미사일(탄도 및 순항미사일) • 전술 지대지유도탄 • 5세대 전투기(F-35) • 장거리공대지유도탄 등
KAMD	• 우주 기반 조기경보위성, 탄도탄 조기경보레이더 • 장사정포 요격체계(한국형 아이언돔) • M-SAM II(천궁-II, 중거리 지대공 유도무기) • L-SAM I/II(장거리 지대공 유도무기) • 패트리어트, 사드 등
KMPR	• 고위력 탄도미사일(지상·해양·공중 발사) • 장거리 순항미사일 • 5세대 전투기, 잠수함 • 특수작전부대 능력 보강(특수작전용 항공기 등)

* 출처 : 『국방백서』 등 참조해 필자 작성

으나, 본질적으로 한국형 3축체계는 방어적이다. 이는 만일 북한이 핵무기를 사용할 징후가 명확할 경우 북한의 핵사용을 거부하고, 북한이 핵무기를 사용한다면 압도적 능력으로 보복한다는 조건부 전략이기 때문이다.

북핵에 대한 억제·대응능력을 구축하기 위해서는 한국형 3축체계를 구성하는 핵심 전력을 조기에 확보해야 한다. 우선 한국형 3축체계의 기반전력으로서 정찰감시ISR 전력의 확충이 근간이 되어야 한다. 다수의 정찰위성을 운용함으로써 북한의 전쟁지도부와 핵심 군사시설에 대한 실시간 정찰감시가 이루어져야 한다. 킬체인과 KMPR은 운용 목적에 따라 다수의 전력이 중첩된다. 적의 핵·미사일 지휘·통제·통신 체계를 비롯한 핵심 군사시설에 대한 정밀타격 전력PGM과 압도적 응징보복 시현을 위한 고위력 탄도미사일 등의 전력 확충이 필수적이다. 고도와 사거리에 따라 다층의 복합방어체계를 구축해 한국을 향해 발사되는 핵·미사일에 대비해야 한다.

한국형 3축체계 구비를 위해 필요한 전력을 통합 운용하고, 주요 전력 확보를 위한 소요를 도출하며, 북핵 억제 및 대응작전과 관련해 미 측과의 협력을 위해 한국군은 2024년 10월 1일부로 전략사령부를 설치했다. 전략사령부의 임무는 아래 〈표 2-14〉와 같다.

전략사령부는 이런 임무 수행을 위해 킬체인과 대량응징보복KMPR 작전을 수행하며, 핵·재래식 통합Conventional-Nuclear Integration, CNI 방안을 발전시킨다. 또한 우주·사이버·전자기 스펙트럼 작전을 수행한다. 이를 위해 한국군의 미사일 전력, 사이버, 드론, 특수임무여단 등의 전력을 작전통

〈표 2-14〉 전략사령부의 설치와 임무

제1조(설치) 국군의 전략적 능력을 통합운영하여 적의 핵공격과 전략적 수준의 대량살상무기 공격에 대한 억제 및 대응에 관한 업무를 관장하기 위하여 국방부 장관 소속으로 전략사령부를 둔다.

제2조(임무) 전략사령부는 다음 각 호의 임무를 수행한다.

1. 적의 핵공격 및 전략적 수준의 대량살상무기 공격(이하 '핵·대량살상무기 공격')에 대한 억제 및 대응을 위한 작전계획의 수립·준비·시행·통제
2. 확장억제 시행 관련 군사 분야 대미협력
3. 핵·대량살상무기 공격에 대한 억제 및 대응작전 등을 위한 전략적 능력(우주·사이버·전자기 스펙트럼 능력을 포함한다)의 통합운용
4. 전략적 능력에 대한 합동전투 발전
5. 그 밖에 핵·대량살상무기 공격에 대한 억제 및 대응작전과 관련된 사항

* 출처 : 대통령령 제34789호 전략사령부령

제한다. 한국군의 전략사령부는 미 전략사령부 및 한미연합사령부와 긴밀한 협업을 통해 북한의 핵위협을 억제하고 대응작전을 수행한다.

나. 확장억제Extended Deterrence

'확장억제'란 미국이 동맹국에 대해 핵·재래식·미사일 방어능력, 진전된 비핵능력 등 모든 범주의 군사능력을 운용해 억제력을 제공하는 정책이다.[99] 확장억제는 2006년 제38차 한미 안보협의회의SCM 공동성명에서 최초로 언급되었고, 이 시기 확장억제는 미국이 동맹국에 제공하는 핵우산nuclear umbrella의 확장 개념으로 이해되었다. 그러나 북한의 핵 위협이 증대되면서, 미국은 한국에 제공하는 확장억제의 수단을 점차 확대해 나갔다. 2022년 미국은 기존의 확장억제 수단인 핵 및 재래식 능력, 미사일 방어능력에 추가해 진전된 비핵능력, 즉 우주·사이버·전자기 등의 능력을 포함함으로써, 미국이 보유한 모든 군사적 역량을 확장억제 수단으로 제공할 것임을 천명했다. 이는 동맹에 대한 공격은 곧 미국에 대한 공격으로 간주한다는 것을 전제로 하는 것이다.

한·미 양국은 북핵 위협에 대한 동맹의 대응전략을 발전시키고, 미국이 제공하는 확장억제의 실행력을 제고하기 위해 다양한 분야에서 협력을 발전시켰다. 한·미 간 협의체로서는 한·미 국방부 간 '억제전략위원회'와 '미사일정책 실무협의체', 한·미 외교·국방차관급 2+2 협의체인 '확장억제전략협의체'가 있다. 한·미는 또한 한반도 상황에 최적화된 북핵 억제·대응전략인 '맞춤형 억제전략'을 발전시켰고, '동맹의 미사일 대응전략'과 이를 기반으로 한 '동맹의 포괄적 미사일 대응작전개념(일명

4D 작전수행개념)'을 발전시키고 있다. 4D 작전수행개념은 북한의 탄도미사일 위협을 탐지Detect · 교란Disrupt · 파괴Destroy · 방어Defend하는 포괄적 미사일 대응작전개념이다. 한·미는 또한 지난 2024년 7월 '한미 한반도 핵억제 핵작전 지침'[100]에 서명했는데, 이는 북한의 핵공격을 억제하고, 억제 실패 시 동맹의 대응 절차와 체계를 정립하기 위한 지침이다. 이 지침은 한·미 간 정보공유를 확대하고, 보안절차 및 통신체계를 구축하며, 한·미 정상 간 협의 절차·체계 정립, 한·미 핵·재래식 통합 공동기획 및 핵억제 심화교육 시행, 한·미 핵·재래식 통합방안을 적용한 연습훈련 시행 등의 지침이 포함되어 있다. 미국이 제공하는 핵전력과 한국군의 재래식 전력이 통합되어 한반도에서 핵 운용을 위한 한·미 양국 간 정보공유, 협의, 기획, 연습, 훈련, 작전수행 체계를 구축해 나가기 위한 기반이 마련되었다고 볼 수 있다. 실제로 한미는 확장억제의 실행력을 제고하기 위한

〈표 2-15〉 확장억제의 실행력을 제고하기 위한 한미 공조

구 분	한미 공조 조치
협의체	• 한미 억제전략위원회(Deterrence Strategy Committee, DSC) • 한미 확장억제전략협의체(Extended Deterrence Strategy & Consultation Group, EDSCG) • 미사일정책협의체(Counter Missile Working Group, CMWG)
대응전략	• 맞춤형 억제전략(Tailored Deterrence Strategy, TDS) • 동맹의 미사일 대응전략/4D 작전수행개념 • 한미 한반도 핵억제 핵작전 지침(한미 공동지침)
연습/훈련	• DSC TTX(Table Top Exercise) • TTS(Table Top Simulation) • 미국 전략자산 전개 훈련

* 출처 : 『국방백서』 등 참조해 필자 작성

다양한 연습과 훈련을 시행하고 있다. 양국의 외교·국방·정보 부서의 주요 직위자가 참석하는 도상연습TTX, 시뮬레이션 등을 정례적으로 실시하고 있으며, 미국의 B-52, B-1 등의 전략폭격기, 핵추진잠수함 등의 전략자산이 수시로 한반도와 근해에 전개해 한국군과 연합합동훈련을 시행하고 있다.

한·미 양국은 미국의 확장억제 공약의 실행력과 신뢰성을 높이기 위해 다양한 노력을 기울여 왔다. 그 결과 미국이 제공하는 확장억제가 대체로 신뢰할 만하다는 데는 이견이 없다. 그러나 북한의 핵능력이 현실화되면서 한국 내 핵무장 여론이 지속적으로 높아지고, 한국 내에서는 미 확장억제의 신뢰성을 보다 높이기 위해 현재의 '한미 한반도 핵억제 핵작전 지침'을 '작전계획'으로 구체화시켜야 한다는 여론이 증가하고 있다. 이는 미국에게 한국의 핵무장 여론을 관리하고, 북핵 억제뿐만 아니라 북한이 핵을 사용할 경우 한·미의 재래식·핵전력을 통합한 작전계획 수립과 관련해 많은 고민을 안겨주고 있다.

- 한국의 핵무장 여론을 적극적으로 관리할 수 있는 방안은 무엇인가?
- 김정은의 핵사용 확률은 우려할 만한 수준인가?
- 핵 사용 시, 한반도 전구 내로 핵 교전을 제한할 수 있는가?
- 만일 북한이 핵을 사용한다면 정권 제거를 실행해야 하는가?
- 한국에 의한 확전 위협은 어떻게 관리해야 하는가?

이러한 물음들에 대해 한·미 양국은 다양한 협의체를 통해 진솔하게 대화해야 한다. 각종 도상연습Table Top Exercise, TTX, 시뮬레이션Table Top Simulation, TTS,

지휘소연습Command Post Exercise, CPX 등을 통해 이런 고민들에 대한 합리적인 접근방안을 강구하는 것이 미국이 제공하는 확장억제의 신뢰도를 높이는 지름길이 될 것이다.

2

★

대만과 미중 분쟁

고대 그리스의 역사학자 투키디데스Thucydides는 빠르게 팽창하는 아테네와 이를 견제하는 스파르타 사이에 일어났던 펠로폰네소스 전쟁을 관찰하면서, 패권국가와 도전국가 간 충돌의 필연성에 대해 설명했다. 오늘날 '투키디데스의 함정'이라고 불리는 용어는 패권국가와 새로 부상하는 세력 간의 패권경쟁에 의해 생기는 전쟁의 불가피성을 설명하는 데 인용되고 있다. 미국의 정치학자 그래엄 앨리슨Graham T. Allison은 그의 저서 『예정된 전쟁』에서 15세기 이후 16회의 강대국 간의 패권경쟁이 12회의 전쟁으로 귀결된 사례를 제시하면서 '투키디데스의 함정'을 상기시키고 있다.

21세기 들어 범세계적으로 진행되고 있는 미중 간의 패권경쟁은 미국 주도의 국제질서에 대해 중국이 공세적으로 도전하고, 중국 중심의 권위주의적 질서를 구축하고자 하는 중국의 의도에 미국이 적극적으로 대응함으로써, 정치·외교·군사·경제 전 분야로 대결이 확산되고 있다.

특히 중국은 과거 주권·안보·영토 완성에 국한한 핵심이익core interest의 범주를 동중국해·남중국해·서해까지 확대하고, 우주·사이버, 전략적 해상교통로 등의 비전통적 영역까지 확대하려 하고 있다.

이에 미국은 '자유롭고 개방된 인도·태평양Free and Open Indo-Pacific, FOIP'을 위해 남중국해에서 항행의 자유 작전을 지속 시행하는 등 '힘을 통한 평화'를 구현할 것임을 분명히 하고 있다. 중국을 국제체제를 위협할 수 있는 미국의 유일한 경쟁자로 인식하고, 중국을 견제하기 위해 동맹국과 협력을 확대하면서, 특히 대만의 전략적 가치에 주목하는 등 대만 중시 기조를 표명하고 있다.[101]

오늘날 대만은 미중 패권경쟁의 최전선이자 중국의 반접근 및 지역거부Anti-Access/Area Denial, A2/AD 전략과 미국의 역동적 군사력 운용이 부딪치는 대결의 장이다. 대만과 대만해협을 둘러싼 동·남중국해에서의 우발적 무력충돌 가능성은 한반도를 둘러싼 안보환경에도 심대한 변화를 초래하며, 우리에게는 어려운 선택을 강요할 수 있다. 이에 이번 장에서는 대만을 둘러싼 미중 간 경쟁 양상을 분석하고, 향후 미중 간 분쟁 가능성을 전망해 보고자 한다.

대만은 인구 2,357만 명, 면적 3만 6,000km^2(남한의 약 1/3)로서 대만 본토를 포함 평후澎湖, 진먼金門, 마쭈馬祖 등의 79개 도서로 구성되어 있다. 대만의 통상명칭은 대만臺灣, Taiwan이며 최대 도시는 타이베이臺北, Taipei이다.[102] 대만뿐만 아니라 중화민국中華民國, 포모사Formosa, 중화대북中華臺北, Chinese Taipei 모두 대만을 지칭하는 표현들로 사용된다. 대만을 지칭하는 표현들이 이렇게 많은 것은 대만에 대한 여러 인식이 상충하고 있음을 나타낸다. 일반적으로 타이완섬의 명칭을 따서 '타이완臺灣/台灣', 혹은 한자

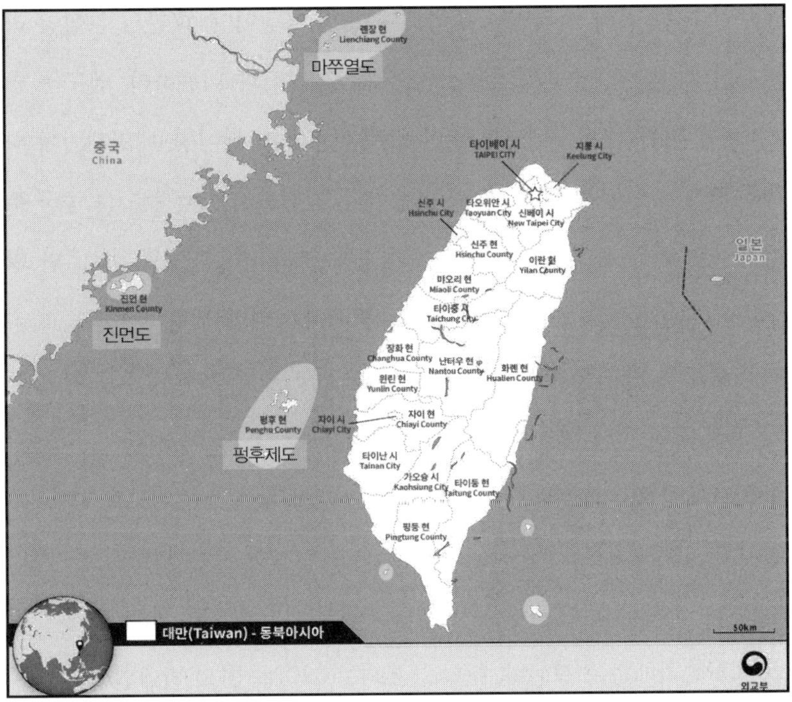

* 출처 : 외교부 홈페이지

〈그림 2–2〉 대만 지도(타이완섬 및 부속도서)

음인 '대만'이 통용된다. 중화민국은 대만을 실효적으로 지배하는 공화국의 명칭으로, 중국을 의미하는 중화인민공화국과는 구별된다. 영어로는 Republic of China, 약칭은 ROC이다. 중화대북은 대만이 국제기구에 가입할 때 쓰는 이름이다. 영어식 표현인 'Chinese Taipei'로도 알려져 있으며, 오늘날 중국People's Republic of China(중화인민공화국)이 국제사회에 강요하는 표현이다. '포모사'는 태평양의 아름다운 섬[103]이란 뜻의 포르투갈어에서 유래한 표현이다.

대만은 타이완섬과 그 부속도서, 타이완섬 외곽의 진먼도, 펑후제도,

마쭈열도 등 여러 지역명을 통합해 부르는 명칭이다. 대만의 본섬인 타이완섬의 면적은 3만 5,195km^{2}로 경상도 면적과 비슷하며, 인구는 약 2,300만 명이다. 펑후제도는 대만 서쪽 약 50km 떨어진, 대만해협에 위치한 열도로 인구는 약 10만 명 수준이다. 진먼도金門島(금문도)는 중국 푸젠성과 가까운 섬으로 우리 울릉도의 2배 크기이며, 인구는 약 14만 명 수준이다. 마쭈열도는 대만해협 북쪽, 중국대륙 연안에 위치한 섬들로 우리 울릉도의 반도 안 되는 면적에 인구는 1만 명 수준이다.[104] 그 외 영유권 분쟁 중인 여러 섬들이 있다. 둥샤군도東沙群島(프라타스 군도)는 대만이 실효지배 중인 대만과 홍콩 사이에 있는 남중국해의 지역으로 대만 군인이 약 500명 정도 주둔하고 있는 것으로 알려져 있다. 타이핑도太平島의 영문명은 Itu Aba(이투 아바)로 남중국해의 스프래틀리 군도 상에서 대만이 실효지배하는 섬이다. 대만 본토와는 거리가 멀고 필리핀의 팔라완섬에서 훨씬 가깝다.

(1) 중국의 대 대만 정책

중국은 '하나의 중국, 두 개의 시스템(일국양제)'이라는 원칙 아래 '평화적 통일'을 대對 대만 정책의 기본으로 유지하고 있다. 중국은 대만은 중국 영토에서 분리될 수 없고, 미국의 양안문제[105]에 대한 관여를 내정간섭이라고 주장한다. 중국을 분리시키려는 어떠한 시도에도 반대하며, 외세의 개입에도 단호히 반대한다. 중국은 중국 영토를 분할하려는 인원·조직·정치단체를 단호히 배격하며, 필요하다면 무력 사용도 배제하지 않는다는 입장이다. 대만은 중국의 핵심이익 중 하나이다. 중국은 중국 본토와 대만·티베트·신장과 같은 영토 문제와 중국의 주권·안보이익·영토완정 등의 개념적 이슈를 핵심이익의 범주에 포함하고 있으며, 이러한 핵심이익에 대해서는 양보와 타협이 불가능하다는 강경한 태도를 고수하고 있다. 〈표 2-16〉은 2019년 중국이 발행한 『신시대 중국국방』에서 제시한 중국의 국방목표이다.

중국은 양안관계의 기초로서 '92공식九二共識, 1992 Consensus'을 언급하고 있다. '92공식'은 1992년 중국과 대만의 양안관계 전담기구인 중국의 해협양안관계협회와 대만의 해협교류기금회가 협의한 양안에 대한 공동인식이다.[106] 그 내용은 '일개중국一個中國 각자표술各自表述', 즉 '하나의 중국을 견지하되 그 표현은 각자 방식대로 한다'라는 것이다. 줄여서 '일중각표一中各表'라고 부르기도 한다.[107] 당시 대만과 중국의 협상 대표들은 여러 차례의 전문과 서한을 통해 의견을 교환하였으며, 1992년 대만 언론매체에서도 양안이 각자 구술하는 방식으로 '하나의 중국'을 설명하는 것에 동의했다고 보도했다.[108] 이에 따라 중국은 대륙과 대만은 '하나의 중국'

〈표 2-16〉 중국의 국방목표

• 침략 억제 및 대응 • 국가정치체제, 국민안보, 사회적 안정 수호 • '대만 독립' 반대 및 봉쇄 • '티베트 독립'이나 '동투르키스탄' 창설과 같은 분리주의 운동 봉쇄 • 국가주권, 통일, 영토적 통합 및 안전보장 수호 • 중국의 해양권익 수호 • 우주, 전자기영역, 사이버공간에서의 중국의 안보이익 수호 • 중국의 해외이익 수호 • 국가의 지속가능한 발전을 지원

* 출처 : The State Council Information Office of the People's Republic of China, *China's National Defense in the New Era*(July 2019) **109**

에 속하며 양안 간에 해협 중간선은 존재하지 않는다고 간주한다. 중국이 대만해협 중간선의 존재를 인정하지 않는 것은 대만해협을 중국의 내해로 보고, 대만을 중국의 영토로 보고 있다는 뜻이다.

중국의 대만 정책은 '반국가분열법反國家分裂法'을 통해 법제화되어 있다. 이 법은 2005년 3월 제10기 전국인민대표대회에서 통과되었으며, 총 10개 항으로 구성되어 있다. 중국이 이 법을 제정한 이유는 대만에 대한 미국의 개입을 억제하고, 만일 대만 독립이 실제 행동으로 이어질 경우 무력사용으로 이어질 수 있다는 점을 국제사회에 선언하면서, 대만에 대한 무력사용의 국내법적 근거를 마련하기 위한 것이다. 이 법은 또한 중국 내 각종 소수민족의 분리독립 운동에도 경종을 울리는 효과가 있다.

〈표 2-17〉 중국의 반국가분열법 내용

① '대독(台獨)' 110 분열세력의 국가분열을 반대 억제하고 조국평화통일을 추진하고, 대만해협지역의 평화를 수호하고, 국가주권과 영토보존을 수호하고, 중화민족의 근본 이익을 수호하기 위하여 헌법을 근거로 하여 이 법을 제정한다.

② 세계에는 오직 하나의 중국이 있으며 대륙과 대만은 하나의 중국에 속하며, 중국의 주권과 영토는 분할할 수 없다. 국가주권과 영토보존의 유지는 대만동포를 포함한 전 중국인민의 공동의무이다. 대만은 중국의 일부분이다. 국가는 '대독(台獨)' 분열세력이 어떠한 명의·방식으로 대만을 중국으로부터 분열하여 나아가는 것을 허용하지 않는다.

③ 대만문제는 중국의 내전에서 남겨진 문제이다. 대만문제의 해결, 조국통일의 실현은 중국내부의 사무이다. 따라서 어떤 국외세력의 간섭을 수용할 수 없다.

④ 조국통일의 대업완성은 대만동포를 포함한 전 중국 인민의 신성한 직무이다.

⑤ 하나의 중국 원칙 견지는 조국평화통일 실현의 기초이다. 평화방식으로 조국통일 실현은 대만해협 양안 동포의 근본이익에 최고 부합되어야 한다. 국가는 최대한의 성의, 최대의 노력으로 평화통일을 실현하여야 한다. 국가평화통일 완성 후, 대만은 대륙제도와 다른 고도의 자치를 실시할 수 있다.

⑥ 국가는 아래 열거한 것을 실시함으로써 대만해협지역의 평화안정을 수호하고 양안관계 발전을 기한다.

(1) 양안의 인원 왕래를 추진하여 이해증진, 상호신뢰를 증진한다.
(2) 양안 경제교류 및 협력을 추진하여 직접소통, 양안경제의 밀접한 관계, 호혜주의를 실시한다.
(3) 양안의 교육, 기술, 문화, 위생, 체육교류를 추진하여 공동으로 중화문화의 우수한 전통을 확대 발전시킨다.
(4) 양안 공동으로 범죄문제를 추진한다.
(5) 대만해협 지역의 평화안정, 양안관계의 발전의 기타 활동을 추진한다. 국가는 법에 의거 대만동포의 권리와 이익을 보호한다.

⑦ 국가는 대만해협 양안의 평등적 협상과 담판을 통하여 평화통일이 실현되기를 원한다. 협상과 담판은 절차 또는 단계적으로 나누어 진행할 수 있다. 방식은 원활하고 다양하게 할 수 있다. 대만해협 양안은 아래 열거한 사항으로 협상과 담판을 진행할 수 있다.

(1) 양안 적대상황 정식 종결 (2) 양안관계 발전의 기획
(3) 평화통일의 절차 안배 (4) 대만당국의 정치 지위
(5) 대만지역의 국제적 및 기타 지위에서 적응할 수 있는 활동공간
(6) 평화통일의 실현을 위한 관련된 기타문제

⑧ '대독(台獨)' 분리세력이 어떤 명의, 어떤 방식으로 대만이 중국으로부터 분리하려는 사실을 조성하거나, 대만이 중국으로부터 분열하려는 중대한 사태가 발생하거나, 평화통일의 가능성을 완전히 상실했을 경우 국가는 비평화적 방식 혹은 기타 필요한 조치를 채택하여 국가주권과 영토보존을 방위할 수 있다. 이 법의 규정에 의하면 비평화방식 및 기타 필요한 조치를 국무원, 중앙군사위원회가 결정하고 실시할 경우 속히 전국인민대표대회 상무위원회에 보고하여야 한다.

⑨ 이 법의 규정에 의하면 비평화방식 및 기타 필요한 조치를 실시할 경우 국가는 최선을 다하여 대만 국민과 대만 내 외국인의 생명, 재산 안전 및 기타 정당한 권익에 대해 손실을 감소하고, 동시에 국가는 이 법에 의거 대만동포의 중국 및 기타 지역의 권익과 이익을 보호한다.

⑩ 이 법은 공포한 날부터 시행한다.

* 출처 : 박광득, 「九二共識(구이공식)에서 湖四点(호사점)까지의 양안관계 연구」, 『한국동북아논총』 제10권 35호(2005), pp.147-148에서 발췌

(2) 미국의 대 대만 정책

1949년 10월 1일, 오늘날의 중국인 중화인민공화국이 탄생했으나, 그 해 12월 국민당 정부가 대만으로 옮겨간 이후 미국과 중국은 오랜 기간 적대관계를 유지해 왔다. 오히려 미국은 6·25 전쟁 발발 이후 대만과 공식 외교관계를 수립했고, 1955년 '미국-대만 상호방위조약Sino-American Mutual Defense Treaty'을 체결해 미국과 대만은 군사동맹국이 되었다. 이후 냉전체제 하에서 대만은 미국에게 있어 '침몰하지 않는 항공모함'이었다.

미국-대만 외교관계는 1970년대 국제정세의 변화 속에서 전환기를 맞게 되었다. 1969년 중국-소련 간 국경분쟁[111] 등으로 중·소 간 갈등이 고조되자 미국은 소련을 견제하기 위해 중국을 선택했다. 1971년 핑퐁외교를 서막으로 두 나라는 우호적인 접촉을 개시했고, 1972년 닉슨이 미국 대통령으로서는 처음으로 중국을 방문했다. 이후 미국은 1978년 12월 '미·중 수교 코뮈니케'를 통해 중국과 국교 정상화를 선언하고, 1979년 1월 1일부로 외교관계를 정상화했으며, '하나의 중국' 원칙에 따라 미국은 대만과 단교했다. 미국은 "중화인민공화국은 중국의 유일한 합법정부이고 중국은 오직 하나이며 대만은 중국의 일부분이다"라고 천명했다. 그러나 미국은 대만과 단교 이후에도 대만에 대한 안전보장을 약속했다. 대만과의 관계를 규정하는 국내법을 제정하고, 6개 조항으로 구성된 보장정책을 발표해 대만과의 관계에 대한 미국의 정책적 근간을 제시했다.

1979년 제정된 '대만관계법Taiwan Relations Act, TRA'은 미-대만 간 우호적 관계 유지와 대만에 대한 안전보장을 명시한 대표적 법률이다. 이후 1982

〈표 2-18〉 1979년 대만관계법 주요 내용 및 1982년 6개조 보장

대만관계법
• 대만과 미국 국민 간뿐만 아니라 중국 본토와 기타 서태평양 지역 국민들과의 포괄적이고 긴밀하며 친근한 상업적·문화적 및 기타 관계를 유지하고 촉진한다.
• 대만 지역 평화와 안정이 미국의 정치·안보·경제 이익과 관련되며 국제적 관심사라는 점을 천명한다.
• 미국이 중화인민공화국과 외교관계를 수립하기로 한 결정은 대만의 미래가 평화적 수단들에 의해 결정될 것이라는 기대에 기초하고 있음을 확인한다.
• 대만에 방어적 성격의 무기를 제공한다.
• 대만 주민의 안보 혹은 사회적·경제적 시스템을 위협하는 어떠한 힘의 사용이나 기타 형태의 강압에 대해 저항할 수 있는 미국의 전투 능력을 유지한다.
• 대만 주민의 안보 혹은 사회적·경제적 시스템에 발생한 위협과 관련하여, 미국 대통령과 의회는 그러한 위협에 대응하는 적절한 조치를 헌법 절차에 따라 결정할 의무가 있다.
6개조 보장
① 미국은 대(對) 대만 무기 수출에 관해 기한을 정하지 않는다.
② 미국은 대(對) 대만 무기 수출에 있어 중국과 사전 협상을 진행하지 않을 것이다.
③ 미국은 대만해협 양안 간의 중재자 역할을 담당하지 않는다.
④ 미국은 대만관계법을 수정하지 않는다.
⑤ 미국은 대만의 주권에 대한 일관된 입장을 변경하지 않는다.
⑥ 미국은 대만으로 하여금 중국과 협상토록 강요하지 않는다.

년 미국은 대만 안전보장에 관한 '6개조 보장정책Six Points Assurances'을 발표했다. 이는 대만관계법과 더불어 미국 대만 정책의 근간이 되고 있다.

'대만관계법'은 대만의 방위 요구에 부응하면서 대만 안보를 위해 무기를 공급한다고 명시하고 있다. 또한 대만해협의 현상을 변경하려는 모든 시도를 미국의 국익과 관계된 관심사라고 규정해 유사시 미국이 개입할 수 있는 여지를 마련했다.

트럼프 행정부 출범 후 미국은 대만 보장을 담은 법안 2개를 추가 제

〈표 2-19〉 트럼프 행정부 1기 제정된 대만 관련 법 주요 내용

대만동맹국제보호강화법
• 대만과 대사급 외교관계를 맺고 있는 14개국 그리고 앞으로 대만과 대사급 외교관계를 맺을 국가에 대해서는 미국 정부가 경제를 지원하고 안보를 보장한다 • 대만과 단교하고 중국과 수교하는 나라들에 대해서는 경제원조를 중단하고 무역이나 경제 분야에서 불이익을 주며, 외교관계를 격하한다
대만보증법
① 미국은 대만에 대한 무기 수출을 상시화한다. ② 대만은 미국의 아시아·태평양 중요 동맹국이다. ③ 미국은 대만이 비대칭전력을 구축하는 데 지원을 아끼지 않는다. ④ 대만의 수교국들이 북대서양조약기구(NATO)에 가입하는 것을 미국이 돕고, 대만이 다국적 군사훈련에 참가하도록 한다. ⑤ 대만의 국제기구 가입을 미국이 지지한다.

정했다. '대만동맹국제보호강화법Taiwan Allies International Protection and Enhancement Initiative Act, TAIPEI Act'과 '대만보증법Taiwan Assurance Act, TAA'이다. 2019년 제정된 대만동맹국제보호강화법, 일명 '타이페이법'은 외교적 고립이 심한 대만의 국제적 지위 보장을 골자로 하고, 2021년 '대만보증법'은 5가지의 보장사항을 담고 있다. 이 법안들은 대만에 대한 외교적·군사적 지원을 통해 본격적으로 중국을 견제하겠다는 미국의 의지를 표명하고 있는 것으로 평가된다.

그 외에도 트럼프 행정부는 2018년 '대만여행법Taiwan Travel Act'을 제정해 대만과 미국 고위층의 교류와 양국 공무원들의 상호방문 등을 허용했다. 대만에 대한 지원 내용은 국방수권법에서도 잘 나타나고 있다. 트럼프 행정부 국방수권법National Defense Authorization Act, NDAA 중 대만에 대한 지원을 포함한 내용을 정리하면 〈표 2-20〉과 같다.

〈표 2-20〉 미 국방수권법 상 대만 관련 내용

연도	핵 심
2018년	• 대만 무기판매 정상화, 미국 정부는 매 180일마다 대만의 안보상황, 그리고 대만이 직면하고 있는 위협과 미국과 대만 간의 군사협력에 관한 보고서를 제출하여야 한다. • 미 의회는 대만을 미국에서 진행하는 레드플래그 군사훈련에 초청해야 하며 미국 군함이 대만의 항구에 정박해야 한다고 건의한다.
2019년	• 대만의 군사력을 강화시켜야 하며, 미 국방부는 대만의 군사력에 대해 전면적으로 평가해야 한다. • 미 의회는 미 국방부장관에게 대만과 함께 실전훈련 및 군사연습을 할 기회를 갖도록 해야 한다고 건의한다. • '대만여행법'에 따라 미국과 대만군 장성들간의 교류를 추진한다.
2020년	• 미국 의회는 미국 군함이 계속해서 대만해협을 통과하고 이를 항시화해야 한다는 입장이다. • 대만에 실전 또는 군사연습에 참여할 수 있는 기회를 주고, 미국과 대만의 안보교류를 강화해야 한다고 미 국방부장관에게 건의한다.
2021년	• 상하 양원의 협상안이 최종 확정되기를 기다리고 있고, 상원은 의견서를 통해 미군은 중공군이 빠르게 대만을 점령하고선 이런 상황을 기정사실로 만드는 것을 막을 능력을 구비해야 한다고 건의한다. • 대만을 환태평양군사훈련(림팩)에 침여토록 하고 미군 의료함선이 대만에 정박할 수 있도록 한다.

* 출처 : 뤄슈렌 지음, 부자오치 옮김, 『대만은 왜 중국에 맞서는가』(서울: 미디어와치, 2021), pp.92-93.

지금까지 미국은 '하나의 중국' 원칙을 유지하되, 대만문제에 대해서는 '전략적 모호성' 정책을 취해왔다. '전략적 모호성'은 중국과 대만 모두에게 '대만 방어에 대한 의지'에 대한 모호한 입장을 취함으로써, 중국에게는 대만에 대한 군사적 침략을 저지하고, 대만에게는 대만 독립 움직임을 저지하기 위한 것이다. 그러나 미중관계가 전략적 경쟁의 시대로 접어들고, 대만의 경제적·군사적 가치가 상승하면서, 미 조야에서는 기존의 '전략적 모호성'을 버리고 '전략적 명확성'으로 전환해야 한다는 목소리가

높아지고 있다.[112]

중국의 군사적 위협이 더욱 가중되어 미국을 위협하고 도전한다면, 대만에 대한 미국의 군사적 지원 정책은 더욱 명료한 방향으로 전개될 것으로 예측된다.

(3) 대만해협 위기

가. 제1차 대만해협 위기(1954. 9. 3~1955. 5. 1)

대만해협은 중국 동부 푸젠성福建省과 대만 서부 사이의 해역으로, 총 370km에 이른다. 해협의 폭은 북쪽이 200km이며, 남쪽은 410km에 달한다.

제1차 대만해협 위기는 6·25 전쟁 기간 미국이 대만해협에 파견했던 7함대를 철수시키고, 미국과 대만 간에 방위조약 체결이 논의됨에 따라, 중국이 이에 반발해 진먼도를 포격한 것으로 시작해 1955년 4월까지 이어진 위기상황을 말한다. 영어로는 First Taiwan Strait Crisis, 중국어로는 '9·3 포전'이라고 불리기도 한다.

6·25 전쟁 이후 중국은 대만 해방을 목표로 설정하고, 대규모 병력과 대포를 진먼도의 대안에 집중 배치하는 등 대만 공격을 위한 준비에 돌입했다. 대만 해방에 대한 중국 지도부의 의지와 중국 내 지지 여론은 1954년 9월 3일 중국의 진먼도 포격으로 이어졌으며, 이후 대만군도 보복공격을 단행하였고, 11월 3일까지 중국은 47차례에 걸쳐 포격을 감행했다.[113]

미국은 1954년 12월 2일 대만과 '중미공동방어조약'을 체결해 대만의 안전보장을 약속하고, 중국과 휴전을 통해 대만해협 위기를 돌파하려 했다. 중국은 이에 반발해 1955년 1월 대진도에 공습을 가하고, 일강산도一江山島를 점령했으며, 곧이어 대진도도 접수했다.[114]

이에 미국은 1955년 1월 29일 대만 본토와 외도外島에 대한 방위를 약속하는 '포모사 결의Formosa Resolution'를 통과시키고, 이어 미군이 핵무기 공격을 포함해 중국에 대해 군사행동을 취할 수 있다고 위협했다. 이후 4월 중국은 협상을 제의했으며 5월 1일 중국이 포격을 중단함으로써 제1차 대만해협 위기는 종료되었다.

나. 제2차 대만해협 위기(1958. 7~12)

제2차 대만해협 위기는 제1차 대만해협 위기 이후 3년 만인 1958년부터 1959년까지 지속된 양안 간 무력충돌을 일컫는다. 중국이 제2차 대만해협 위기를 일으킨 것은 크게 두 가지 배경에서 비롯되었다. 우선 대만이 중국 공산당과 타협하지 않겠다는 뜻을 고수하며 중국이 제안한 평화협상을 거부하자, 중국은 군사적 행동을 시작함으로써 '하나의 중국'에 대한 강한 의지를 드러낸 것이다. 또 다른 이유는 대만에 대한 미국의 안보 지원이 어느 정도인지 확인하려는 의도였다. 1954년 12월 미국과 대만이 체결한 상호방위조약은 상당한 안보위협이었는데, 중국은 이 조약이 어느 정도 실효성을 갖는지 시험해 보고자 한 것이다.

1958년 8월 23일부터 10월 5일 사이 진먼도와 중국 동남부 연안 지역에서 격렬한 포격전이 벌어졌다. 진먼도는 대만 본도와 약 200km, 중국 본토와는 10km 정도 이격되어 있으며, 제1차 대만해협 위기 시에도 대만이 사수했던 섬이다. 중국은 8월 23일 3만여 발의 집중 포격을 가했다. 이날 공격을 개시한 중국 인민해방군은 진먼도의 군사시설을 목표물로 포격을 시작했고, 후반에는 해안선을 차단해 진먼도를 포위했다.

제2차 대만해협 위기가 발생하자 미국은 중국이 대만 전역을 공격하려는 의도가 있다고 판단해 6척의 항공모함, 130척의 전함, 500대의 전투기, 3,800명의 해병대와 5,000명의 육군 전력을 대만해협으로 집결시키는 등 적극 개입해 중국을 저지하는 데 성공해 결국 위기는 진정국면에 들게 됐다.

위의 1·2차 대만해협 위기 시 중국은 대만에 대해 포격을 실시하는 데 그쳤다. 이는 중국이 대만이 점유한 대륙 연안 도서와 주변 해역에서 작전을 수행할 만한 능력이 없었기 때문이었다.[115]

다. 제3차 대만해협 위기(1995. 7월~1996. 3월)

제3차 대만해협 위기는 1995년 대만 총통 리덩후이의 미국 방문으로부터 촉발되었다. 리덩후이 총통은 1995년 6월 미국 의회의 지원으로 모교인 코넬대를 방문해 '대만의 민주주의'에 관해 강연하였다. 이때 리덩후이 총통은 양안관계를 '특수한 국가 대 국가 관계'라고 발언하였는데, 이에 중국은 크게 반발했다. 특히 중국은 1996년 3월 치러질 대만 최초의 직선제 총통 선거에서 리덩후이의 재임 가능성을 우려했다. 이러한 인식 하에 중국은 대만의 총통 선거에 압박을 가하기 위해 1995년 7월 말과 8월 중순 동중국해 해상에서 미사일 시험발사를 했고, 1995년 7월부터 1996년 3월까지 6회에 걸쳐 군사훈련을 실시했다. 이러한 중국의 무력도발은 이른바 제3차 대만해협 위기, 또는 제3차 대만해협 미사일 위기라고 불린다.

1996년도에 실시한 세 차례의 군사훈련에는 대대적인 병력은 물론 당해 연도 중국 국방비의 3%가 투입되었다. 중국 해군은 과거 연안 방어에만 주력했으나, 1990년대 중반에는 미사일 공격능력과 공중·해상·수중 연합 공격능력 및 대잠능력까지 갖추는 등 역량이 크게 성장하였다. 그러나 이는 미국의 대만해협 개입을 야기했고, 대만의 반중 감정을 자극해 결국 리덩후이의 재선으로 이어졌다.

중국의 군사적 도발로 제3차 대만해협 위기가 발생하자 미국은 1995년 12월 니미츠Nimitz 핵추진 항공모함을 대만해협으로 보내 1979년 이

〈표 2-21〉 대만해협 위기 시 미군 전력의 투사 사례

구 분	미군 전력의 투사
6·25 전쟁 기간	• 6·25 전쟁이 발발하자 2개 전선에서의 확전을 방지하고 중국의 대만 침공 억제 목적으로 미 7함대 전력을 대만해협에 배치
제1차 대만해협 위기 (1954. 9월 ~ 1955. 5월)	• 중국, 미국·대만 간 안보협력 강화에 대한 반발로서, 대만 외도를 포격하고 점령하여 현상변경을 시도 • 미국, 군사적 개입의지 천명 – 미·대만 상호방위조약 체결(1954. 12. 2) – 아이젠하워 대통령, 핵무기 사용 의지 표명(1955. 3. 16) – 대만 공격에 대비하여 해상전력을 파견 • 중국은 미국의 군사적 개입 의지를 확인하고, 군사활동을 중지(1955. 5월)
제2차 대만해협 위기 (1958. 7월 ~ 1958. 12월)	• 중국, 대만의 독립활동과 미국의 대중 정책에 대한 반발로서, 대만 외도인 진먼도를 포격하고 봉쇄 • 미국, 최대 3만 명 이상의 대규모 전력을 파견, 중국을 강압 – 2개 항모전투단, 항공전력, 해병 등 3만 명 이상의 대규모 전력을 파견, 무력 과시 • 중국은 미국의 군사적 개입의지와 능력을 확인 후 진먼도 봉쇄 해제
제3차 대만해협 위기 (1995. 7월 ~ 1996. 3월)	• 중국, 대만 독립주의에 반발, 미사일 발사 등 무력시위 • 미국, 인디펜던스·니미츠 항모전투단을 투입, 대만해협에 대한 제공권·제해권 장악 • 중국은 미군 개입이 본격화됨에 따라 무력시위 종료

* 출처 : 임기훈, 『주한미군과 주일미군』(서울: 플래닛미디어, 2022), p.252.

후 처음으로 미 항공모함이 대만해협을 항행하도록 했다. 아울러 대만 총통 선거를 앞두고 중국이 군사적 압박 수위를 높여가자 인디펜던스USS Independence 항모 함대와 니미츠USS Nimitz 함대를 대만으로 집결시키는 등 1950년대 이후 최대 규모의 군사 시위를 보여줌으로써 양안문제에 미국의 사활적인 이익이 있음을 중국에 단호하게 전달했다. 니미츠와 인디펜던스 항모 등 전투함 14척의 전개는 1950년대 이후 최대 규모였다.[116] 제3차 대만해협 위기를 계기로 중국은 항공모함 확보에 적극적으로 나서게 되었다.

(4) 최근 대만해협을 둘러싼 미중의 군사적 대치

가. 2022년 8월 대만 상황

2022년 8월 낸시 펠로시 당시 미 하원의장의 대만 방문 전후 미국과 중국은 첨예한 갈등을 일으키면서 최고 수준의 군사적 조치를 취했다. 중국은 제1~3차 대만해협 위기 때보다 훨씬 강력한 군사적 대응으로 미국을 압박하면서, 미국이나 대만이 중국이 설정한 레드라인을 넘을 경우 대만 침공을 포함한 실질적 조치를 취할 수 있음을 경고했다. 미국 역시 2개 항모전단 규모의 군사력을 투입해 중국의 군사적 압박에 대응하고, 펠로시 하원의장의 안전을 보장하면서 위기 상황 발생에 대비했다.

중국이 시행했던 군사적 조치는 과거와는 차원이 다른 수준이었다. 중국은 '대만 포위작전'에 주안을 둔 군사작전을 실시함으로써, 중국의 목표가 대만 통일에 있다는 점을 천명하면서, 공세적인 실전 연습을 감행했다. 대만 포위작전은 과거에는 실시하지 않았던 과감한 작전이다. 중국의 군사적 조치에 대한 대만과 미국의 대응은 중국에게 군사적 압박을 부여할 수 있을 정도로 충분하지는 못했다. 오히려 중국군은 이번 작전을 통해 대만해협과 주변 해역, 대만의 방공식별구역ADIZ까지 상시 군사적 활동을 할 수 있는 전략적 공간임을 대외에 각인시켰다.

미국은 중국의 군사력 시위에 대해 정보수집에 중점을 두고 대응했다. 다수의 정찰감시자산을 투입해 중국군의 실제 능력을 판단하고, 향후 중국의 대만 강압 및 침공 등에 대비한 대응 시나리오를 점검하는 기회로 활용했다.

중국의 강압적 군사시위와 미국의 전략적 대응을 과거 1~3차 대만해

〈표 2-22〉 2022년 8월 대만 상황 시 미국과 중국의 군사력 운용

구분	중국	미국
펠로시 도착 전 (2022. 8. 1)	• 펠로시 방문 중단을 위한 군사적 조치 경고 • 남중국해에서 군사훈련 선포	• 펠로시 안전이동 보장 및 유사시 대비 전력 배치 – 펠로시 이동 경로에 따라 항모 전단 배치
펠로시 대만 방문 기간 (8. 2~3)	• 대만해협과 부속도서에서 고강도 군사훈련 시행 선포 • 동부전구 주도, 대만 6개 구역에서 합동전투 훈련 시행 선포	• 기존 항모전단, 강습상륙함, 구축함 등 동중국해 주변 지속 이동 배치 • 유사시 대비 중국전력에 대한 정보 수집
펠로시 방문 이후 (8. 4~9)	• 해상·공중, 인근도서 봉쇄, 원거리 타격훈련 실시 • 지·해·공 합동 본토 공격 및 상륙작전 훈련 실시 • 6개의 작전구역 운용, 추후 1개 구역 추가 (6 → 7개)	• 항모전단, 강습상륙함, 구축함 등 동중국해 주변 이동 배치, 정보 수집
주요 전력 운용	• 동부지구 지상전력 대만 근접지역으로 이동 • 랴오닝항모, 산둥항모 등 2개 항모전단 규모 – 핵추진잠수함 포함 최소 14척 이상 함정 – 전투기, 폭격기, 대잠기, 공중급유기 등 1일 20대 ~ 최대 68대 항공기 – 미사일 11발 발사 – 일본 EEZ 내 무인기 기동 • 사이버 공격 병행	• 레이건 항모, 트리폴리 강습상륙함, 순양함, 구축함 등 2개 항모전단 규모 • U-2(주한미군), RC-130 신호정찰수집기, RC-135 전자전기, P-8A 해상초계기, E-3 조기경보기, KC-135 공중급유기, FA-18 전투기 등

* 출처 : 필자 작성

협 위기 시와 비교해 보면, 중국군은 군사력 증강, 대규모 전력의 합동작전수행 측면에서 괄목할 만한 성과를 거두었고, 미국은 중국의 대만 무력침공 가능성이 신뢰도 있는 주장임을 확산시키면서, 국제사회의 단결을 유도하는 효과를 거두었다고 판단된다.

나. Joint Sword-2024 A / Joint Sword-2024 B(대만 포위훈련)

Joint Sword-2024 연습은 중국 인민해방군 동부전구사령부가 지휘사령부가 되어, 전구의 지·해·공 및 로켓군 전력을 통합해 대만 본섬과 진먼도, 마쭈열도 등의 부속도서에서 실시한 합동훈련이다. Joint Sword-2024 A는 2024년 5월 23~24일, Joint Sword-2024 B는 2024년 10월 14~15일 실시되었다.

Joint Sword-2024 A 연습은 대만 본섬과 진먼도, 마쭈열도 등의 부속도서를 북부·남부·동부에서 포위한 합동 연습훈련이다. 동해함대의 호위함들이 대만 본섬 주변의 지정된 지역으로 전개해 대만을 포위하고, 수십여 대의 공군 전투기가 항공작전을 수행하면, 로켓군이 사전에 지정된 표적을 타격하는 연습이었다.

Joint Sword-2024 B 연습 역시 동부전구사령부가 지휘부가 되어 전구 내 지·해·공 및 로켓군 전력을 통합해 실시했다. 6개의 구역에 함대를 전개해 대만을 포위하고, 해·공군 합동정찰을 통해 대만 영공을 봉쇄하고, 지상과 해상 표적에 대해 공격하는 방식이다. Joint Sword-2024 B 연습에는 중국 해경이 처음으로 참가해 대만 주변 해역에서 해상검색을 실시하는 등의 강압작전을 수행했다.[117]

Joint Sword-2024 연습은 중국의 목표가 대만 통일임을 다시 한번 각인시키면서, 대만 독립주의자들의 분리독립 운동을 차단하고, 이를 위한 실전 역량을 배양하는 데 의미가 있었다. Joint Sword-2024 A/B 연습을 통해 중국은 언제든지 대만을 포위할 수 있는 작전수행 역량이 있음을 대내외에 과시하고, 대만해역과 대만의 방공식별구역이 무력화되었음을 기정사실화 했다.

중국의 대만 포위훈련은 2025년 4월에도 시행되었다. 2025년 4월 훈련은 훈련명도 없는 상태에서 시행되었는데, 기존의 해상봉쇄, 해상 이동로 차단, 공습 타격 등의 작전이 실시되었다. 중국은 대만 봉쇄훈련이 '뉴 노멀New Normal'로 정착되었으며, 대만 포위훈련이 상시화되었다고 발표했다.

(5) 대만 위기 시 발생 가능한 시나리오

중국은 대만이 2016년 5월 민진당의 차이잉원 총통 취임 이후 '92공식'[118]을 부인하는 등 반중 성향을 추구하자 대만에 대한 압박을 강화하고 있다. 대만 여행객의 중국 방문 제한, 대만과 수교한 국가를 대상으로 한 단교 압력, 대만해협에서의 군사적 도발, 대만 정부기관에 대한 사이버 공격, 대만 내 가짜뉴스 배포 등의 행위를 지속하고 있다. 반면 미국은 중국에 대한 견제수단으로 대만 카드를 본격 활용하고 있다. 대만해협의 평화를 훼손하는 행위에 반대하면서, 중국이 대만 침공 시 미국의 군사 개입을 언급하는 등 중국을 자극하고 있다. 특히 2022년 8월 2~3일 펠로시 미 하원의장이 미국의 최고위급 인사로 25년 만에 대만을 방문하자, 중국은 8월 4일부터 9일까지 대만 포위훈련을 실시해 양안 긴장이 최고조에 이르렀다. 또한 중국은 22년 만에 『대만백서』를 발표해, 대만 통일 과정에서 무력사용도 불사하겠다는 것을 재확인했다. 아울러 시진핑 주석이 2022년 10월 16~22일 열렸던 제20차 당대회를 통해 3연임을 확정하고 대만에 대한 무력통일 의지를 노골적으로 표출하면서, 중국의 대만 침공 가능성에 대한 우려가 급부상하게 되었다. 시진핑은 자신의 권력 독점에 대한 중국 내부의 불만을 외부로 전환시키기 위해 임기 내 통일 시도 등 대만문제 해결에 매진할 것으로 예상된다.

대만에 대한 중국의 무력사용 조건은 무엇일까? 미 국방부는 대만을 대상으로 한 중국의 무력사용 조건을 아래와 같이 제시했다.[119]

- 대만 독립 공식 선언

- 대만 독립을 향한 지속적 움직임
- 대만 내부 소요
- 대만의 핵무기 획득
- 통일에 관한 중국-대만 간 회담 재개의 무기한 연기
- 대만 국내문제에 대한 외국의 군사적 개입

위에서 제시한 바와 같이 만일 대만 내외부 중대한 현상변경 요인이 발생한다면, 중국은 이를 레드라인으로 간주해 대만 공격을 감행하는 트리거로 활용할 소지가 높다. 대만문제에 대한 미국의 개입이 도를 넘었다고 판단한 경우도 중국의 대만 공격을 촉진시키는 레드라인으로 간주될 수 있다. 미국이 외교적으로 대만을 승인하거나, 대만에 대한 전략무기 판매, 미 함정의 대만 기항, 대만에 미사일방어체계 배치 등도 레드라인으로 들 수 있다. 쓰나미·지진 등 대규모 자연재해로 주요 기간시설이 붕괴되거나 대만 내 폭동 상황 등 대만 내부에 혼란이 발생할 경우에도 중국의 대만 침공을 촉진시키는 요인으로 작용할 수 있다. 위의 레드라인을 넘어서는 행위가 발생할 경우, 어떤 상황이 전개될까? 회색지대 전술과 하이브리드전을 통한 위기 고조부터 중국의 대만 전면 침공까지 가상 시나리오를 제시해 보았다.

가. 회색지대 전략 + 하이브리드전을 통한 위기 고조

중국의 회색지대 전략에서 빼놓을 수 없는 것이 중국 해상민병대에 의한

위기 고조 활동이다. 중국 해상민병대는 정확한 숫자는 알려지지 않고 있으나, 2016년 기준 50만 명 이상인 것으로 추정된다. 해상민병은 다양한 상황에서 폭넓은 활동을 한다. 평시에는 조업을 하면서 주변국의 선박 및 어선에 대한 감시, 남중국해·동중국해·한반도의 서해 등에서 각종 정보 수집 활동을 하고, 전시에는 군수품 수송, 중국군에 대한 의료·정비지원 활동, 기만작전 및 기뢰부설 작전 등을 수행할 수 있다.[120] 또한 수백 척의 해상민병대 선박들이 군집해 해상주권과 해상이익을 주장하는 등 위기를 고조시키면서 중국 해경과 해군의 개입을 유도하는 등 상대국 함선에 대한 물리력을 행사할 수도 있다. 중국 해상민병대는 중국 인민해방군의 지역별 전구와 중국 지방정부의 지시를 받고 있다.[121]

중국은 자국의 해군 함정을 수시로 대만해협에 출현시켜 대만이 자체적으로 설정한 중간선을 넘나들면서 대만을 압박해 왔다. 2022년 이후에는 해·공군 합동으로 대만해협 인근에서 대규모 훈련을 실행하고 있다. 대만해협 인근에서 중국군의 군사력 활동이 증가하고 대규모 합동훈련을 실시하는 것은 대만의 그 어떤 도발도 용납하지 않을 것이며, 유사시 강압적인 무력통일을 감행할 수 있다는 경고이다. 대만해협에서 군사적 활동을 상시 시행하면서, 미국·일본 등 주변국가의 개입을 차츰차츰 약화시키는 것은 대만해협을 내해화하고자 하는 중국의 전형적인 회색지대Grey Zone 전술이다. 중국은 또한 자국의 방공식별구역ADIZ을 대만해협까지 확대하고 있다. 실제 대만해협 인근에 투사할 수 있는 중국 공군기는 대만의 공군기를 압도한다. 이는 필요시 중국과 대만 간 공중 대치 상황을 조성해 중국·대만 공군 간 무력충돌 위기감을 조성하기 위함이다.

중국은 대만해협에서 위기를 고조시키기 위해 다음과 같이 행동할 수 있다. 중국은 동부전구사령부가 주도해 대만 인근 도서 상륙훈련과 대규모 해·공군 합동훈련을 강도 높게 실시한다. 또한 대만의 방송국·발전소 등 주요 기간시설에 대한 사이버 공격과 SNS·언론 등을 통한 인지전, 정보작전을 병행해 대만 내 사회혼란을 유발하고, 국민 불안감을 증폭시킨다.

'대만이 독립을 실행한다면 침공도 불사하겠다'는 강력한 엄포 차원에서 제한된 수준의 미사일 공격 등 군사행동도 감행할 수 있다. 지난 2024년 Joint Sword 연습처럼 중국의 로켓군 전력이 대만 외곽 도서 또는 본섬의 특정 표적에 대해 미사일 공격 후 더 이상의 군사행동을 자제하는 시나리오도 가능하다. 중국의 이러한 행동은 미국과의 직접적인 충돌을 자제하면서 대만에 대한 중국의 기존 공약이 확고함을 미국과 국제사회에 경고하는 의미가 있다.

중국의 이러한 위기 고조 행위에 대응해, 대만을 비롯한 우방국의 대응은 어떠할까? 대만은 '대만해협의 안정'이 역내 평화에 중요하다는 입장을 표명하고, 국제사회의 개입을 촉구한다. 중국과의 무력충돌 가능성에 대비해 미국과 연합훈련을 강화하는 등 미국의 개입을 확대하기 위한 노력을 추구할 것이다.

미국은 주일미군 함정과 항공전력 등을 대만해협 인근에 전개시키고, 중국의 군사활동 등에 대한 정찰감시 및 정보전을 강화하면서, 동맹·우방국과 규합해 반중 여론을 형성하여 중국을 규탄한다. 필요시 대만군의 방어능력 강화를 위해 미군 특수부대를 파견하고, 대만군과 특수전 훈련, 사이버 협력 등을 실시할 수 있다. 한·미·일 3국간 긴밀한 정보공유를 추진하고, 중국의 인권문제를 부각하여 국제사회의 반중 여론이 확산되도록 한다. 아울러 중국이 대만 침공 시 심각한 경제·금융제재가 가해질 수 있음을 경고한다.

일본은 '힘에 의한 현상변경 시도에 반대한다'는 주장을 일관되게 표명할 것이다. 우방국들과 긴밀히 협력해 대만에 대한 지원을 공언하면서 중국과의 외교적 교섭도 병행한다. 미국과는 유사시 대중 경제제재 조치 등을 포함해 미·일 간 공조체제를 강화하고, 한·미·일 3국 공조체제의 구축을 추진할 것으로 예상된다.

한국은 미국·일본·EU 등이 주도하는 국제사회의 중국 규탄 성명과 대중 제재 논의에 대한 참여를 둘러싸고 외교적 딜레마에 놓일 것이다. 한·미·일 3국 공조 하 반중 노선 참여 여부에 대해서도 딜레마에 처할 것으로 본다. 만일 주한미군의 정찰자산이 중국의 군사적 동향을 감시하기 위해 한반도 밖으로 전개될 경우, 한국은 추가적인 주한미군 자산의 역외 전개 가능성, 한반도 안보에 대한 북한의 오판 가능성 등을 우려하게 될 것이다.

나. 대만 외곽도서 강점

이 시나리오는 중국이 마쭈, 진먼, 펑후, 둥샤, 타이핑도 등 대만의 주요 부속도서를 강점하는 상황이다. 중국은 대만 외도의 핵심 지휘체계와 방공망을 공격해 대만의 군사력이 주요 부속도서에 접근하는 것을 차단하면서, 상륙작전을 통해 대만 외도를 점령한다. 해저 광케이블을 절단하고 위성통신을 교란해 대만군의 지휘체계를 마비시킨다. 미군이 개입하기 전에 목표를 점령하고 신속히 방어진지를 구축해 대만의 반격에 대비한다. 아울러 중국의 외곽도서 강점에 대한 정당성을 부각하고, 이는 미국의 책임이라고 주장하는 등 여론전과 법률전을 전개한다.

대만 외곽도서 점령은 인명 피해가 적고 미군의 개입 의지를 약화시키면서, 미·중 간 전면충돌까지 확산되지 않으면서 최대한의 전략적 이득을 취할 수 있다는 점에서 중국에게 매우 유리한 전략적 옵션이다.[122]

대만은 도서 탈환을 시도하나 대만군 자체 전력만으로는 군사적 목표를 달성하기 어려울 것이다. 대만 내에서는 반중 감정이 고조되고 독립 여론이 분출할 것이다. 대만은 중국과 군사적 긴장상태를 유지한 가운데, 미국의 개입을 촉구하고, 서방과의 군사적 협력을 강화하면서 중국의 추가 공격 가능성에 대비할 것이다.

미국은 중국과의 직접적 충돌은 피하되, 중국의 본섬 공격 가능성에 대비해 주일미군의 정찰자산과 항모전투단을 대만 인근에 전개시키고, 미 본토 또는 타 지역으로부터 추가적인 전력을 전개할 것이다. 한국에는 중국의 외교적 고립 노력에 동참하면서 대만 지원 가능 여부를 타진한다. 주한미군 전력이 차출될 수 있음을 통보하고, 패트리어트 포대 등 일부 자산은 실제 대만 지원을 위해 전개시킬 것으로 본다. 아울러 우방국과 협력해 중국에 경제·금융제재를 가할 것이다.

일본은 미국이 주도하는 국제사회의 대중 제재에 적극 동참하고, 미국의 군사작전을 적극적으로 지원할 것이다. 국제사회의 반중 여론을 확산시키면서, 자위대의 정찰감시능력과 타격능력 등 군사력 확대 필요성을 적극 개진할 것이다.

한국은 국제사회의 대중 규탄 참여를 놓고 강한 압박을 받을 것이며, 한미일 대 북중러의 진영대결 구도가 조성될 경우, 중국의 경제적 강압

조치도 예상된다. 중국은 한한령과 단체관광객의 한국 방문 제한 등 보복 조치를 취하고 중국에 진출한 한국 기업의 정상적인 기업 활동을 방해할 것이다. 한국은 주한미군 전력의 차출 가능성을 주시하면서, 미·중 간 우발적 충돌 가능성에도 대비해야 한다.

다. 대만 전면 봉쇄

이 시나리오는 중국이 대만의 해상 및 영공을 봉쇄하는 시나리오이다. 중국은 대만의 주요 항구를 중심으로 본섬을 전면 봉쇄해, 수입·수출을 차단한다. 중국 해안경비대의 순찰을 강화하고, 항모전단을 집결시킨다. 전투기·전자전기·조기경보통제기를 출격시켜 대만 영공을 봉쇄하고, 미국과 일본 등이 대만해협에 접근하지 못하도록 경고한다.

대만은 봉쇄 해제를 시도하나 중국의 반격으로 어려움에 처한다. 반도체 등 주요물자의 생산과 수출 차질, 에너지·식량 수입 등을 우려하면서 미국 등 서방 국가들에게 지원을 요청한다.

미국은 중국에게 해상봉쇄의 즉각 해제를 요구하며, 이를 거부할 경우 무력사용도 불사할 것이라고 경고한다. 아울러 항모전단·핵잠수함·항공전력 등을 동원해 대만을 포위 중인 중국군과 대치한다. 주일미군 전력 투입에 따른 전력 공백을 메우기 위해 일부 주한미군 공군전력과 방공전력을 일본으로 전개한다. 동맹국들과 함께 시진핑 등 주요인사를 대상으로 한 인적제재를 가하고, 중국에 대한 수출규제 등 고강도 무역제재를 가한다.

일본은 남서제도에 자위대를 증강 배치하고 역내 대규모 미군 전개에 협조하는 등 중국과의 무력분쟁이 본격화될 것에 대비한다. 미국이 주도하는 대중 경제제재 조치에 동참한다.

중국의 대만 전면 봉쇄가 시행될 경우 EU를 비롯한 국제사회도 각 국가별 전략에 따라 개입할 것으로 예상된다. 영국과 프랑스 등은 자국 군함과 항공기를 대만 인근 해역에 파견해 무력시위에 나서면서 중국을 압박할 가능성이 높다.

중국의 대만 전면 봉쇄 상황이 현실화될 경우 한국은 본격적인 군사적 개입 압력에 직면할 것으로 본다. 미국은 인도·태평양 지역에 대규모 군함과 병력을 전개시키는 과정에서 한국의 주요 군사기지를 이용하려 할 것이고, 이는 한국이 중국과 대만 간 전쟁에 연루될 수 있다는 불안을 야기시킬 것이다. 중국은 한국이 미국의 '전진기지'가 된다면 그 후과가 상당할 것임을 경고하면서 한중관계는 급랭할 것이다. 평택·오산기지에 배치된 주한미군 전력의 일부가 대중 군사작전에 투입됨으로써, 한·미 연합 대북 억제력이 약화되고 북한의 국지도발 가능성이 높아질 것이라는 불안이 확산될 것이다. 북한은 주한미군 전력 차출을 계기로 중국 및 러시아와의 군사협력을 강화하면서, 미사일 도발 등을 시도할 것이며, 한미동맹의 대응을 보아가며 국지도발의 수위와 규모를 조정할 것이다.

라. 대만 본섬 침공

본 시나리오는 중국의 대만 본섬 침공으로 초래되는 전면전 상황이다. 중국은 개전 초기부터 압도적 화력으로 대만의 주요 도시와 군사시설을 타격해 대만의 항전 의지와 군사적 능력을 무력화하려 한다. 레이더 기지,

통신시설 등 대만군의 지휘통제체계와 방공망을 무력화하고, 대만해협 중간의 펑후도를 점령해 전진기지로 운용하면서, 본섬에 병력을 투입시킨다. 중국 인민해방군은 대만 본섬 상륙작전에 수륙양용전차와 민간 선박·화물선 등을 이용할 것이며, 중국 공정부대는 대만의 해안 교두보에 낙하한다.[123] 본섬 상륙 이후 수도 타이베이를 포함한 대도시와 주요 군사기지를 우선 점령하고, 대만군 소탕작전을 시행하면서, 여러 지역에서 발생 가능한 게릴라전에 대비한다. 미국이 개입 시 제3차 세계대전으로 비화될 수 있음을 경고한다.

대만은 상륙하는 중국군 군함을 포격하고 본섬에 상륙한 중국군과 교전하면서 국제사회에 지원을 요청한다. 대만의 전략적 가치를 볼 때, 미군의 참전 가능성은 높으나, 즉각적인 전력 전개는 제한되기 때문에, 대만은 일정기간 자력으로 중국의 침공에 맞서야 할 것이다.

미국은 대만 인근에 사전 전개해 둔 전력을 동원해 해상에서 중국군을 저지하고 중국 연안에 배치되어 있는 반접근/지역거부A2/AD 전력을 무력화하기 위한 작전을 시행한다. 한국과 일본에 사전배치된 전투장비와 군수물자를 반출하고, 한국·일본에 추가적인 군수지원을 요청하면서, 영국·프랑스 등 EU 국가들에도 군사적 지원을 요청한다. 미 대통령은 부분동원령을 시행하고, 주일미군 전력과 괌·하와이·본토에 주둔하고 있는 미군 전력을 대만 인근으로 추가 전개시킨다. 그 과정에서 대만 본섬 방어를 위해 주한미군의 미사일 방어 전력, 스트라이커 여단, 정찰기, 전투기 대대 등을 차출해 일본 또는 대만 인근에 전개시킬 수 있다.

일본은 자위대의 방어태세를 최고 수준으로 격상하고, 센카쿠 열도를 포함한 남서제도 일대에 자위대 전력을 증강 배치한다. 중국이 일본 영토

내 미군시설에 대한 공격 시 반격능력을 행사할 것임을 천명한다. 만일 오키나와 등지에 소재한 미군기지가 공격을 받을 경우, 일본 자위대 역시 중국과의 교전이라는 전략적 선택을 취할 가능성이 높을 것이다.

EU를 포함한 각 국가들도 해군과 공군 전력 파견을 우선 고려한다. 영국과 프랑스는 파병에 동참할 가능성이 있다. 그 외 필리핀·태국·싱가포르·호주 등의 국가도 기지 제공, 군수·의료 지원, 후방 지원 등의 간접 지원에 동참할 것으로 예상된다.

2023년 1월, 미 전략국제문제연구소CSIS는 2026년 중국군이 대만을 점령하기 위해 상륙작전을 감행하는 시나리오를 상정해 워게임을 실시했다. 워게임 결과, 개전 초기에는 중국이 대만 상륙에 성공하지만, 미국과 일본이 대만을 지원하게 되면 대만 본섬 점령에 실패한다는 결론에 도달했다. 그러나 양측 모두 심대한 피해가 예상되는데, 미국은 항공모함 2척, 함정 20~30척, 병력 3,200여 명, 중국은 함정 138척, 항공기 155대, 병력 1만여 명의 피해를 입는 것으로 추정되었다. 일본은 주일미군 기지가 중국의 공격을 받으면서 100대가 넘는 전투기와 26척의 전함이 피해를 입었고, 대만은 3,500명의 사상자와 26척의 함정이 격침되었다.[124]

중국의 대만 전면침공 상황은 한국에게 심대한 외교적·군사적 파급효과를 초래한다. 미국과 서방은 중국의 대만 본섬 공격에 따른 유엔안보리 차원의 대응을 위해 동맹국의 공조를 요구할 것이고, 중국은 한국에 불참 압박을 가할 것이다. 미국은 미군 전력의 한국 내 주요 군사기지 사용을 확대해 줄 것을 요청할 것이다. 주한미군 전력이 차출되면서 중국의 주한미군 공격 가능성에 대한 우려가 심해지고, 이 경우 미·중 간 대치전선이 한반도까지 확대될 것이다. 만일 주한미군이 공격을 받는다면 한미 상호

방위조약에 따라 한국의 자동군사개입으로 이어질 개연성이 있다. 또한 중국군의 대만해협 및 동중국해 장악 시도와 중국 북부전구 전력의 대만 출격 과정에서 우리 EEZ·KADIZ 등의 침범이 빈번해지면서 한·중 간 우발적 무력충돌 가능성도 높아진다. 북한은 미국이 2개 이상의 전쟁을 동시에 수행할 수 없는 전략적 틈새를 이용하여, 국지도발 또는 제한전 수준의 국지적 분쟁을 일으킬 기회를 모색할 것이다. 대중 무역 의존도가 상당한 한국은 경기 전반에 걸쳐 대침체가 예상되고 글로벌 공급망이 와해되면서 경제·금융 피해가 심각해질 것이다.

중국의 대만 본섬 침공으로 미군이 참전할 경우, 중국은 주일미군의 핵심 전진기지인 오키나와의 해병기지와 공군기지 등을 타격할 수밖에 없을 것으로 본다. 이럴 경우 전쟁은 걷잡을 수 없이 아시아·태평양 전역으로 확산될 것이며, 그 어느 쪽도 손쉬운 승리를 거두기는 어렵다고 본다. 양측 모두 치명적인 피해가 예상되며, 전쟁은 장기전으로 교착될 가능성이 높다.[125] 상황이 더욱 악화될 경우, 미국은 중국 본토 타격이라는 선택의 기로에 서게 될 것이며, 이는 한반도와 대만에서 동시 분쟁 발발 및 핵전으로의 확전 가능성을 증가시키는 요인으로 작용할 것이다.

이런 이유로 중국의 전면적 대만 침략은 중국군의 군사적 역량이 충분히 갖춰졌을 때 가능하다. 일본 방위연구소는 러시아-우크라이나 전훈을 토대로 중국이 대만 침략을 위해 군사적으로 보완해야 할 역량을 다음과 같이 제시했다. 첫째, 중국은 미국과 핵 균형을 유지해야 하며, 핵 교리를 수정해야 한다. 현재 중국은 공식적으로 '핵 선제 불사용No First Use' 원칙을 유지하고 있다. 그러나 러시아는 우크라이나에 대한 선제적 핵사용 가능성을 시사함으로써 미국·프랑스 등 강대국의 직접적 군사개입을 억제했다고 중국은 평가하고 있다. 따라서 중국이 대만에 대한 전면 침략 시 핵 강대국 미국의 전면적 개입을 억제하기 위해서는 미국과 핵 균형을 유지할 수 있을 정도의 핵능력을 보유하고 있어야 하며, '핵 선제 불사용'이라는 핵 교리 역시 수정되어야 한다는 것이다. 둘째, 인지작전 능력을 강화해야 한다. 러시아-우크라이나 전쟁은 여론전·심리전이 결합된 인지작전이 전쟁 수행의 게임 체인저가 되고 있음을 여실히 보여주었으며, 중국 역시 인지작전 수행능력을 더욱 강화해야 한다는 것이다. 셋째, 우주 및 정보작전 능력을 강화해야 한다. '스타링크'는 수백여 기의 위성군을 활용해 우크라이나군에게 지속적인 정찰감시 및 지휘통제 능력을 제공했다. 대만 사태에 미국이 개입하게 되면 중국군 역시 '스타링크'가 제공하는 광대한 우주 역량을 극복해야 하며, 중국 또한 AI에 기반한 드론을 운용하고 지휘통제 통신체계를 유지하기 위해서는 중국판 스타링크의 구축이 필요하다. 넷째, 사이버 공격 능력과 정밀유도타격precision guided strike 능력을 강화해야 한다. 이러한 능력은 중국군이 대만의 기간시설을 마비시키고 원만하게 해상·공중 봉쇄를 시행하기 위해서 필수적이다. 다섯째, AI, 무인전투체계, 우주기술, 극초음속 기술, 사이버전 기술, 신소재 등의 첨단기술 역량이다. 재래식 전력뿐만 아니라 첨단 신기술을 적용해 중국군의 군사력을 재조형해야 한다는 것이다. 이런 측면을 고려할 때 일부 전문가들이 언급하는 2027년경 중국의 대만 침략 가능성은 낮은 것으로 보이나, 만일 중국군이 위의 도전요소를 극복하고 미국과 핵 균형을 유지한다면, 미국과 대만이 자체 방어능력을 증강한다 하더라도, 중국의 전면적 대만 침략 가능성은 훨씬 증대될 것이라고 예측하고 있다.[126]

(6) 인도·태평양 지역 미중 군사력 현황

가. 미 국

2022년 8월 대만 위기상황에서 보듯이 대만과 대만해협에서 유사 상황 발생 시 즉각적으로 대응할 수 있는 미군 전력은 인도·태평양사령부 예하 전력이 주축이 된다. 인태사 전력은 사령부가 위치하고 있는 하와이를 포함해 한국·일본·괌·호주·싱가포르 등에 산재해 있다. 주일미군은 대만에 가장 신속하게 전개할 수 있는 전략적 기동군이다. 5만 5,000여 명의 병력이 주둔하고 있으며, 요코스카와 사세보에 배치되어 있는 제7함대, 일본열도와 오키나와에 분산 배치되어 있는 제5공군, 오키나와에 배치되어 있는 제3해병기동군III Marine Expeditionary Force, III MEF 전력이 주축이다. 2만 8,000여 명의 주한미군은 육군 스트라이커 1개 여단과 공격헬기, 포병전력으로 구성되어 있는 지상군 전력과 F-16 등 전술항공기 위주로 구성된 공군전력으로 구성되어 있다. 괌에는 해군과 공군 전력 위주로 9,000여 명의 병력이 전개해 있으며, 호주에는 2,000여 명의 해병전력이 순환배치 형태로 전개해 있다. 그 외 소수의 해군전력이 싱가포르와 디에고가르시아섬에 전개해 있다.

미국은 중국의 A2/AD 전략을 무력화하고, 대중 군사적 능력을 확장하기 위해 아태 지역에 공격용 중거리 미사일을 배치했다. 2024년 4월 대만해협과 가까운 필리핀 북부 루손섬에 사거리 1,600km의 타이폰Typhon 미사일 시스템을 배치했고, 미국은 필리핀에 중거리 미사일을 추가 배치할 계획이다. 2025년 8월에는 '탈리스만 세이버Talisman Sabre 25' 연습 기간 미국의 최신예 극초음속 미사일을 호주 북부에 전개시켰는데, 미국이 극

* 출처 : 미 육군 홈페이지, 2025년 8월 2일.

〈그림 2-3〉 미국의 극초음속 미사일(LRHW) 호주 전개

초음속 미사일을 미 본토 밖으로 전개한 것은 이번이 처음이다. 그럼에도 불구하고 대만해협 유사시 즉각 투입 가능한 병력의 대부분이 한국과 일본에 배치되어 있고, 공중급유 없이 전투기 투입이 가능한 대만으로부터 반경 1,000km 이내에 위치한 공군기지가 오키나와와 필리핀에만 가용하다는 것은 미군의 군사적 대비태세에 제약을 주고 있다.

대만과 대만해협 부근에서 미중 간 군사적 충돌 시 인도·태평양 지역의 미군은 전반적인 군사력 부족 및 군사력 운용의 어려움에 처할 것으로 예상된다. 오키나와 주둔 미군과 대만에 대한 미사일 방어 자산, 중장거리 정밀타격 임무를 수행할 전투기, 수상함, 대만 인근에서 공군기 운용이 가능한 공군기지 등이 우선적으로 필요한 자산이 될 것이다. 미국은 사드THAAD 및 패트리어트와 같은 미사일 방어체계, 수상함, 공군기 등을 동맹국·우방국에 요청할 것이며, 일본과 호주는 미국의 요청에 자국의 전력을 지원할 것으로 예상된다. 필리핀은 공군기 운용에 필요한 지상기지 사용 요청을 수용할 가능성이 높을 것이다.[127]

인도·태평양사령부는 역내 미군 배치의 불균형성을 극복하고, 군사력 운용의 유연성을 확보하기 위해 동맹·우방국과 협조해 다수의 군사기지를 구축하고 시설을 확장하고 있다. 특히 서태평양에서 미군의 즉응력과

〈표 2-23〉 인도·태평양 지역 배치 미군 전력

구 분	주요 전력
주일미군 **(5만 5,000여 명)**	• (육군) 1군단 전방사령부, 패트리어트 대대 등 • (해군) 제7함대 – 항모강습단 : 항공모함 1, 순양함 2, 구축함 11, 지휘함 1 – 강습상륙단 : 강습상륙함 1, 상륙함 4 • (공군) 제5공군 – 미사와 : 22 F-16 – 가데나 : 27 F-15, 15 KC-135(공중급유기), 2 E-3(조기경보기), 12 F-22 등 – 요코다 : 10 C-130(수송기), 3C-12(수송기) • (해병대) III MEF(해병사단, 해병비행사단 등)
주한미군 **(2만 8,000여 명)**	• (육군) 스트라이커 여단, MLRS 여단, 항공여단 • (공군) 제7공군 – 오산 : 20 F-16, 24 A-10(공격기), U-2(정찰기) – 군산 : 20 F-16
괌 **(9,000여 명)**	• (해군) 순항미사일 핵잠수함 4척 • (공군) 전략폭격기(B-52H, B-1B)
호주 **(1,700여 명)**	• 위성조기경보체계, 통신, 신호정보부대
기 타 **(700여 명)**	• (싱가포르) 200명, 군수지원연대, 연안전투함 • (디에고가르시아) 200명, 해군지원시설 • (필리핀) 200명, (태국) 100명 등

* 출처 : IISS, *The Military Balance 2025*

생존성을 증대하고, 동맹·우방국과의 상호운용성을 증진시키기 위해 4개의 지역 클러스터cluster에 집중 투자하고 있다. 4개의 클러스터는 괌 클러스터, 일본 클러스터, 필리핀 클러스터, 호주 클러스터이며, 이러한 클러스터에 군사 기지·시설을 건축하고 우방국이 제공하는 군사기지의 사용을 확대하고 있다. 이러한 조치는 광대한 인도·태평양 지역에서 중국의 군사적 팽창에 신속히 대응하고 중국의 장거리 타격 능력으로부터 미군을 방호하기 위해서는 인도·태평양사 예하 육·해·공군·해병대를 분산 배치하고, 보다 회복력 있고 즉응성 있는 대비태세를 유지하기 위함이

〈표 2-24〉 인도·태평양사령부의 4개 클러스터

Cluster	주요 조치사항
괌 클러스터	• 괌, 북 마리아나 제도, 마이크로네시아, 팔라우, 마샬 제도에 기지 및 시설 구축 • 괌의 캠프 블라즈(Camp Blaz) 해병기지 시설 건축, 오키나와 주둔 해병 이동 • 마이크로네시아, 팔라우, 마샬 제도에 미군 활용 가능 시설 확보 등
일본 클러스터	• MQ-9을 오키나와 가데나 공군기지로 이전(2023년 11월) • 보다 증강된 ISR, 대함, 수송능력을 갖춘 부대 배치 • 요코하마 부두에 육군 혼성 수상정 중대 배치
필리핀 클러스터	• '방위협력강화협정'에 의거 9개소의 군사기지 사용 • 필리핀 제공 군사기지의 시설 개발을 위한 예산 할당, 건설사업 진행
호주 클러스터	• 다윈 기지에 해병 순환배치 • 다윈·틴달 기지에 활주로 및 탄약·연료 저장시설 개선 공사 • 파푸아뉴기니아 내 기지 사용을 위한 미국-파푸아뉴기니아 방위협력협정 체결

* 출처 : Senate Armed Services Committee, *Statement of Admiral John C. Aquilino, Commander*, U.S. Indo-Pacific Command Posture, 118th Congress, March 21, 2024. pp.16-20에서 요약

다. 미국은 인도·태평양 지역에서 중국에 대한 대비태세를 강화하기 위해 '군사동맹의 호arc of military alliances'를 구축하고 있으며, 그 중심은 한·미·일, 미국·일본·필리핀, AUKUS(미국·영국·호주)등 동맹국과의 안보협력 강화라고 인식한다.[128]

나. 중국과 대만

중 국

중국과 대만은 중국의 대만 공격 또는 대만해협 위기상황 발생 시 직접적 당사국이자 사실상 자국의 모든 군사력을 동원할 수 있다. 총동원 가능한 중국군의 전체 군사력 현황, 작전적 준비 정도, 지리적 근접성 등은 중국군에게 전략적·작전적으로 상당히 유리하다고 평가할 수 있다. 제1장에서 언급했지만 중국 인민해방군의 군사력을 다시 소개하면 아래와 같다.

중국 인민해방군은 세계 최대 규모를 유지하고 있다. 상비군 병력은 203만 5,000명 규모로서, 지상군 96만 명, 해군 25만 2,000명, 공군 40만 3,000명, 전략미사일군 12만 5,000명, 우주·사이버·정보지원군 14만 5,000명, 기타 15만 명으로 구성되어 있다. 그 외 준군사조직 50만 명이 편성되어 있다.[129]

중국은 동부·서부·남부·북부·중부 5개 전구로 나누어 군을 배비하고 있다. 각 전구는 연합작전지휘기구를 설치해 육·해·공·로켓군·전략지원부대를 통합운용하는 작전체제를 유지하고 있다. 그 중 대만 및 남중국해를 담당하고 있는 전구는 동부와 남부 전구이다. 중부전구는 유사시 중앙예비대로 활용될 수 있어 동부·남부 전구를 지원할 수 있다.

2025년 현재 인민해방군 육군이 운용하는 주요 무기체계는 노후화된 구식부터 현대식 장비가 혼재하고 있어 고도의 제병협동작전을 수행할 수 있는 능력을 갖추었는가에 대해서는 아직 회의적 시각이 많다. 중국은 이러한 중국군의 준비태세를 개선하기 위해 주요 전력의 현대화 작업을 가속화하고 있다. 중국 육군은 13개 집단군으로 편성되어 있으며, 동부·남부 전구에 소속된 육군은 중국군 전체 병력 중 약 40%를 차지한다.

중국 육군은 전투여단의 기계화, 장거리 포병전력의 배치, 회전익 항공부대 보유, C4I 체계 성능 개량 등을 통해 기동성과 화력을 증강하고 지

〈표 2-25〉 중국과 대만의 주요 군사력 현황

<table>
<tr><th rowspan="2">구분</th><th colspan="2">중국</th><th rowspan="2">대만</th></tr>
<tr><th>전체</th><th>대만해협지역 /
동부+남부 전구</th></tr>
<tr><td>지상군</td><td>1,040,000
– 포병여단 15
– 공중강습여단 3
– 공정여단 6
– 해병여단 11
– 전차 3,800
– 야포 7,600</td><td>427,000
– 포병여단 5
– 공중강습여단 1
– 공정여단 6
– 해병여단 5
– 전차 1,100
– 야포 2,300</td><td>104,000
– 포병여단 3
– 공중강습여단 0
– 공정여단 0
– 해병여단 2
– 전차 800
– 포 1,100</td></tr>
<tr><td>해군</td><td>항모 3
강습상륙함 3
순양함 8
구축함 42
공격용 잠수함 47
핵잠수함 6</td><td>항모 1
강습상륙함 3
순양함 4
구축함 30
공격용 잠수함 31
핵잠수함 6</td><td>항모 0
강습상륙함 1
순양함 0
구축함 4
공격용 잠수함 4
핵잠수함 0</td></tr>
<tr><td>공군</td><td>전투기 1,900
폭격기 450
수송기 500
특수임무기 250</td><td>전투기 800
폭격기 300
수송기 40
특수임무기 150</td><td>전투기 350
폭격기 0
수송기 50
특수임무기 20</td></tr>
<tr><td>로켓군</td><td colspan="2">ICBM 발사대 500, 미사일 400
IRBM 발사대 250, 미사일 500
MRBM 발사대 300, 미사일 1,300
SRBM 발사대 300, 미사일 900
GLCM 발사대 150, 미사일 400</td><td></td></tr>
</table>

* 출처 : U. S. DOD, *Annual Report to Congress: Military and Security Developments involving the People's Republic of China 2024*, pp.164–166.

휘통제체계의 현대화를 모색하고 있다. 중국 육군은 포병전력의 50% 이상이 자주화되었으며, 주력 전차와 장갑차의 40% 이상이 현대화된 것으로 평가된다.[130] 그러나 중국 육군이 양적으로는 빠르게 현대화되고 있으나, 유사시 중국 본토 외 지역으로의 전력 투사는 상당 수준 제약을 받을 것으로 예상된다.

중국 해군은 26만 명의 병력 규모로서, 잠수함 · 해상 · 항공 · 연안방어 · 해병대 등 5개 조직으로 편성되어 있다. 동해함대, 남해함대, 북해함대의 3개 함대로 나뉘어 있으며, 중국 해군전력의 약 70%가 동해함대와 남해함대에 배치되어 있다. 현재 중국 해군은 3대의 항공모함을 운용 중이며, 3번째 항공모함인 푸젠함의 배수량은 약 8만 톤으로 추정되며 고정익 항공기와 헬리콥터를 40대 이상 수용할 수 있다. 1 · 2번 항모와 비교할 때 3번 함은 캐터펄트 사출체계를 갖추고 있어 다수의 전투기를 탑재해 신속한 공중작전을 수행할 수 있다. 다만 공중조기경보통제기를 포함해 신형 항공모함에서 운용할 수 있는 항모비행전대 구성에는 아직 시간이 더 소요될 것으로 보이며, 미국 항모전단과 비교할 때 전반적인 작전수행능력은 다소 부족한 것으로 평가할 수 있다. 중국은 현재 J-15 항모탑재기를 다수 생산 중이며, 항공모함 적재 공중조기경보통제기의 개발도 진행되고 있는 것으로 알려졌다. 중국은 2025년 기준 075형 대형 강습상륙함YUSHEN급, Amphibious Assault Ship 3척을 운용 중이며, 4번째 강습상륙함이 시험평가 중이다. YUSHEN급 075형 상륙함은 배수량 3만 6,000톤으로 30여 대의 헬기와 1,200명의 병력을 탑재할 수 있다. 4번째 076형 강습상륙함은 전자식 항공기 발진 시스템을 장착해 고정익 항공기나 무인기를 운용할 수 있어 상륙작전의 공중지원 능력을 강화한 것이 특징이다.[131]

그 외에도 중국 해군은 병력 730명을 수송할 수 있는 071형 상륙함 8대를 포함해 130여 대 이상의 상륙함정을 보유하고 있다. 중국 해군은 대만해협 분쟁 시 제3자의 개입을 차단하고 제1도련선에서의 해양 우세를 달성하기 위해서 대공·대수상·대잠수함 능력을 증강하고 있다. 항모를 중심으로 한 3개 항모전단과 4개 강습상륙함 전력이 구축되면 동중국해와 남중국해 일대 중국 해군의 전력과 작전수행능력은 급속도로 향상될 것으로 보인다. 중국은 또한 남중국해에 7개의 인공섬에 활주로, 레이더 기지, 미사일 기지 등을 건설해 해군전력을 지원하고 있다. 아울러 해군에 소속된 해병대 병력의 증편을 추진 중이다. 현재 중국의 선박 건조 능력은 미국과 비교할 수 없을 만큼 양적으로 팽창하고 있다. 중국이 양적으로 충분한 상륙함정을 보유하고, 상륙작전 수행에 필요한 헬기·수륙양용장갑차 등을 확보하게 된다면, 중국은 대만 상륙에 대한 자신감을 확보하게 될 것이다.

중국 공군은 대만 위기상황 시 즉각적으로 투입할 수 있는 전개 능력과 다양한 능력을 가진 충분한 수량의 항공기를 보유하고 있다. 동부·남부 전구에 배치된 항공전력은 중국군 전체의 약 40%를 차지하며, 2세대 전투기부터 4세대 전투기까지 다양하게 배비되어 있다. 그러나 중국 본토에서 대만까지 이르는 대만해협의 폭이 300~400여 킬로미터이므로 중국 공군은 재급유 없이 단시간 내에 대만에 대한 공중공격·지상공격을 감행할 수 있다. 중국 공군은 자국의 위성을 포함해 뛰어난 정찰감시 능력을 제공받을 수 있다. 이러한 능력은 대만 상황 시 제3자의 개입을 억제하면서, 대만에 대한 치명적인 공격을 가할 수 있는 이점을 제공한다.

중국 로켓군은 핵과 재래식 미사일, 다종의 탄도미사일을 보유하고 있어 전방위 작전이 가능하다. 대만의 지휘통제시설, 공군기지, 레이더 기지 등을 타격해 대만의 방공능력과 전쟁지도능력을 무력화하기 위해 운용될 것으로 본다. 우주와 사이버전 전력은 우주작전·사이버·전자전·심리전 등을 관장하는 하이브리드전 수행의 핵심부대이다.

대 만

대만의 상비병력은 약 16만 9,000명 수준이다. 육군 9만 4,000명, 해군 4만 명, 공군 3만 5,000명 규모이며 예비군은 166만 명 수준을 유지하고 있다. M60 A3 전차, CM-11 Brave Tiger 전차 등으로 구성된 650여 대의 전차, 2,100여 문의 155mm와 105mm 자주포, 90대의 공격용 헬리콥터를 포함한 대규모의 헬기 전력, 잠수함 4척, 수상전투함 26척, 초계함 22척, 386대의 공군기 등을 보유하고 있다.[132]

대만군의 방위태세는 중국군의 기습공격을 상정하고 대비하고 있다. 대만해협 방향으로 중국군 상륙에 대비한 대상륙 방어시설이 구비되어 있고, 대만 외곽의 주요 도서에도 군사기지를 설치해 중국군의 공격에 대한 경고시간을 확보하고 있다.[133] 그러나 대만의 군사력은 중국군의 본섬 상륙작전 시 매우 제한된 기간 동안 대만을 방어할 수 있는 수준이다. 사실상 미국과 우방국의 군사적·비군사적 지원이 절실한 것이다. 대만은 현재 방공능력과 연안지역에 대한 중국군의 상륙을 억제할 수 있는 억제력을 증강시키기 위해 중점을 두고 있으며, 미국으로부터 UAV, HIMARS 다연장 로켓, F-35 전투기, 각종 장거리 타격미사일 등의 구매를 추진하고 있다. 미국과의 무기 거래가 정상적으로 진행될 경우 대만의 군사력은 대폭 증강될 것으로 예상된다.

만일 중국이 대만 본섬 침공을 위한 미사일 공격 또는 대만 인근 외곽 도서 점령을 위한 상륙작전을 개시할 경우, 대만 방어를 위한 미사일 방어자산(사드, 패트리어트 포대 등), HIMARS와 같은 다연장 로켓과 대함 미사일, 대만 본섬 방어를 위한 지상군 전력의 증원이 시급할 것으로 판단된다.

(7) 중국의 대만 위협 시 주변국의 전략적 옵션

중국의 대만에 대한 위협이 고조되고 대만의 주요 도서 혹은 본토에 대한 침공 가능성이 가시화될 경우 한국을 포함해 국제사회는 자국의 전략적 이익에 따라 다양한 전략적 선택을 취할 것으로 본다. 그 과정에서 대만에게 우호적인 조치가 때로는 중국과는 갈등과 분쟁을 초래할 수 있는 조치로 여겨질 수 있다. 이제부터는 각국이 자국의 전략환경을 고려해 취할 수 있는 다양한 외교적·군사적·경제적 조치, 협조적 전략과 분쟁적 전략[134]을 나열해 보고자 한다.

가. 협조적 전략Cooperation Strategy

협조적 전략은 〈표 2-26〉에서 보는 바와 같이 대만해협에서의 위기 또는 중국의 대만 침공 등으로 분쟁이 발생할 경우 주변국이 취할 수 있는 전략적 옵션 중 대만에 우호적이거나 최소 중립적인 전략을 뜻한다. 대만사태 발생 시 미국·일본·호주·영국·프랑스와 같은 국가들은 대만에 우호적인 협조적 전략을 채택할 것으로 예상된다. 동남아 국가들은 각각 자국이 처한 중국과의 외교·군사·경제적 관계에 따라 여러 개의 옵션을 취사선택할 것으로 예측할 수 있다.

이러한 협조적 전략 중 가장 강도가 높은 것은 대만에 대한 안전보장이다. '한미상호방위조약' 또는 '미일안전보장조약' 같은 안전보장조약을 체결하는 방법 또는 대만에 군을 파병해 안전을 보장하는 등의 활동을 말한다. 군사적 지원 전략 또한 매우 강도 높은 협조 전략이다. 러-우

〈표 2-26〉 협조적 전략

• (안전보장) 대만에 대한 안보위협 고조 시 안전보장 제공 혹은 안보조약 체결
• (군사적 지원) 상호간 정보공유, 군사적 지원, 위기관리, 군사협력체계를 구축하고, 무기·탄약·장비·물자·군사훈련·정보·기술이전 등을 제공
• (대외 군사 판매) 무기, 탄약, 장비 등의 군사 판매
• (국제안보협력) 공동의 안보위협에 대응하고 지역 안정을 위한 국제안보 협력
• (사실상의 국가로 외교적 인정) 국제법상 합법적 존재로 공식 인정 * (예) 미 의회의 TAIPEI법 통과
• (공식 방문·초청) 정치, 경제, 사회, 문화, 외교, 군사 등의 협력 증진을 위한 공식 방문 및 초청 * (예) 최고위 인사 공식방문 및 초청 등
• (휴전 촉구) 일시적 또는 영구적 적대행위 중지를 촉구
• (경제적·재정적 지원 확대) 대만의 경제적 안정을 위해 외환대출, 기부, 자원의 제공 등 경제적·재정적 지원을 적극적으로 확대
• (고위급 핫라인 운용) 위기상황 대비 관련국 정상·고위급들 간 실시간 소통을 위한 핫라인 구축
• (비무장지대 설정) 국제적 합의 또는 양자간 협약에 의해 일체의 부대·군사장비가 주둔하지 않는 비무장지대 설정
• (완충지대 설정) 분쟁 당사국 간 직접적 충돌 방지 및 완화를 위해 특정지역에 중립지대를 설정
• (유엔결의) 유엔총회 또는 유엔안보리 결의, 유엔인권위 결의 추진
• (화해, 조정, 중재) 분쟁에 직접적으로 가담하지 않으면서, 중립적인 제3자 혹은 국제기구의 개입을 통해 분쟁 해결을 지원하거나 중재
• (특사 파견) 분쟁 해결, 평화협상 촉구, 외교적 대응을 위한 특사 파견
• (인도주의적 지원) 안전, 건강, 의료 등 인도주의적 지원
• (NGO 지원) 국제비정부기구(INGO) 또는 비정부기구(NGO)의 인도주의적 지원, 개발지원 등을 지원
• (정책적 지지) 타 국가의 정책, 입장, 행위를 공개적으로 지지하는 입장 표명
• (안보대화) 상호간 안보위협을 논의하고 상호 이해증진을 위한 공식·비공식 안보대화 실시 * 싱크탱크 간 교류, 1.5트랙 대화 등
• (독립 조사) 독립적·객관적인 기구·기관에 의해 국제분쟁, 인권유린, 기타 중요한 사건들에 대해 조사 및 분석에 참여
• (난민 지원) 안보 불안으로 발생한 난민들의 정착 지원

전쟁 시 NATO를 비롯한 서방권의 많은 국가들이 우크라이나에 전투장비와 물자를 지원한 것은 좋은 사례이다. 인도주의적 지원 또는 난민지원 등의 전략은 직접적 군사지원을 배제하면서 취할 수 있는 저강도의 협조적 전략으로 볼 수 있다.

나. 분쟁적 전략Conflict Strategy

분쟁적 전략은 협조적 전략과 상반되는 개념이다. 〈표 2-27〉에서 보는 바와 같이, 대만 위기상황 발생 시 주변국의 분쟁적 전략은 중국과의 마찰과 갈등, 강도가 심할 경우 군사적 충돌까지 이어질 수 있다. 미국·일본·호주 등의 국가들은 연합군사훈련, 예방적 전력 전개 등의 군사적 조치와 경고 성명, 외교관계의 단절, 국제사회로부터의 고립 추진 등의 외교적 옵션, 경제·금융·무역 제재 등의 다양한 저강도에서 고강도에 이르는 분쟁적 전략을 선택할 것으로 보인다.

중국과 대만의 분쟁이 기본적으로 미·중 간 분쟁이라는 측면에서 아세안 국가들이 취할 수 있는 전략은 아세안 국가들이 미국 및 중국과의 관계 스펙트럼에서 어디에 놓여져 있는지에 따라 매우 유동적이다. 남중국해와 동중국해에서의 이해관계에 따라 두 강대국 사이에서 자국의 자주권을 보호하고 행동의 독립성을 유지하기 위한 선별적 옵션을 선택할 것으로 본다.

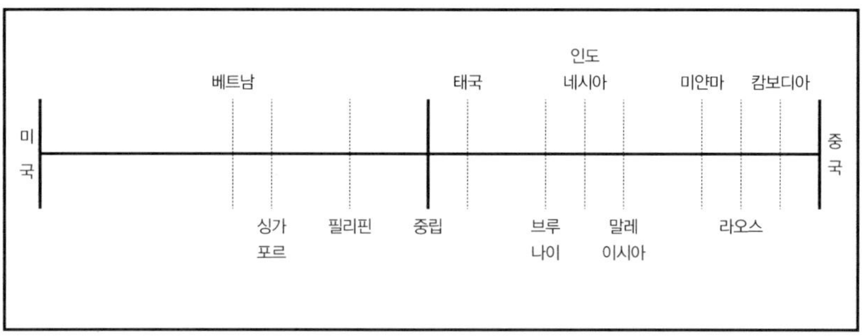

〈그림 2-4〉 아세안 국가들의 미국 및 중국과의 관계 스펙트럼[135]

안보·경제적으로 중국과 밀접한 관계에 있는 한국은 중국·대만 분쟁으로부터 초래되는 위기상황을 관리하면서 북한의 위협에도 대비해야

〈표 2-27〉 분쟁적 전략

• (군사적 대응) 주요시설 점령, 폭격, 포격 등 무력에 의한 직접적 군사행동 또는 대만에 대한 군사적 지원을 통해 분쟁에 참여
• (연합군사훈련) 2개국 이상이 참여하는 군사연습 및 훈련 시행
• (군사연습 및 훈련) 현 위기상황에 대한 군사적 대비태세를 현시하기 위한 군사연습 및 훈련
• (사이버전) 중요정보 탈취, 인프라 피해, 안보위협 등을 목적으로 한 사이버 활동
• (군 동원) 잠재적 군사적 위협 및 분쟁 발생에 대비해 군사력 동원
• (최후 경고) 최종 요구, 요구 불응 시 대응조치 등에 대한 최후 경고
• (경고성명) 잠재적 위협으로부터 부정적 결과를 회피하거나 완화하기 위해 경고성명 발신
• (예방적 전개) 위기 발발 이전 군사력 현시 목적으로 군을 사전에 전개
• (자산 동결 및 압수) 합법적 방법으로 상대방의 자산과 재원을 동결, 압수
• (국제적 고립) 외교·경제·정치적으로 국제사회로부터 고립을 추진
• (봉쇄) 인원, 물품, 군사적 자산 등의 유입과 유출을 봉쇄 * (예) 에너지 봉쇄, 선박 운항 봉쇄 등
• (외교관계 단절) 대사 초치, 대사관 폐쇄, 외교관계의 공식 단교 등
• (엠바고) 무역, 물품 수송, 각종 상업적 활동 금지 * (예) 에너지 엠바고, 원자재 엠바고, 수출통제 등
• (금융제재) 금융 서비스, 재정, 금융거래 등을 금지
• (무역제재) 수입·수출 제한, 관세 부과, 기술거래 금지 등과 같은 경제제재
• (투자동결) 자산과 재화의 이동, 관리, 거래를 제한
• (인원·기관의 추방) 외국인, 외교관, 국제기구 대표, 특정 그룹을 국가이익, 안보우려, 정책적 고려로 인해 추방
• (보이콧) 정치적·경제적 항의의 표시로서, 특정 물품·서비스 등에 대한 구매·사용 금지 * (예) 정보보안의 이유로 미국의 틱톡 사용 금지 조치
• (여행 금지) 안보, 건강, 정치적·외교적 이유로 여행을 금지
• (외교관 소환) 강한 항의의 표시로서 대사·공사 등의 외교관 소환
• (공식 항의·성명) 국가 차원의 공식 항의, 공식 성명 발표

한다. 군사적 대비태세를 확고히 하되, 국제사회와 공조체제도 유지해야 한다. 어떠한 전략적 옵션을 선택하더라도, 우리가 넘지 말아야 할 대중국 마지노선을 명확히 설정해 놓아야 한다.

★ CHAPTER 3 ★

한국의 국방전략 재설계

★

북한 그리고 대만으로부터 초래되는 안보위기는 아태 지역 전역으로 확산될 수 있으며, 우리가 생각하는 것보다 훨씬 빨리 올 수 있다. 한국군이 자강의 능력과 태세를 갖추기 위해서는 국방전략을 재설계해야 한다. 국방전략이란 국가안보전략에서 제시된 국가안보목표Ends를 달성하기 위해 국방수단Means을 건설하고 운용하는 방법Ways을 말한다. 국가안보전략은 국가안보정책을 지원해 국내외의 군사 및 비군사적 위협으로부터 국가안보목표를 달성하기 위한 제 국력요소(DIME 요소)[136]를 효과적으로 준비하고 활용하는 전술과 과학이다.[137]

국방전략은 국가안보전략과 국가군사전략을 이어주는 매개체로서의 역할을 하면서, 국가의 안보위협 요소를 규정하고, 전·평시 국가방위를 위해 필요한 태세와 능력을 제시한다. 일반적으로 한 나라의 국방전략은 다음의 요소를 포함하고 있다.

- 국가안보전략 목표와 기조·과제, 그리고 이를 구현하기 위한 국방목표
- 현재와 당면한 미래의 안보환경 평가, 전략적 대비 방향
- 전략환경에 기민하게 대응할 수 있는 국방전략의 목표·방법·수단
- 국방전략목표 달성을 위한 군사력 운용 개념 및 군사력 건설 방안 등

위의 요소에서 보듯이 국방전략은 현존하는, 그리고 미래의 안보위협을 식별하고, 이러한 전략환경에 기민하게 대응할 수 있도록 국방전략의 목표·수단·방법을 제시해야 한다.

지난 70여 년간 우리의 국방전략은 '북 억제, 북 도발 시 대응'이라는 방어적 개념 하에 수립되어 왔으며, 이러한 방어적 사고와 문화가 군을 지배하고 있었다. 그러나 한반도를 포함한 아시아·태평양 지역은 이미 격랑의 시대에 진입했으며, 작금의 안보환경은 이전의 안보환경과는 차원이 다르다. 변화하는 안보환경에 기민하게 대응할 수 있도록 우리 군의 국방전략을 재평가하고 최신화해야 한다.

1

★

국방전략의 재설계

(1) 우리 군이 직면한 전략환경

한반도는 지정학적으로 해양과 대륙세력 간 충돌의 접점에 위치하고 있다. 이러한 불변의 구조적 환경으로 인해 한반도는 역사적으로 주변 강대국의 정치·외교·군사적 충돌의 장이 되곤 했으며, 제2차 세계대전 종전 이후에는 자유민주주의와 공산주의 간 대결의 최전선이 되어 왔다. 오늘날 한반도는 미중 패권경쟁이 심화되면서 또다시 진영 간 대결의 최전선에 놓이게 되었다. 첨예화된 미중 패권경쟁과 권위주의 진영의 현상변경 시도는 향후 상당 기간 지속될 가능성이 높다. 북한과 중국·러시아는 미국을 견제하고 자국의 핵심이익 수호를 위해 군사력을 계속 증강하고 있다. 중국과 러시아의 한국에 대한 위협 가능성이 점차 현실로 다가오고 있다.

북한의 대남 군사전략이 근본적으로 변화하고 있다. 남북관계를 적대적 두 국가로 규정했고, 러시아와는 '포괄적 전략동반자관계 조약'을 체결했다. 북한은 러시아-우크라이나 전쟁에 대규모 병력을 파병해 북·러 관계를 혈맹관계로 진화시키면서, 전략무기와 재래식 전력 증강을 위한 협력체계를 공고히 했다. 또한 핵·미사일 능력을 지속적으로 고도화시키고 있어, 글로벌 핵 질서의 변화를 야기하고 있다. 앞으로도 북한은 그동안 행해 왔던 복합적 군사도발과 강압전략을 지속할 것으로 예상된다. 국지적 도발, 비대칭 무기의 실험, 소형 무인기 침투, 사이버 공격 등을 통해 대한민국에 심대한 사회적 비용을 강요하면서, 한미동맹의 결속력을 약화시키기 위해 한반도의 현상변경을 적극 모색할 것이다.

최근 러시아-우크라이나 전쟁과 중동 지역에서의 전쟁 양상은 전통적 개념의 전쟁과는 확연히 다른 모습을 보이고 있다. 저가의 소모재 무기를 활용해 고가의 대형 무기체계를 제압하는 현상이 두드러지고 있다. 대당 수십 내지 수백만 원의 소모성 드론이 중무장 기갑전력에 피해를 주고 있고, 무인 수상정이 전투함대의 철수를 강요하고 있다. 하마스는 한 발에 수백만 원의 저가 로켓으로 이스라엘의 미사일 방어체계를 소모시킨 바 있다. 북한 역시 드론 등 대규모 저가 무기체계와 무인체계 개발에 속도를 내고 있다.

회색지대·인지전 등 분쟁양상이 다변화되고 있고, 사이버·전자기·우주로 전장영역이 확대되고 있다. 권위주의 국가들에 의한 회색지대 전술이 일상화되고 있다. 중국의 초한전·삼전의 개념이 대표적이다. 회색지대 전술은 정치선전전, 대리전, 수사적 위협과 무력시위, 저강도 도발, 사이버·정보작전 등을 통해 상대의 전략적 중심을 공략하고 그 효과를 누적시켜 전략목표 달성에 기여하는 전술이다. 다차원·다영역·다수준에서 동시 공략이 가능한 특징이 있다. 반면 민주국가는 권위주의 국가의 회색지대 전술에 대한 대응에 있어 법적·제도적 취약점을 안고 있다.

미국의 동맹정책이 변화하고 있다. 트럼프 2기 행정부가 표명한 '슈퍼 트럼피즘Super Trumpism'은 향후 장기간 지속될 가능성이 높다. 미국은 극단적인 자국 우선주의를 표방하고 대 중국 전략에 최우선 순위를 두면서, 동맹 재조정 문제를 요구하고 있다. 방위비 분담, 해외주둔 미군 재조정, 거래적 동맹정책 등을 통해 동맹에 대한 비용과 역할분담 요구가 증대될 것이다. 유럽과 중동에서의 안보 불안정성은 여전히 난제로 남아있을 것이며, 범세계적으로 국지적 분쟁은 더욱 확산될 것이다. 대 중국 견제정책은 한국을 포함한 주변국에 심대한 영향을 미칠 것이며, 주한미군과 주일미군의 군사력 운용 및 군수지원태세의 조정이 예측된다. 한미동맹은 한국과 미국의 국가이익 및 국방정책의 부조화가 부각되지 않도록 세심히 관리해야 한다.

한반도 전구작전의 패러다임이 변하고 있다. '한국군 주도-미군 지원'의 작전수행 체제로 전환 중이며, 미 본토에서 한반도에 이르는 광범위한 지역에서 우주·사이버까지 작전영역이 확장되었다. 전·평시 구분 없는 하이브리드전이 일상화되었으며, AI+드론·로봇이 전쟁 수행의 핵심 수단이 되었다.

우리 군이 처한 대내적 국방 여건 또한 매우 도전적인 상황이다. 병역자원의 부족은 절박한 안보 현안이 되었다. 통계청 기록에 의하면 2015년 출생 남성인구는 22만 4,906명이며, 2020년 출생 남성인구는 13만 9,362명이다.[138] 현역판정비율을 90%[139]로 올리고, 복무기간 18개월이 지속 유지된다고 가정하더라고 2035년경부터 입대 가능한 현역병력은 20만 명 이하, 2040년경에는 12만여 명 수준으로 대폭 감소한다. 반면 전문가들은 군사적 위협에 충분히 대비할 수 있는 방위충분성 개념으로 2040년 기준 우리 군의 상비병력 규모는 최소 35만 명 수준은 되어야 한다고 주장한다.[140] 그러나 앞으로도 국방인력의 획득은 민간기업과의 임금 격차, 열악한 근무환경, 경직된 군대문화로 인해 어려움이 가중될 것으로 예상된다.

AI·로봇·레이저 등 첨단기술의 군사적 활용이 실용화되면서 AI 기반 무인 무기체계의 운용이 대폭 확산될 것이다. 그러나 우리 군이 필요로 하는 핵심 무기체계는 진부화된 획득체계에 따라 적기에 획득하는 것이 지연되고 있다. 미래전장에서의 우위를 확보하기 위한 첨단기술을 국방 분야에 적용하는 것도 지체되고 있다. 국방 R&D를 통해 기술집약형 구조로 전환하고, 국방 운영을 효율화하면서 민·관·군의 협력적 거버넌스를 구축해 첨단기술의 군사적 적용 속도를 가속화해야 한다.

현재 우리 군은 전략적 환경이 급변하는 격랑의 한복판에 서 있다. 그러나 현재의 방향과 속도로는 정예화된 선진 강군으로의 도약은 요원하다. 기존 관성에서 벗어난 새로운 접근이 필요하다. 인구절벽 시점을 고려하면 우리에게 주어진 시간은 길어야 10년에 불과하다. 우리 군이 처한 현실을 냉철하게 자각하고, 전략 개념과 군사력 건설 및 군사력 운용의 패러다임과 속도를 대전환할 필요가 있다. 군의 구성원 모두의 인식 변화와 공감대를 토대로 혁신적 변화를 추진해야 한다.

(2) 국방전략의 재설계 방향

2023년 10월 7일 하마스의 기습공격으로 이스라엘 국민 1,200명이 사망하고 251명의 인질이 납치되었다. 이스라엘은 즉각적인 반격으로 전쟁의 주도권을 탈환했으나, 하마스의 기습공격은 이스라엘군에게 뼈아픈 교훈을 남겨주었다. 이스라엘 방위군의 가이 하주트Guy Hazoot 준장은 2025년 3월 한국 국방대학교 강연에서 이스라엘이 하마스의 기습공격에 대비하지 못했던 원인을 다음과 같이 설명했다.

〈표 3-1〉 이스라엘이 하마스의 기습에 대비하지 못한 원인

• 이스라엘군의 테러집단에 대한 과소평가 – 하마스의 Nukhba, 헤즈볼라의 Al-Radwan 등 테러집단의 무장을 방치하고, 공격능력을 과소평가
• 이스라엘군의 전사적 기질(warrior ethos)과 전사적 문화의 붕괴 – 군대 내 오랜 '무사안일주의' 만연, 방어적·수세적 사고가 군을 잠식 – '헬리콥터 부모' 등 군에 대한 지나친 간섭으로 실전적 훈련 등한시 – 작전보안 취약 : 테러집단이 이스라엘군이 올린 SNS 사진 등을 활용
• 과학기술 기반 방어체계에 대한 과신 – 스마트 펜스(smart fence) 등 첨단 과학기술 기반 국경통제시스템에 대한 과도한 자신감 – 사이버, 미사일방어체계 등 과학적 방어시스템 맹신
• 전 출처 정보원의 통합 및 분석 미흡 – SIGINT(신호정보)에 과다 의존 – VISINT(감시카메라 등 시각정보), OSINT(SNS 등 오픈소스 정보), HUMINT(인간정보)로부터 획득된 정보 간과 – 국경지역에 배치되어 있는 현장 감시요원의 첩보 무시
• 저가의 비대칭 재래식 전력에 의한 기습공격 대비 미흡 – 박격포, 드론 공격으로 이스라엘군의 감시장비 및 통신시설 무력화 – 패러글라이딩으로 국경선 장애물을 우회 등

* 출처 : 필자 작성

이스라엘군의 대비태세에 대한 하주트 준장의 냉정한 평가는 한국군에도 많은 점을 시사한다. 한국군은 지난 70년 넘게 방어 위주 작전 수립의 관행이 이어져 왔다. 방어적·수세적 기질과 관행·문화가 국방 및 군사기획 전 분야에 깔려 있다. 북한의 핵·미사일 위협이 고도화되고 국지도발 가능성이 상존해 있음에도 능동적이면서 압도적인 군사력 운용에 대해 주저한다. 방어적 태세와 방어 중심의 전역 기획은 적의 치명적 공격을 허용할 가능성을 전제로 한다. 자칫 우리 군을 대응 불능 상태로 만들 가능성이 잠재되어 있는 것이다. 군은 전사적 기질과 전사적 문화가 충만한 상태에서 실전적 훈련을 통해 전시에 대비해야 한다. 군은 어떤 경우에도 분명한 대적의식을 견지하면서, 연습과 훈련으로 무장되어 있어야 한다.

한국군이 줄곧 유지해 온 비무장지대DMZ와 일반전초GOP 우선의 대비태세를 바꿔야 한다. 현재 한국군은 북한의 국지도발 위협에 대응하기 위해 DMZ와 GOP에 과도한 인력과 자원을 배치해 놓고 있다. 이러한 부대배비는 전쟁 초기 많은 수의 병력이 적의 기습공격에 노출될 수밖에 없는 가장 위험한 배치이다. 또한 GOP 후방지역에 위치한 부대의 편성을 약화시키고, 개인 및 부대단위 전술훈련을 제대로 하지 못하는 악순환을 야기하고 있다.[141]

현대전 그리고 다가올 미래전 양상은 첨단 하이테크전과 재래식 전쟁이 혼합된 양상으로 전개되며, 물리적 공간과 디지털 공간에서 동시 전투가 진행된다. 정보공간의 통제가 전쟁 승패에 결정적 역할을 한다. 인지전·정보작전·여론전의 중요성이 더욱 배가된다. 위에서 언급한 전훈을 교사로 삼아 우리의 국방전략을 재설계하는 데 반영해야 한다.

국방전략은 군사력 운용과 군사력 건설 방향을 제시한다. 그러기 위해서는 당면한, 그리고 향후 직면하게 될 위협과 위험, 취약성에 대한 포괄적이고 솔직한 평가가 선행되어야 한다. 북한 정권과 북한군에 대한 냉철한 분석과 평가, 그리고 우리가 보유하고 있는 방법과 수단을 고려하여 합리적이고 달성 가능한 군사전략목표와 최종 상태를 설정해야 한다.

국가안보 위협에 대해서는 외교·정보·군사·경제[DIME] 요소를 총체적으로 활용해 대응해야 한다. 그러나 우리 군은 아직도 군사력으로 모든 위협에 대비하려 한다. 현실적 국방 역량을 초과하는 비현실적 대응 개념과 전략을 설정해 놓고 국방자원을 확보하려 한다. 예산과 자원, 노력이 분산되고 있다. 대북 국방전략은 우리의 자주적 군사능력[M]을 우선적으로 고려하고, 주변국에 대한 국방전략은 동맹·우방국이 제공하는 외교·정보·경제적 능력[DIE]을 종합적으로 활용해야 한다. 동맹·우방국의 안보협력을 최대로 활용해 위협을 억제하고, 국방은 사활적 이익(주권·영토)을 위한 핵심 군사 역량을 구비하는 데 집중할 필요가 있다. 회색지대, 하이브리드전, 경제안보, 안정적 공급망 확보가 국방의 우선순위로 등장했다. 평시부터 동맹·우방국의 안보협력을 최대한 활용하는 국방전략을 수립해야 한다. 모든 해상교통로를 자국의 군사력만으로 보호하는 국가는 없다. '규칙 기반 질서'를 지지하는 국가 간의 협력을 통해 글로벌 해상교통로를 보호하는 것이 합리적이다.

북한의 군사적 모험주의와 공세적 군사전략을 차단하고 억제하기 위해서는 우리 군 또한 능동적이고 적극적인 군사력 운용 개념으로 전환해야 한다. 북한의 핵 사용 또는 전면적 도발 징후가 명확할 경우, 북한의 전략적·작전적 중심을 압도적 전력으로 선제타격하는 공세적 개념을 발전시켜야 한다. 북한의 핵무기는 대한민국과 우리 국민의 존망이 걸린 문제이다. 단 한 발의 핵무기도 허용할 수 없다는 신념으로 북핵 위협에 대응해야 한다. 북한의 전략적 중심은 북한 핵무기와 전쟁지도부이다. 이를 근원적으로 제거하기 위한 정교한 계획을 발전시키고, 압도적 역량을 갖춰야 한다. 이를 위해서는 한국형 3축체계의 개념을 확장하고 능력을 획기적으로 강화해야 한다.

이스라엘의 군사력 운용 개념은 유의미한 시사점을 제공한다. 이스라엘은 영토가 협소해 전장을 영토 밖에서 수행하는 개념을 추구한다. 적의 공격 징후가 발견되면 전장을 적의 영토에서 수행하며, 적에게 공격을 당하면 압도적 응징보복으로 대응한다. 이러한 군사력 운용 개념을 구현하기 위해 선택과 집중에 기반해 무기체계를 개발한다. 적의 공격 징후를 파악하기 위해 세계 4대 도·감청기관으로 손꼽히는 8200부대,[142] 위성영상 분석 전담부대인 9900부대[143] 등 세계 최고 수준의 정보 역량을 보유하고 있다. 한국 역시 절대 우위의 강국과 적대적 국가에 둘러싸인 국토가 협소한 나라라는 사실을 유념해야 한다.[144]

북한과 주변국의 회색지대 전략에 대비한 대응개념을 동시에 발전시켜야 한다. 하이브리드 위협은 '사이버+심리전+정보전'이 핵심 수단이다. 우크라이나는 허위 정보 대응을 위해 전략커뮤니케이션사령부를 운영했다. 'IT Army' 등 민간조직이 전쟁에 참여해 하이브리드 위협에 대응했다. 우리도 민·관의 역량을 결집해 대북·대주변국 대상 인지작전 수행체계를 구축하는 것이 중요하다.

군사력 운용 개념과 위협에 기초한 군사력 건설 우선순위를 설정해야 한다. 합동작전수행개념, 즉 싸우는 방법을 정교하게 설계하고, 싸우는 방법에 가장 적합한 장비와 무기를 확보해야 한다. 그러나 우리 군은 싸우는 방법과 무기체계의 획득이 분리된 채 군사력 건설을 추진해 왔다. 심지어 미군이 갖고 있기에 우리도 필요하다는 '미국 따라하기 식' 논리를 주창했다.[145] 최고·최대를 지향하는 군사력 건설 개념을 아직도 고수하고 있다.

전략환경이 급속도로 변화하고 있음에도 불구하고 경직된 획득체계는 탄력적 접근을 차단하고 있다. 각 군은 독립적 작전개념을 설정하고, 자군 중심의 논리를 설파하면서 특정 전력 획득의 필요성을 강조한다. 고가·고성능이 전력 획득을 위해 여론화·정치쟁점화 하는 경향도 존재한다. 우리의 국방예산, 전력획득 우선순위 등을 고려해 획득 계획을 기민하게 조정 또는 재검토해야 하나, 현 획득체계는 일단 반영된 사업에 대해서는 언제라도 착수 가능하도록 경직되어 있다. 기존 소요를 재검토하고, 현재의 경직된 획득체계를 신속하고 유연한 획득체계로 탈바꿈할 수 있도록 국방획득체계 전반을 개혁해야 한다.

현재 한국군이 가장 시급히 확보해야 할 전력은 대북 정찰감시전력과 타격전력, 감시·타격자산을 연결해 통합지휘할 수 있는 합동전영역지휘통제체계, 전쟁지속능력을 결정하는 전시 소요 주요탄약이라고 사료된다. 군사력 건설의 패러다임 혁신 문제는 다음 장에서 보다 자세히 다루겠다. 필자는 현재까지 논의를 토대로 다음의 요소를 고려해야 한다고 생각한다.

- 북한의 핵·미사일을 선제적으로 제압하는 3축체계의 운용개념과 능력을 확장

- 동맹·우방국과 협력해 대북·대주변국 DIME 통합전략을 발전
- 현 DMZ·GOP 위주 부대 배비를 조정, FEBA부대의 편성과 훈련을 보강
- 회색지대·하이브리드전 대비 인지작전 체계 정립
- 유무인체계 위주 작전수행개념(합동작전수행개념) 발전
- '전력지수 평가체계' 개발로 유인전력과 무인전력 모두를 활용한 전력 구성
- 합동작전수행개념에 기초한 군사력 건설
- 중단 없는 대북 감시역량(ISR) 조기 구축 및 AI 기반 한국형 합동전영역지휘통제(KJADC2) 체계 최우선 구축
- 전시 소요 주요탄약 확보

2

★

군사력 건설의 패러다임 혁신[146]

최근에 소요가 결정되거나 도입이 확정된 우리 군 전력의 군사적 효용성에 대한 논쟁이 여전하다. 먼저 대형 공격헬기 추가 도입의 필요성이다. 이미 우리 군은 대북 우위의 헬기 전력을 보유하고 있다. 국산 경공격헬기Light Attack Helicopter, LAH인 미르온의 전력화가 예정되어 있다. 향후 유무인복합전투체계, 즉 유인헬기와 무인헬기의 통합운용개념에 따라 무인헬기의 소요가 증대될 것이다.

다음으로는 5세대 스텔스 전투기의 추가 도입 필요성을 들 수 있다. 현재 우리 군은 F-35A 전투기 39대를 운용하고 있다. F-35A 전투기는 5세대 스텔스 전투기로서, 북한의 방공망을 회피하면서 은밀히 기동해 적의 심장부를 타격하는 전략무기이다. 전선 지역의 적 전차를 타격하기 위한 근접항공지원Close Air Support, CAS이나, 북한 공군과 공중전투를 목적으로 활용하는 전력이 아니다. 더욱이 F-35에 내장된 지휘통제체계, 전자장비 등에 대해서는 미국 외 타국 군은 접근이 제한된다. KF-21 전투기의 전력화가 예정되어 있고, 유무인 전투체계 구성을 위한 무인전투기의 소요와 항공기 전 수명 기간 운용유지 비용을 고려할 때, 고가의 5세대 첨단 전투기를 얼마만큼 더 확보해야 하는지에 대한 충분한 논의가 필요하다.

경항모(드론항모), 합동화력함, SM-3 대공미사일도 뜨거운 감자이다. 드론항모와 합동화력함이 한반도 전구작전에 과연 실효적인 체계인지, 탄도탄을 운용할 단순한 해양 플랫폼이 필요한지, 북한 미사일의 비정상적 고각발사에 대비해 한 발당 300억에 이르는 고가의 요격미사일을 보유하는 것이 합리적인지에 대한 논쟁이다. 필요하다고 모든 전력을 전부 구매할 수 없다. 국방 재원과 위협의 우선순위를 고려해서 전력획득의 우선순위를 명확히 설정해야 한다. 무인체계에 대한 소요를 고려해, 현용 레거시 플랫폼에 대한 최적화, 방향성을 조정하기 위한 논의가 필요하다.

몇 가지 사례를 언급했지만 이는 엄연한 한국군 전력 증강의 현실이다. 왜 그럴까? 필자가 생각하는 우리 군의 전력획득체계에 노정된 몇 가지 문제점을 나열하면 다음과 같다.

---

① 고가·대형·유인체계 중심의 전력획득 고수

② 합동성을 강화하기보다는 자군 중심의 전력 증강 우선

③ 경직·진부한 국방획득체계로 인해 방향성 있는 신속한 군사력 건설 제한

④ 한 번 소요 결정된 전력의 기계적 획득 경향(JSOP의 수정·삭제 거의 불가)

⑤ PPBEE 시스템의 비효율성 내재

⑥ 상비전력 건설에 모든 노력 집중(예비전력 건설 간과)

---

① AI 기반 과학기술군으로의 도약을 기치로 내걸고 있으나, 여전히 고가의 대형무기체계, 유인체계 중심의 전력획득을 고수하고 있다

최근 보도되고 있는 주요 전력의 획득비용을 보면, 대형 공격헬기 36대 추가 도입에 약 4조 6,000억 원, 5세대 스텔스 전투기 20대 도입에 약 3조 9,000억 원, 드론항공모함 1척에 2~3조 원이 소요된다.[147] 이는 초기 획득비용만을 따진 것이다. 무기체계 획득 후 향후 운영할 30~40년 동안의 운영유지 비용은 획득비용보다 수 배 이상의 천문학적 재원이 소요된다. 고성능 장비, 첨단기술이 탑재된 무기체계는 당연히 비싸다. 그러나 우리 국방재원이 감당할 수 있는 현실을 고려해야 한다. 한반도의 작전환경, 즉 국토의 좁은 정면과 깊지 않은 종심, 동·서·남해의 해상 및 수중 작전환경, 우리가 보유하고 있는 국방자원(인력·정비·시설), 향후 미래전력 소요 등이 고려되어야 한다. 대북 우위를 넘어 주변국의 위협과 능력에 상응하는 전력을 확보해야 한다면, 그 군사적 필요성과 효용성을 평가하고, 기술 성숙도, 예산과 시간, 기존 체계와의 상호운용성 등을 고려해 합리적 선택을 해야 한다. 유무인 복합전투체계 구성에 필요한 무인체계의 소요를 반영해야 한다. 단순히 필요해서, 성능이 좋다고 많은 종류의 무기체계를 구매할 수 없다.

② 합동성 측면보다는 자군 중심의 전력 증강을 더 우선한다

육·해·공군 전력이 균형 있게 발전해야 한다. 이는 합동성을 강화하고, 유사시 각 군의 상호운용성을 보장하는 중요한 요인이 된다. 현재 육군의 무기체계는 2~4세대에 이르는, 구식부터 현대식까지 다양한 무기체계가 혼재되어 있다. 서부축선에는 4세대 전력이, 동부축선에는 3세대 이하 전력이 배치되어 있다. 전방지역과 후방지역의 격차도 크다. 상비군과 예비군이 운용하고 있는 무기체계는 비교가 불가하다. 반면 해군과 공군의 주요 전력은 4세대 이상의 현대식 전력으로 꾸준히 대체되고 있다. 이러한 현상은 우리 국방비 중에서 전력증강에 투입되는 방위력개선비가 각 군별로 배분되는 추세에 크게 기인하다. 이러한 추세는 육해공 3군을 균형 있게 안배함으로써 3군 균형발전을 달성해야 한다는 인식의 오류 때문이다.[148] 2025년 기준 국방비는 약 61조 원이다. 이 중 약 30%에 이르는 18조 원 규모가 방위력 개선비이다. 18조 원의 방위력개선비가 육해공군에 특정 비율로 할당된다. 이러한 프레임 속에서 각 군이 최우선 순위로 설정해 놓은 방위력개선사업이 우선 채택되고 있다. 사이버 등 3군에 공통적으로 필요한 전력은 각 군의 전력증강 우선순위 밖에 있기 때문에 필요충분한 예산이 반영되지 못하고 있다.

육·해·공군·사이버·우주 등의 전력소요를 종합적인 관점에서 보면서 전력증강의 우선순위를 결정해야 한다.

③ 경직·진부한 국방획득체계로 인해 방향성 있는 신속한 군사력 건설 제한

국방획득체계의 문제점은 무엇인가? 우리 군은 육해공군 합동성을 강조하면서도 전력 건설은 각 군에서 제기하는 소요에 기반해 합참에서 결심하는 Bottom-Up 체계를 유지하고 있다. 다수의 전문가들은 우리 군의 무기체계·비무기체계 획득 과정이 너무 경직되어 있고, 적기에 확보할 수 없다는 점을 공통적으로 언급한다.

현재 한국군의 군사력 획득 과정은 너무 복잡하다. 각 군이 필요한 전력건설 소요를 제기하고 결정해 획득·양산하는 단계에서 각 군, 방위사업청·합동참모본부·국방부·국방연구원KIDA·국방과학연구소ADD·예산부처 등의 기관이 관여한다. 육·해·공군의 소요제기, 방사청과 ADD의 개념연구, KIDA의 소요검증, 합참의 소요결정, 방사청의 사업추진전략 수립, 예산부처의 사업타당성 조사, 방사청과 국방부의 국방중기계획 작성, 방사청과 국방부에 의한 연구개발 및 구매 추진, 초도 전력에 대한 합참과 소요 군에 의한 시험평가, 본격적인 양산 전 예산부처와 KIDA에 의한 사업타당성 조사 등 너무나도 복잡한 장기간의 과정을 거쳐 각 군에 필요한 전력이 배치된다. 그 과정에서 한 개 기관이라도 이의를 제기하면 사업 추진의 적기를 놓치기 쉽다. 그에 따라 우리 군의 무기체계 획득 기간이 평균 10년 이상 걸리는 경우가 비일비재하다. 전력획득 비용이 상승하는 것은 당연한 결과이다. 전력획득의 투명성을 지나치게 강조하다 보니, 효율성과 신속성이 떨어지는 비정상적인 프로세스를 만든 것이다. 현재의 시스템은 빠른 변화를 추구하는 현대전 양상에 적용하는 데 커다란 장애가 되고 있다. 또한 기존의 획득체계에 익숙한 조직과 인력이 변화와 혁신을 두려워하고 현용 체계에 안주하고 있다.

새로운 전장과 민간의 첨단기술을 적용한 신무기체계를 적용할 수 있는 제도가 미흡하다. 무기체계와 전력지원체계로 구분되는 현용 시스템으로는 인공지능·소프트웨어 등의 개념을 담을 수 없다. 군사력 건설 프로세스에 인공지능 요소가 포함되면 완전히 다른 새로운 개념의 군사력 건설 프로세스가 필요하다. AI를 적용한 새로운 군사력 건설 프로세스를 신속히 정립해야 한다.

이러한 난제를 해결하기 위해서는 국방획득체계를 전면적으로 개편해야 한다. 북핵 및 재래식 위협에 대비해 한국군의 자강 능력을 확보하기 위한 전력 확보에 최우선순위를 두고, 신속하게 확보할 수 있도록 군사력 건설의 우선순위를 정립해야 한다. AIX, 즉 AI Transformation의 속도에 맞춰 AI x 드론, AI x 로봇 등의 전력화를 위한 획득 프로세스를 조속히 정립해야 한다. 국방부, 예산 관련 부처, 방사청, 국방과학연구소, 국방연구원, 국방기술품질원 등 각 기관이 갖고 있는 권한을 재조정하고, 관련 조직을 정비해야 한다. 국방획득체계의 혁신은 반드시 국가 차원에서 해결해야 할 과업이다.

④ 한 번 소요 결정된 전력의 기계적 획득 경향 (JSOP의 수정·삭제가 거의 불가)

수조 원에 이르는 무기체계의 획득이 일단 결정되면 다시 되돌리기가 힘든 것이 현실이다. 경항모와 합동화력함은 모두 2020년 이전에 전력화가 필요한 '소요'로 결정되었다. 그러나 해당 무기체계의 실효성에 대한 여러 논쟁으로 인해 실제 사업으로 추진되지 못하고 있다. 그러나 위 소요는 우리 군의 기획문서에 반영되어 있어 언제든지 사업 재개가 가능한 상태이다. 한 번 결정된 소요를 다시 취소하거나 수정하기 힘든 시스템으로 인해 각 군은 자군이 필요한 무기체계의 소요를 우선 JSOP에 반영하기 위해 최우선적 노력을 다한다. 그래야만 언젠가 사업화 추진이 가능하기 때문이다. 이 과정에서 예산 사용의 효율성에 대한 고려는 뒤로 밀린다.

⑤ 각종 기획문서·계획문서 작성 중복, 노력의 낭비 초래

현재 국방부와 합참은 『국가안보전략지침(국가안보실)』-『국방전략서(국방부)』-『합동군사전략서JMS』(합참)의 체계 아래 『합동군사전략목표기획서JSOP』, 『합동군사전략전역기획서JSCP』, 『국방기획지침DPG』, 『장기무기체계발전방향』, 『핵심기술기획서』, 『합동작전기본개념서』 등 다종의 기획 문서를 작성하고 있다.[149] 『합동군사전략서』는 국가안보목표와 국방목표를 달성하기 위해 군사전략 목표 및 개념, 군사력 건설 방향을 제시하는 합참의 최상위 기획문서이다. 『합동군사전략목표기획서』는 국방목표 달성을 위한 중기 군사력 건설 방향, 중기 전력소요 및 전력화 우선순위를 제시하는 군사력 건설 소요에 관한 기획문서이다. 『합동군사전략전역기획서』는 『합동군사전략서』에서 제시한 군사전략목표를 구현하기 위한 군사력 운용에 대한 지침을 제공하는 기획문서이다.[150] 각 군은 국방부와 합참의 기획문서와 보조를 맞추어 각 군 전략서, 요구능력서, 작전수행개념서 등을 별도로 작성 중이다. 우리 군이 작성하는 대표적인 기획문서와 계획문서를 나열하면 보다 이해하기 쉽다. 〈그림 3-1〉이 그것이다.

이 문서들은 현 국방기획관리제도에 따라 우리 군이 작성하고 있는 전략문서들이다. 국방기획관리제도Planning, Programming, Budgeting, Execution, Evaluation System, PPBEES는 중·장기적 관점에서 국방재원을 기획·계획·예산·집행 및 평가하는 체계로 우리 군의 국방기획관리 시스템은 1979년 6월 미국에서 도입해 오늘에 이르고 있다.[151] 위의 PPBEES에 따라 국방부와 합참, 방위사업청, 각 군이 중복적으로 다양한 문서를 작성하면서 많은 수의 인원과 조직이 투입되고 있다. 자군 중심주의 사고로 인해 실효성 없는 문서가 반복 생산되고 있으며, 군의 행정화를 초래하고 있다. 기획문

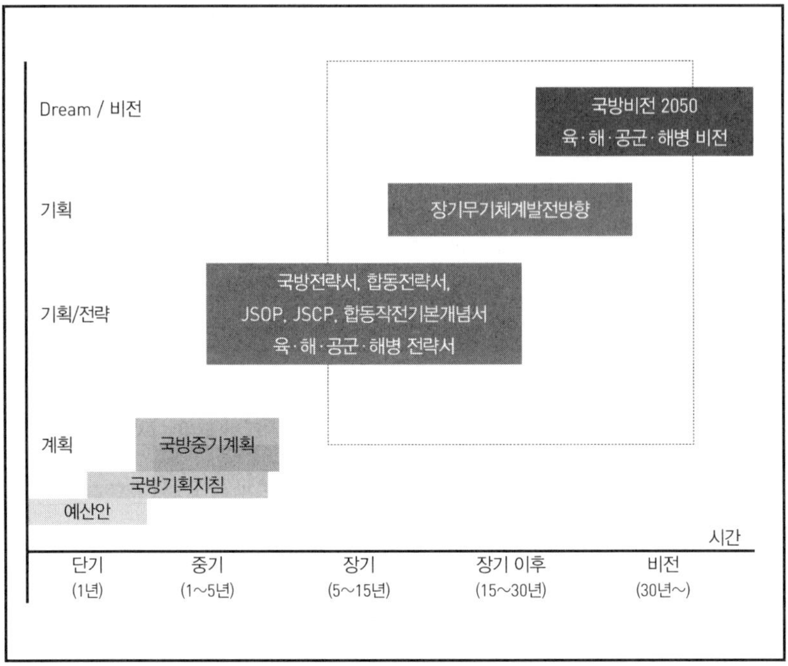

* 출처 : 배학영, 국방대 내부토의 시 발표자료(2024년 8월)

〈그림 3-1〉 우리 군의 주요 기획·계획 문서

서가 다루는 대상 기간도 너무 길다. 『국방전략서』 등을 포함한 기획문서 대부분이 향후 15년까지의 장기 기간을 대상으로 작성 중인데, 급변하는 안보상황과 군사과학기술의 혁명적 속도를 고려하지 않은 구습을 답습하고 있는 결과이다. 이제는 우리 군이 지난 40년 이상 유지해 온 국방기획관리제도PPBEES의 실효성을 검토해서 보다 혁신적인 제도로 개편해야 한다.

미국은 20년, 15년 같은 장기 비전서를 작성했지만 이제는 그런 비전 형식의 문서들은 거의 사라졌다. 중·장기 미래에 대한 예측이 어려워 실효성이 떨어지기 때문이다. 이스라엘은 10년 후의 전략 환경 예측에 기반한 장기계획을 수립하지 않는다. 다년간 의무적으로 진행되는 획득 프로그램은 상황 변화에 따라 즉각 변경해야 하기 때문에 오랜 기간 지속되는 군사력 증강 계획이 없으며, 예산 가용범위 내에서 실질적인 계획을 수립한다.[152] 현행 우리 군이 작성하고 있는 장기 기획문서가 모두 필요한지 냉철하게 살펴볼 필요가 있다.

전략문서란 구체적인 계획과 실현 가능성이 담보되어야 한다. 현대와 같이 기술적 진보가 예측 불가능할 정도로 빠른 시기에는 다종의 계획문서는 현실성이 결여된 참고문서로 전락하기 쉽다. 기술의 진보가 혁신적으로 변화하고 있는 시기에 맞춰 실효성 높은 문서를 작성해야 한다. 군에서 작성하는 전략문서를 과감히 통폐합하고 정비해야만 조직과 인력의 낭비를 줄일 수 있다.

⑥ 상비전력과 예비전력의 균형있는 전력건설 필요

상비전력과 예비전력의 격차는 '제로(0)[Zero]'여야 한다. 현재 우리 군의 작전계획의 기본개념은 '방어 후 공세 전환'이다. 북한의 무력공격으로부터 수도권 전방지역에서 방어해 적을 격멸하고, 이후 공세로 전환한다는 것이다. 이러한 연유로 초전 상비전력의 피해율은 상당할 수밖에 없으며, 상비전력의 생존성은 매우 중요한 문제이다. 방어에 성공 후 공격으로 전환하는 주 전투력은 예비전력이 중심이 된다. 당연히 공세의 중심인 예비전력은 평상시 상비전력과 대등한 수준이어야 한다. 그러나 우리 군의 군사력 건설은 상비전력의 극대화에 초점이 맞추어져 있다. 동원된 예비군이 싸울 수 있는 각종 무기체계 및 전투장비·물자 등에 대한 전력 건설은 당장 급한 사안이 아니라는 이유로 후순위로 밀리고 있는 것이다.

전략 수립과 군사력 건설은 위협의 특정에서 시작한다. 무엇이 위협인지, 그 위협이 어떠한 능력을 가지고 있는지, 위협이 북한인지 주변국인지 먼저 식별이 되어야 군사력 건설의 방향성을 도출할 수 있다. 또한 최종상태End State를 명확히 설정해야 한다. 최종상태 달성을 위한 군사력 운용개념, 즉 합동작전 수행개념을 통해 군사력 건설 소요를 도출할 수 있다. 그 과정의 중심에 군이 있어야 한다. 한정된 국방예산 범위 내에서 군사력 건설의 우선순위를 결정하는 데는 국방부와 합참이 중심이 되어야 한다. 군사력 건설의 우선순위는 각 군에서 제기한 군사력 건설 소요가 아니라, 위협에 기초해 우리 군이 부족한 능력이 무엇인지를 먼저 평가하고 이를 토대로 군사력 건설 우선순위를 도출해야 한다. 이를 위해서는 국방부가 각 군에서 올라온 전력 필요성, 즉 소요에 대한 검증 기능을 수행해야 한다. 필요한 전력이라고 모두 다 획득할 수는 없다. 현존 전력에 대한 평가와 함께 미래에 소요되는 전력의 효용성에 대해 중단없는 평가가 이루어져야 한다.

3

★

대북 억제 및 대응능력 강화

(1) 한국형 3축체계의 개념과 능력 확장

한국형 3축체계는 우리 군의 독자적인 북한 핵·미사일 대응전략으로, '킬체인Kill Chain', '한국형 미사일방어Korea Air and Missile Defense, KAMD', '대량응징보복Korea Massive Punishment and Retaliation, KMPR'으로 구성된다.

'킬체인'은 북한의 핵·미사일 관련 지휘·발사·지원 체계, 이동식 발사대 등 핵심표적을 신속·정확하게 탐지해 사용 징후가 명확할 경우 발사 전에 제거하는 공격체계로서, '거부적 억제' 개념을 구현한다.[153]

'한국형 미사일방어'는 우리에게 날아오는 다양한 미사일을 탐지·요격하는 복합 다층 미사일방어체계로서, 킬체인과 함께 '거부적 억제' 개념을 구현한다.[154]

'대량응징보복'은 북한이 핵·WMD를 사용할 경우 우리 군의 고위력 타격능력 등 압도적인 전략적 타격능력으로 전쟁지도부와 핵심시설 등

을 응징보복하는 체계로서, '응징적 억제' 개념을 구현한다.[155]

시간 순으로 본다면 북한의 핵 공격 임박 시 킬체인, 핵공격 간 KAMD, 핵 공격 후에는 KMPR로 대응한다는 개념이다. KAMD는 2009년, 킬체인은 2012년에 우리 군의 작전수행개념으로 등장하였으며, 2016년 북한이 두 차례의 핵실험을 한 이후 KMPR 개념을 공개하면서, 위의 3가지 작전수행개념을 모아 한국형 3축체계로 발전했다.

일반적으로 킬체인과 KAMD가 구현하고자 하는 '거부적 억제deterrence by denial'는 상대방에게 자신의 핵·미사일 공격이 성공하지 못할 것이라는 판단을 강요해 공격을 억제한다는 것으로, 억제 실패 시 상대의 군사시설을 타격counter-force strike하고, 미사일 방어 등을 통해 상대의 군사력을 무력화하는 데 초점이 맞추어진다.

KMPR이 지향하는 '응징적 억제deterrence by punishment'는 상대의 산업시설·인구밀집지역 등 대가치 표적counter-value target에 대한 확증 보복을 위협함으로써 억제를 달성한다는 개념이다.[156] 핵무기를 가진 국가의 경우 거부적 억제의 수단은 재래식 위주이나, 핵전력 사용도 가능하다. 응징적 억제의 경우 상대방의 핵 사용에 대해서는 핵으로 대응하는 것을 원칙으로 한다.

현재 우리 군은 한국형 3축체계 능력 확보 로드맵에 따라 북한 전 지역에 대한 감시, 타격, 특수작전 수행능력 확보를 위해 전방위적 노력을 다하고 있다. 그러나 비핵국가인 우리나라는 실질적 핵보유 국가인 북한을 상대로 재래식 전력을 통해 북한의 핵 사용을 억제해야 한다. 한국형 3축체계는 2016년 태동했다. 그러나 지난 10여 년간 북한의 핵·미사일 능력은 비약적으로 발전했다. 이제는 한국형 3축체계 작전수행개념의 효용성을 검증해 한국형 3축체계가 지향하는 거부적·응징적 억제 개념을 구현할 수 있는지 면밀하게 분석하고 평가해야 한다. 이에 필자는 한국형 3축체계가 북핵 억제의 군사적 수단으로서 신뢰도를 갖추기 위한 몇 가지 제언을 하고자 한다.

우선 북한의 핵·미사일을 선제적으로 제압하는 '킬체인' 개념을 확장해야 한다. 이스라엘의 전략개념을 참고할 필요가 있다. 이스라엘은 영토가 협소해 전쟁을 영토 안에서 수행할 수 없는 지정학적 특성을 가지고 있다. 때문에 방어보다는 선제공격 개념의 전략을 추구한다. 공격을 당하면 혹독한 응징보복을 감행하고, 전쟁징후를 발견하면 선제공격을 통해 전장을 적의 영토로 옮긴다.[157] 우리 군의 킬체인 개념을 보다 더 공세적으로 확장해야만 하는 이유이다. 우리나라 역시 국토의 정면은 협소하고, 종심도 깊지 않다. 북한과 지근거리에 전 국민의 절반 이상이 거주하고 있으며, 국가 기반시설과 군사 중요시설이 밀집해 있다. 단 한 발의 핵 미사일이라도 한국에 투하된다면 회복하기 어려운 피해를 입게 되며, 북한은 자신이 원하는 전략적 목표를 달성할 수 있다.

킬체인의 거부적 억제를 실질적으로 구현하기 위해서는 북한 전역에 대한 세계 최고 수준의 정찰감시 및 정보수집 능력을 보유해야 한다. 북한의 핵·미사일 사용 징후를 조기에 파악하고, 북한군이 발사 준비 상태를 갖추기 전에 북한의 핵·미사일 능력을 완전히 제거할 수 있는 타격 계획과 자산을 확보하고 있어야 한다. 북한의 핵 지휘통제통신Nuclear Command, Control & Communication, NC3 체계를 우선적으로 제거해야 한다. 이를 위해서는 킬체인을 북한 전쟁지휘부와 핵심 군사시설을 완전히 무력화할 수 있는 작전수행개념으로 발전시켜야 한다. 첨단 무기체계로 무장하더라도 작전수행개념이 방어적이고 수세적이면 전쟁에서 승리하지 못한다. 한반도 전장환경과 지정학적 특성을 고려해 한국형 3축체계, 특히 킬체인의 개념을 공세적으로 확장해야 한다.

KAMD는 북한의 핵·미사일 공격으로부터 국가·군사 중요시설을 방호하는 복합다층방어체계이다. 최근 이스라엘이 수행하고 있는 다중분쟁은 국가 전쟁지도부와 중요 기반시설을 방호하기 위한 복합다층방어체계의 중요성을 여실히 보여주고 있다. 이스라엘은 아이언돔Iron Dome과 데이비드 슬링David Sling, 애로우Arrow 체계로 구성된 복합다층방어체계를 운용 중이며, 한국 역시 북한의 미사일과 장사정포 혼합공격에 대비한 복합다층방어체계를 강화하고 있다. 북한은 유사시 다종의 미사일과 드론, 장사정포를 혼합해 사용할 것이다. 한국은 장사정포요격체계로부터 장거리 탄도탄 요격용 지대공미사일까지 저고도에서 고고도에 이르는 다층방어체계를 구축하고 있다. 주한미군은 미 공군이 주둔하고 있는 공군기지 방어를 위해 패트리어트 체계를 배치해 운용 중이며, 경북 성주에 사드 체계를 배치해 한국군의 미사일방어체계를 보완하고 있다.

고도화되고 있는 북한의 핵·미사일 위협과 장사정포·미사일 혼합공격에 대비하기 위해 우리 군의 독자적인 복합 미사일방어체계 구축이 필수적이다. 한국이 이스라엘의 아이언돔과 미사일방어체계를 능가하는 KAMD 체계를 구축해도 북한의 핵미사일을 100% 방어하기란 쉽지 않다. 그럼에도 불구하고, 국가의 전쟁지도부와 전쟁지속능력을 유지할 수 있는 핵심시설에 대한 방어태세는 완벽하게 갖춰져야 한다. 특히 수도권에 대한 방어체계 구축은 매우 시급하다. 북한의 미사일 공격 능력이 고도화·다양화될수록, 자국의 핵심 기반시설과 전쟁지휘부를 방어하기 위한 충분한 수준의 양적·질적 방어태세와 능력을 갖추어야 한다.

전략개념의 확장은 이를 구현하기 위한 능력 확보가 전제되어야 한다. 북한이 핵·미사일로 공격하더라도, 충분히 반격할 수 있는 제2격 능력을 보유해야 한다. 수백 발의 미사일을 발사해 북한의 핵 관련 시설을 모두 소멸시킬 수 있는 압도적 대응능력을 갖추어야 한다. 남세규 전 국방과학연구소장이 제안한 '미사일 일만양탄설一萬養彈說'을 주목하는 이유이다.[158]

한국형 3축체계는 물리적kinetic 수단뿐만 아니라 비물리적non-kinetic 수단을 결합해 그 능력과 태세를 강화해야 한다. 사이버작전과 전자전 능력은 물리적 작전의 승수효과를 거둘 수 있는 필수능력이다. 새로운 군사적 수단인 우주, 전자기 스펙트럼, 사이버 능력을 북핵 대응에 적용해야 한다. 정보영역에서의 우위를 확보하기 위한 인지작전 수행체계를 발전시켜야

〈표 3-2〉 한국의 복합다층 미사일방어체계

구분		목적	성능	비고
저고도	장사정포 요격체계 (LAMD)	북한 장사정포 요격체계 (한국형 아이언돔)	요격고도 0~5km	개발 중
중고도	M-SAM I (천궁)	중거리 지대공미사일 (항공기 요격용)	유효사거리 40km 고도 15km	배치 완료
	M-SAM II (천궁-II)	중거리 지대공미사일 (대탄도탄 방어용)	요격사거리 20km 고도 15km	배치 완료
	PATRIOT		요격고도 15~35km	배치 완료
	M-SAM III (천궁-III)		요격고도 15~50km(추정)	개발 예정
고고도	L-SAM I	장거리 지대공미사일	요격고도 40~60km	개발 완료
	L-SAM II		요격고도 40~100km(추정)	개발 예정
	THAAD		요격고도 40~150km	주한미군 운용

* 출처 : 필자 작성

한다. 공세적 사이버작전을 통해 적의 지휘통제통신체계에 침투해 '발사의 왼편' 작전을 수행할 수 있도록 해야 한다. 방어에 치중되어 있는 전자전 능력을 공세적으로 발전시켜야 한다.[159] 현대전이 고도의 과학기술 역량에 기반한 전쟁 양상으로 전개되면서, 우주기반, 공세적 사이버·전자전의 중요성은 충분히 입증되었다.

(2) 인지작전 수행체계 정립

21세기 전장의 패러다임이 물리적 전장에서 인지 영역으로 전환되고 있다. '경쟁-분쟁-분쟁 이후'로 이어지는 분쟁의 스펙트럼, 회색지대 분쟁, 하이브리드전 등 전쟁의 영역과 수단이 복잡해지고 다양해지면서 인지전cognitive warfare, 인지영역작전cognitive domain operation을 수면 위로 끌어올렸다. 또한 AI 시대가 도래하면서 내러티브, 즉 '이야기'의 생산은 사람의 신념과 기억, 감정을 분열시키는 주요 수단이 되고 있다. 국가와 국가 간 분쟁, 자유주의와 권위주의 진영 간 펼쳐지는 경쟁의 상황에서 누가 먼저 스토리story를 점유하느냐, 누구의 이야기가 더 감동적이냐가 전쟁에서 우위를 차지하는 게임 체인저가 된 것이다.

이와 관련해 인지전, 또는 인지작전에 대한 많은 논의가 진행 중이다. 미국, 중국, NATO 등의 주요 국가들은 인지작전의 정의, 수행개념, 수단, 정보작전·여론전·심리전 등 유사작전과의 차이점에 대한 연구를 활발하게 진행하고 있다. 그러나 그 개념적 정의가 어떻든 현재 인지작전은 전쟁의 승패를 좌우할 수 있는, 지·해·공·우주·사이버에 이은 제6의 전장 영역으로 간주되고 있으며, 사이버·SNS·방송·통신기기 등 다양한 수단을 통해서 수행된다는 것에는 이견이 없다.[160]

인지전은 정보전·심리전을 포괄하면서, 인간의 의식과 감정에 개입해 전체 인지체계에 영향을 미치는 다차원 전쟁이다. 인공지능과 신경과학의 발전으로 내러티브로 구성된 정보가 핵심적 군사 위협의 하나로 등장하면서, 미국과 중국, NATO와 러시아 등은 인지전의 성공적인 군사작전 적용 방안에 대해 논의 중이다.[161] 특히 전쟁이라는 극단적 상황에서는 진영 간 통계와 서술이 상반되고, 진위를 구분할 수 없는 정보가 넘쳐나며, 이러한 정보의 해석이 정쟁과 갈등의 수단으로 활용될 경우 국민의 판단력을 흔드는 결과로 이어진다. 예를 들어 우크라이나-러시아 전쟁 간 내러티브 경쟁이 치열했는데, "나토 확장이 전쟁 원인", "서방이 전쟁 책임"이라는 담론이 그 사례이다.[162]

AI 시대, 생성형 인공지능을 통해 쏟아지는 그럴듯한 이야기, SNS와 유튜브를 통해 확산되는 정보와 통계, 담론과의 전쟁은 더 이상 남의 일이 아니다. 중국·러시아·북한·이란 등의 권위주의 국가들은 이미 장기적이며 지속적인 정보조작, 허위정보, 오정보를 통해 민주주의 국가 대중의 마음에 영향력을 미쳐 여론전·심리전을 전개하고 있다.[163] 중국의 삼전 전략은 대표적인 인지전의 형태이다. 담론을 형성해 전파하고, 전파한 메시지에 유리한 심리적 환경을 만들면서(심리전), 전략적 내러티브를 통해 대중을 설득하고(여론전), 주권의 논리로 합법성을 주장하는(법률전) 양상으로 인지전을 수행한다.[164] 우크라이나-러시아 전쟁, 이스라엘-하마스 전쟁은 디지털 공간에서의 정보전과 내러티브 전쟁이 얼마나 중요한지 여실히 보여주었다. 반면, 사회 구성원이 다양할수록, 구성원의 의사소통 통로가 자유롭게 보장되는 자유민주주의 국가일수록 인지전에 취약하다.

사이버, 미디어, SNS, 유튜브 등의 수단을 통한 인지전이 일상화되었다. 현대전에서 스마트폰과 카메라가 모든 군사행위를 전송해 여론 형성에 심대한 영향을 주고 있다. 교육·언론·법·윤리 시스템이 인지적 면역력을 갖추어야 하는 것이 현대 민주사회의 핵심 방어선이 되었다. 우리 군도 인지전, 인지작전, 내러티브narrative 전쟁에 대비한 전략적인 대응체계를 갖춰야 한다. 권위주의 국가들의 인지작전에 대한 방어체계, 북한과 주변국을 대상으로 한 인지작전 수행체계에 대해 연구하고, 관련 조직과 전문인력을 편성해야 한다. 이를 위해 국방부 관련 실·국을 비롯한 유관 조직이 대응체계를 갖추어야 한다. 동맹·우방국들과 협력해 합법적이면서 합리적인 인지작전 수행체계를 구축해야 한다. 이것이 한국형 3축체계의 능력을 배가시키는 제4축이 될 것이다.

(3) 상부지휘구조 개편

전작권 전환, 병역자원의 부족, 작전지휘의 효율성 측면에서 상부지휘구조의 개편은 더 이상 피할 수 없는 과업이다. 상부지휘구조란 국방부와 합참, 각 군 본부가 군령과 군정 분야에서 어떠한 역할을 수행하는지를 규정하는 구조를 말한다. 군령은 '국방목표를 달성하기 위해 군사력을 운용하는 기능'이다. '군사전략 기획, 군사력 건설에 대한 소요제기 및 작전계획의 수립과 작전부대에 대한 지휘 및 운용 등'을 의미한다. 군정은 '국방목표 달성을 위해 군사력을 건설·유지·관리하는 기능'이다. '국방정책 수립, 국방관계법령의 제정 및 시행, 자원의 획득 배분과 관리, 작전지원 등'을 포함한다.[165] 이러한 군령과 군정 기능이 국방조직의 상부구조 내에서 어떤 계통을 거쳐 행사되는가에 따라 군종체제의 성격을 가른다. 군종체제란 육·해·공군의 3군체제를 기반으로 하는 체제를 말한다.[166]

군종체제는 크게 ①3군병립제 ②합동군제 ③통합군제 ④단일군제로 나뉘며, 현재 한국군은 합동군제를 채택하고 있다. 즉 국방부장관이 군령·군정권을 모두 관할하되, 합참의장을 통해 군령권을 행사하고, 각 군 참모총장을 통해 군정권이 행사되는 구조이다. 반면 통합군제는 국방부장관이 군령·군정권을 모두 관할하되, 통합군사령관이 전 부대를 지휘하는 구조이다. 육·해·공군 참모총장은 없거나, 있더라도 그 기능은 매우 제한적이다.

우리 군은 1990년 10월 1일 합동군제를 채택한 이후 여러 차례에 걸쳐 통합군제로의 개편을 시도하였으나, 현재까지 합동군제를 유지하고 있다. 지휘관계를 중심으로 본다면 통제형 합참의장제를 채택하고 있다.

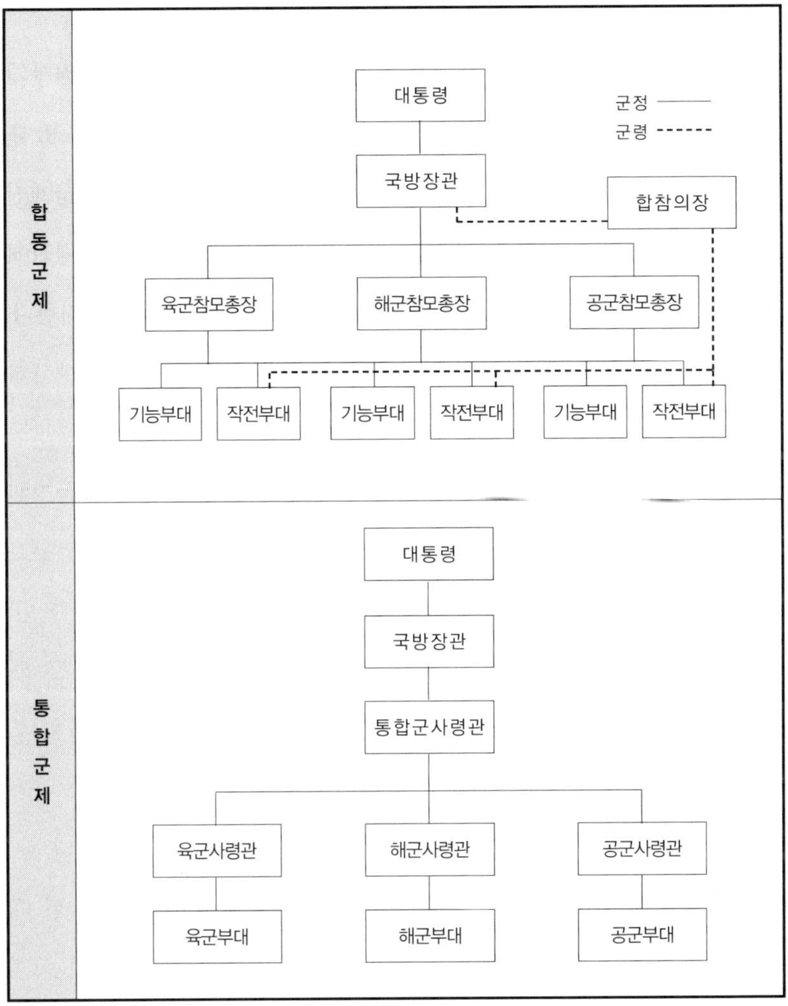

* 출처 : 배이현, 「한국군 군제발전에 관한 연구」(2015), pp.20–21.

〈그림 3–1〉 합동군제와 통합군제

즉 합참의장이 국방부장관으로부터 군령을 위임받아 예하 작전부대에 대한 작전지휘를 직접 행사하는 유형이다.

미국은 합동군제를 기본으로 하되 지역별·기능별 통합전투사령부가 육·해·공군과 해병대 등 각 군종을 통합지휘하는 군제를 운영하고 있다. 전군 차원에서 보면 합동군제이나, 작전수행 측면에서 보면 통합군제인 형태이다. 합참의장은 대통령과 국방장관을 보좌하고, 통합전투사령관에게는 전략지시를 하달한다. 영국은 전·평시 이원화된 체제를 유지한다. 평시에는 국방참모총장이 각 군 참모총장을 통해 군령·군정권을 행사하나, 전시에는 각 군 참모총장은 작전지휘계선에서 배제되고, 국방참모총장이 직접 군령권을 행사한다. 대만은 민간인 국방부장이 군령·군정권을 통할하되, 국방부장 예하에 국방참모총장과 2명의 군정부부장을 두고 군령·군정 분야를 이원화해 관리한다. 이스라엘은 총참모장이 군령·군정권을 모두 행사하는 통합군제를 유지하고 있으며, 중국·북한과 그 외 소규모의 군을 보유하고 있는 스웨덴·호주·싱가포르 등의 국가들도 통합군제를 채택하고 있다.[167] 이렇듯 각 나라의 군령·군정체계는 그 나라가 직면하고 있는 위협, 작전환경, 군사력의 규모 등에 따라 상이하다.

이제는 한국군의 상부지휘구조 개편에 대해 진지하게 고민해야 할 때가 되었다. 1990년 합동군제, 그리고 통제형 합참의장제를 채택한 이후 우리 군이 직면한 위협이 더욱 고도화되고 있고, 한미동맹, 국방자원의 가용성, 미래 국방과학기술의 발전 등 향후 다가올 안보환경의 변화 요인이 심대하기 때문이다.

첫째, 북한의 핵·미사일 등 북한의 도발 위협이 상수가 되었고, 중국·러시아 등 주변국의 위협이 고도화되고 있으며, 현대의 분쟁은 평시·위기시·전시 구분이 모호하다. 육·해·공·우주·사이버·전자기 전 영역에 걸쳐 통합작전을 수행하면서, 보다 자유롭고 유연하게 부대편조를 할 수 있고, 보다 신속하고 효율적인 작전지휘체계로의 개편이 필요한 이유이다. 최근 호주의 사례는 참고할 만한다. 호주는 『2024 국방전략서』에서 육·해·공·우주·사이버 영역에서 통합작전을 수행하기 위해서는 집중되고 통합된 군Integrated, Focused Force으로 전환해야 한다고 강조하고 있다.

둘째, 현 합참의장의 지휘부담이 너무 방대하다. 현 합동군제에서 합참의장은 군사 분야에 대해 대통령과 국방부장관을 보좌하면서, 한미연합사령관에게 전략지시를 하달하는 한미군사위원회Military Committee의 한국대표, 각 군의 작전부대와 합동작전부대를 지휘·감독하는 사령관, 계엄령 선포 시 계엄사령관, 군사력 건설에 필요한 전력 소요제기 등 다중의 임무를 수행한다. 특히 민간 국방부장관의 임명 등 문민통제 기반이 정착되면 합참의장의 군통수권 보좌 기능이 더욱 중요시된다. 국가안전보장회의법 제6조는 필요시 합참의장의 국가안전보장회의 출석·발언권을 명시하고 있다. 국가통수기구National Command Authority, NCA에 군사 전문 분야에 대한 보좌 기능이 더욱 강화될 필요가 있다고 본다.

셋째, 향후 전작권 전환 시 미래 연합사의 지휘구조 변화를 고려해야 한다. 전·평시 작전통제권은 한 사람이 행사하는 것이 바람직하다. 한국군의 합동군사령관이 미래연합사령관을 겸직하는 방안을 포함해, 작전지휘계선을 단순화시켜야 한다.[169] 2030년대 후반 내지 2040년경 우리 군의 병력수는 30만을 유지하기도 버거운 수준이다. 비대해진 합참과 육·해·공군 본부 조직을 슬림화해야 한다. 현 우리 군의 합동군제는 많은 인력이 상부에 집중해 있어 조직과 기능의 중복이 심하며, 각 군 및 군정·군령 기능 간의 경쟁이 심해 효율적인 의사결정이 어렵다.[170] 3군의 노력을 통합하고, 기능이 중복되는 조직은 과감히 통폐합해야 한다. 현행 상부지휘구조 개편은 더 미룰 수 없는 과업이다.

우리나라는 헌법 및 각종 법률에 군의 조직과 임무에 대해 구체적으로 규정하고 있다. 대한민국 헌법 제89조는 국무회의 심의 대상으로 합참의장과 각 군 참모총장을 명시하고 있다.[171] 또한 군 인사법, 국방개혁에 관한 법률 및 시행령을 통해 합참의장과 각 군 참모총장의 임무와 역할을 명시하고 있다. 현행 헌법과 법률 체계 내에서 군제를 개편할 경우에는 합참의장과 각 군 참모총장을 지속 유지할 것인지, 합참의장과 참모총장의 명칭을 바꾸는 것이 가능한지, 역할은 어떻게 조정할 것인지 등에 대한 법적 검토가 선행되어야 한다.

그동안 수차례 논의 과정에서 분출되었던 이해당사자의 의견 등을 고려한다면 모두가 동의하는 군제를 도출하기란 쉽지 않다. 그러나 당면 위협에 일사불란하게 대응할 수 있는 중앙집권적 지휘체제를 구축하고, 합참과 육·해·공군 본부, 예하부대에 중복·분산되어 있는 기능을 정비해야 한다. 현재의 상부지휘구조는 과거 60만 병력의 군을 유지하던 시절에 정해졌다.

2040년경 우리 군이 지향하는 35만 병력 구조의 시대에 부합하는 효율적인 상부지휘구조로 개편해야 한다. 비대해진 합참과 각 군 본부의 규모를 과감하게 축소하고, 합참의장에게 부여된 과도한 지휘부담을 경감하면서 합참의장의 군 통수권 보좌 기능을 강화하는 방향으로 우리 군의 군제를 개편해야 한다.

(4) 한국형 PWRM 체계 도입

2023년 10월 7일, 하마스의 기습공격은 이스라엘에게 뼈아픈 상처를 안겨주었다. 하마스의 기습공격이 있기 전까지, 이스라엘은 테러집단의 공격능력을 과소평가했고, 국경선의 첨단과학기술 기반 스마트 펜스smart fence에 대한 과도한 자신감으로 군의 사고도 수세적으로 변화했다. 그러나 이스라엘군의 초기 전략적 실패는 불과 얼마 되지 않아 가공할 만한 군사적 능력으로 되살아났다. 이후 지금까지 수 개의 정면에서 군사작전을 진행해 오고 있다.

이스라엘의 군사적 성공요인 중 하나로 동원태세를 꼽는다. 이스라엘은 인구가 적고 국토가 협소하며 3면이 아랍국가에 둘러싸여 있어, 다정면에서 동시에 가해지는 위협에 대비해야 한다. 이런 이유로 동맹보다는 스스로 행동할 수 있는 자유를 확보하는 것을 더 소중히 여긴다. 동맹체제가 적시적인 행동의 자유를 제한할 수 있기 때문이다.[172] 이스라엘 방위군은 예비군 중심의 군대, 즉 현역보다 예비군이 더 많은 군대이다. 이스라엘은 현역 16만 9,500명(육군 12만 6,000명, 해군 9,500명, 공군 3만 4,000명), 예비군 46만 5,000명(육군 40만 명, 해군 1만 명, 공군 5만 5,000명) 규모를 유지하고 있다.[173] 예비군은 매년 한 달 동안 소집훈련을 받아야 하며, 같은 장소에서 반복적으로 함께 근무한다. 예비군들은 본인의 지휘관 이름을 알고 있으며, 현역들은 항상 동료 예비역이나 예비역의 친구를 찾을 수 있다. 이런 시스템이 이스라엘군의 현역과 예비군을 긴밀하게 연결하고 있으며, 이스라엘군의 혁신을 추동하는 가교역할을 한다.[174]

이스라엘은 하마스의 기습공격에 많은 희생을 치렀지만, 신속히 예비군을 소집해 전쟁의 주도권을 장악했다. 이스라엘의 가이 하주트 준장은 이스라엘군이 전장의 주도권을 조기에 장악할 수 있었던 주된 이유로 이스라엘군의 현역부대와 예비군과의 전력 격차가 '제로Zero'임을 꼽았다. 이스라엘 예비군이 사용하는 병기·장비는 현역과 동일하며, 매년 반복되는 훈련으로 현역과 대등한 전투수행능력을 보유하고 있다.[175]

미군은 전 세계적으로 사전배치전쟁예비물자Pre-positioned War Reserve Material, PWRM를 운영하고 있다. 육군, 해군 및 해병, 공군 각 군별로 PWRM을 운영하고 있으며, 육군의 경우 APSArmy Pre-positioned Stocks라고 칭한다.

육군의 사전배치물자Army Pre-positioned Stocks, APS는 위기시·전시 약 60일간의 초기작전을 지원하는 데 필요한 장비·물자로 구성된다. APS는 부대 편성에 필요한 부대장비, 부대의 전개에 필요한 작전적 투사 물자, 전투력 손실 또는 군수지원을 위해 필요한 작전지속지원물자 등으로 구

〈표 3-3〉 미 육군의 사전배치물자

사전배치물자	위 치	피지원 통합전투사	구 성
APS-1	미 본토	북부사령부	• 작전적 투사 물자
APS-2	유럽	유럽사령부	• 부대장비(Unit Sets) • 작전적 투사 물자
APS-3	해상	다수	• 부대장비(Unit Sets)
APS-4	동북아시아 (한국, 일본)	인도태평양사령부	• 부대장비(Unit Sets) • 작전적 투사 물자
APS-5	동남아시아	중부사령부	• 부대장비(Unit Sets) • 작전적 투사 물자
APS-6	남미	남부사령부	• 작전적 투사 물자
APS-7	아프리카	아프리카사령부	• 작전적 투사 물자

* 출처 : Department of the Army, *Army Pre-positioned Operations*(April 2022), p.3.

성되며,[176] 전략적으로 중요한 곳에 배치해 놓고 있다. 이는 미군이 전시 소요물자를 해당 전구로 투사하는 데 약 10%의 물자는 항공으로, 나머지 90%는 해상으로 수송되어 장기간이 소요된다는 점을 고려한 것이다. APS는 전시뿐만 아니라 COVID-19와 같은 인도주의적 위기가 발생할 경우에도 필요한 구호물자, 민사작전용 물자 등도 포함하고 있다.[177] APS-4는 한국과 일본의 미군기지에 분산 배치되어 있으며, 인도·태평양사령부를 지원한다.

미 정부회계국은 국방부의 사전배치 프로그램 상태를 평가하고 보완할 사항을 미 의회 군사위에 보고한다. 실례로 2021년 미 정부회계국의 의회 보고서에 의하면, 미 육군은 전반적으로 60mm·81mm·120mm 박격포, 지뢰제거장비, 고기동 다목적 전투차량이 부족하며, 인도·태평양사는 의료지원장비와 전투교량, 중부사는 패트리어트 발사대 등이 부족함을 지적하고 있다.[178]

상기 이스라엘과 미국의 준비태세는 우리에게 많은 것을 시사해준다. 우리나라는 이스라엘과 같이 국토의 면적이 협소하고, 북한의 도발 가능성에 상시 노출되어 있다. 국가적 재난·위기 발생 시 군에 대한 의존도가 심하다. 예비전력의 전투력이 현역과 동일하게 발휘되기 위해서는 예비전력을 위한 사전배치물자를 준비해야 한다. 현역과 동일한 전투장비·물자, 작전지속지원을 위한 군수물자 등이 비축되어 있어야 한다. 권역을 동부·서부·남부 등으로 구분해서 각 권역별로 최소 1개 여단분의 전투장비·물자, 유류·의약품 등의 지원물자가 마련되어 있어야 한다. 대규모 재해·재난 발생 시, COVID-19와 같은 인도주의적 위기 발생 시 군이 보유한 사전배치물자는 국민 안전을 지키는 유용한 국가적 자산으로도 활용될 수 있다.

국회와 국방부, 군이 협력해 한국형 PWRM 체계 적용 방안을 본격적으로 연구하고, 이에 필요한 소요기획 절차를 진행할 필요가 있다. 한국형 PWRM 체계의 구비는 군뿐만 아니라 우리 국민을 위해서도 필요한 것임을 인식하고, 국가적 차원의 관심이 배가되어야 한다는 점을 강조한다.

(5) 예비전력 정예화를 위한 상비예비군 제도 도입

병역자원의 급감 문제가 심각하다. 국방부와 병무청 자료에 의하면 2025년 7월 기준 우리 군 병력은 45만 명 수준이라고 한다.

불과 6년 만에 우리 군 병력이 11만 명 이상 급감했으며, 육군 병력의 급감이 가장 심각하다. 문제는 이런 상황이 전혀 개선될 기미가 보이지 않고 있다는 것이다. 2024년에는 23.8만 명, 2023년에는 23만 명이 태어났다. 통상 남녀 성비를 고려했을 때 이들이 군에 입대하는 2040년 이후 남성 병역자원은 12만여 명밖에 되지 않는다. 그 중 병사로 들어올 수 있는 인원은 9만 명 수준밖에 되지 않는다. 그 인원으로 상비군을 유지해야 하는 것이 우리가 직면한 냉혹한 현실이다.

국방부와 합참에서 제시하는 우리 군의 상비병력 규모는 2035년까지 약 40만 명, 2040년경 약 35만 명이 필요하다고 한다. 이 소요는 여성 모집인력을 감안해도 매우 도달하기 어려운 숫자이다. 현역판정비율을 높인다고 해도 절대적 병역자원이 부족하며, 군 간부 지원율이 갈수록 하

〈표 3-4〉 병역자원 추세

구 분		2019년	2025년	비 고
병력 수준	총 병력	56.3만	45만	−11.3만
	육군	42.9만	32.4만	−10.5만
	해·공군	13.4만	12.7만	−0.7만
현역판정비율		81.2%	86.7%	
군 간부 선발율		90%	50%	

* 출처 : 《조선일보》·《중앙일보》·《세계일보》 등, 2025년 8월 11일.

락하고 있어 적정 수준의 군 간부 확보는 요원하다. 출생율을 고려했을 때 2040년경에는 25만 명의 상비병력을 유지하는 것도 힘든 것이 현실이다.

이런 상황을 감안할 때, 국방부와 합참의 가장 시급한 과업은 2040년까지 우리 군이 반드시 유지해야 할 상비병력 숫자를 산출하는 것이다. 35만 명을 가정한다면, 징집병력과 현재의 여성 모집간부 등으로 충원할 수 있는 규모는 25만 명 내외일 것이며, 나머지 10만여 명의 병력 충원 방법을 염출해 제도개선과 예산확보 방안을 강구해야 한다. 또한 상비병력 감축에 따른 단계별 육·해·공군의 정원 조정과 부대·전력 구조의 조정 로드맵을 수립해야 한다.

병역자원 부족과 그에 따른 상비군의 급감에 대한 대비책으로 상비예비군 제도의 도입을 검토할 필요가 있다. 즉 현역 복무를 마친 예비역 자원 중에서 일정 기간 현역과 동일하게 부대에 재복무하게 하는 것이다. 상비병력의 개념을 '현역+상비예비군'으로 확대해, 부대구조가 현역부대와 상비예비군부대가 함께 편성되도록 한다는 것이다. 이스라엘의 하마스 작전 시 부대구조가 좋은 사례이다. 이스라엘의 정규여단은 상비군대대와 예비군대대가 혼합 편성되어 전투를 수행한다. 이스라엘 여단의 상비군대대와 예비군대대의 전투력 차이는 없다. 물론 이렇게 되기 위해서는 예비군부대가 상비군과 동일한 수준의 기동 및 화력장비, 개인 전투장비 등을 보유하고 있어야 한다.

상비예비군 제도의 필요성은 공감하지만, 상비예비군을 어떤 방식으로 운영할지에 대해서는 충분한 논의와 검토가 필요하다. 상비예비군은 국가 위기 시 동원령이 선포되어 동원되는 예비군과는 전혀 다른 형태의 예비군이다. 매일 출근해서 복무하는 상근예비군도 아니다. 평시 일정 기간 현역과 동일하게 근무하고, 현역과 동등 수준의 교육훈련을 받는 예비군이다. 그러나 아직 우리 군은 상비예비군을 어떻게 정의할지, 상비예비군 도입 시 연간 복무일수는 얼마나 되어야 할지, 부족 병력을 채울 상비예비군을 단계적으로 어떻게 확보할지, 상비예비군으로 편성할 부대와 기관은 어떻게 선정할지에 대한 구체적인 논의와 합의가 없다. 국가 병역제도의 근간을 바꾸는 중요한 과업이니만큼 심도있는 논의를 통해 국민적 공감대를 확보하고, 이에 필요한 예산과 법적·제도적 지원 방안을 조속히 마련해야 한다.

상비예비군 제도가 정착되기 위해서는 우선 상비예비군의 법적 신분을 규정하고, 이를 국군조직에 포함해야 한다. 현재 국군조직법에 의하면 국군은 군인과 군무원으로 구성된다고 규정하고 있다. 국군조직법을 개정해 국군을 군인, 군무원, 상비예비군으로 규정해야 한다. 상비예비군의 확보, 인사관리, 진급제도, 연금, 복지 등 인력관리와 인사관리 전반에 걸쳐 법령을 제·개정해야 한다. 상비예비군으로 편성된 부대에 맞춰 병과별·특기별 교육훈련 체계를 정립하고, 현역부대와 상비예비군 부대에 대한 작전수행개념을 발전시켜야 한다. 전술하였듯이 상비예비군이 운용하는 장비 및 무기체계는 현역과 동일한 수준으로 되어야 함은 당연하다. 상비예비군을 운용할 부대는 평시 부대의 상비율 기준, 준비태세 수준, 인력대체 가능성, 부대 기능과 임무, 전시 임무의 긴급성 등을 고려해 선정하되, 모든 부대가 상비예비군을 운용하는 것은 그 효과성과 국방인력구조 개선, 예산소요 등을 고려할 때 비합리적이다.[179] 육·해·공군의 전투 부대, 전투지원 부대, 인사·군수·행정지원 부대, 교육기관 등을 위에서 언급한 기준에 맞춰 판단해야 한다.

현재 대한민국의 예비군은 270만 명에 이른다. 이들은 모두 동원령이 선포되면 소집되는 자원으로, 평상시 예비군을 위한 교육훈련은 전역 이후 1년 차부터 4년 차까지 연간 28시간에 불과하다. 상비예비군은 전시 또는 국가 비상사태 시 동원되는 예비전력에 대한 지휘통제체계를 평시부터 갖추고, 평시 예비군에 대한 교육훈련을 담당하게 함으로써 예비전력 정예화에도 크게 기여할 수 있다.

병역자원 감소는 곧 다가올 안보 현실이다. 2040년경 징집과 선택적 모병을 통해서 확보할 수 있는 상비군은 25만 명 이하이다. 35만 명의 병력 수요를 맞추기 위해서는 최소 10만 명의 상비예비군을 양성해야 한다. 국방부와 합참의 기획문서에 상비예비군의 양성과 전력증강 방안을 포함해야 하며, 예비전력 정예화 추진 로드맵을 조정·통제할 수 있는 컨트롤타워를 설치해야 한다. 대한민국을 지키는 총체전력으로서 예비군의 위상을 제고하면서, 우리 국격에 맞는 예비전력 정예화를 조속히 추진해야 한다.

4

★

국방인재 양성체계 개편

(1) 전략적 리더 양성을 위한 국방교육체계 혁신

군이 선진화된 정예군대로 평가받기 위해서는 군의 리더가 우수해야 한다. 미래 국방을 이끌어 갈 전략적 리더를 어떻게 양성하고 교육시킬 것인가에 대한 고민이 시급하다. 하지만 안타깝게도 우리 군의 전략적 리더를 양성하기 위한 교육체계는 역대 정부의 국방개혁 과제에도 포함되지 않았고, 정책적 후순위로 밀려 관심을 받지 못하고 있다.

군의 전략적 리더란 글로벌·국가적 차원의 문제에 대해 전략적 대안을 제시하는, 고도의 사고력과 군사전문성을 보유한 군의 리더이다. 군의 전략적 리더는 급변하는 안보환경에 대한 이해를 토대로 국가안보와 국방분야 의사결정 과정에서 중요한 역할을 수행한다.[180] 국가통수기구를 보좌하고, 동맹·우방국과의 국방협력을 실행하며, 다른 정부기관 및 군 조직과 긴밀히 협업하면서 국방전략목표를 달성하는 데 주도적 역할을 한다. 전략적 리더는 장성을 포함해 전략적 수준에서 임무를 수행하는 제대와 직책에서 근무하는 군인과 민간 주요 직위자를 망라한다.

전략적 리더의 자질과 역량은 우수한 군대를 측량하는 핵심요소이다. 역량과 자질이 뛰어난 전략적 리더를 길러내기 위해서는 오랜 기간의 교육과 실무경험이 뒷받침되어야 한다. 교육과 보직이 선순환되어야 한다. 그러나 현행 국방교육 시스템은 우수한 인재를 양성하는 데에는 매우 요원하다.

군의 교육체계는 양성교육, 보수교육, 전문교육(위탁교육)으로 나뉜다. 양성교육은 민간인을 군인화하는 과정으로 장교는 각 군 사관학교와 학군단, 부사관은 부사관학교, 병은 훈련소 등이 해당한다. 보수교육은 양성교육을 이수한 장교·부사관 등이 계급과 직책에 상응하는 임무수행능력을 배양할 수 있도록 병과·특기·직능별 지식을 습득하기 위한 교육이다. 육군 장교단의 경우 초급 지휘자를 위한 초등군사반, 중대급 지휘관과 사단급 이하 제대 참모를 위한 고등군사반, 소령으로 진급하면 받게 되는 육군대학 등의 과정이 있다. 전문교육은 해당 분야에 대한 군사전문가 육성을 목적으로 특정 직위에 근무하거나 전문지식이 필요한 인원에게 국내외 대학원, 국외 군사교육기관에 위탁해 실시하는 교육이다. 전문학위교육은 전문인력 양성을 위해 국내외 민간 대학 및 군사교육기관에서 실시하는 석박사 과정 등에 위탁해 실시하는 전문교육이다. 국외 군사교육은 선진 군사지식 습득, 국가별 지역전문가 양성, 군사외교 협력 증진을 위해 국방대학교, 지휘참모대학 등 외국의 군사교육기관에 위탁해 실시하는 교육이다. 능력개발교육이란 개인의 직무능력 및 자질 향상을 위해 국내외 주야간 대학, 사이버대학 등 학위과정에 위탁하여 실시하는

〈표 3-5〉 국방교육훈련 체계

군사교육		전문교육
양성교육	보수교육	
장교 양성과정 부사관 양성과정 병 양성과정	초등군사반 고등군사반 각 군 대학 합동군사대학(선발과정) 국방대학교(선발과정)	전문학위교육 국외군사교육 능력개발교육 직무향상교육

* 출처 : 필자 작성

교육이다. 직무향상교육이란 직무와 관련된 지식 습득을 목적으로 국내외 정부·민간 교육기관, 산업체 등에 위탁해 실시하는 교육 및 연수를 말한다.[181]

육군 장교를 기준으로 보면 통상 4년간의 장교양성과정을 거쳐 초군반(소위)-고군반(대위)-육군대학(소령)의 교육을 필수적으로 이수하게 된다. 합동군사대학과 국방대학교 안보과정은 필수교육이 아닌 지원자를 선발해 운영하는 선발과정이다. 군 복무기간 30년을 놓고 볼 때 다수의 장교가 육군대학 이후의 보수교육을 받지 못한 상태에서 남은 20여 년 동안 군에 복무하고 있는 것이다.

현행 교육체계는 급변하는 안보환경과 전장상황을 이해할 수 있는 군사전문지식과 기술을 갖춘 군사전문가를 양성할 수 없는 체계이다. 국가와 군의 정책·전략을 이해하고, 변화하는 안보환경에 능동적으로 대응할 수 있는 통찰력과 지식을 갖추도록 군 교육체계에 대한 개혁이 시급한 이유이다.

중령급 대상 정규 보수교육과정을 신설해야 한다

군의 중령은 군을 지탱하는 중추신경이다. 대대장, 군단급 이하 제대의 주요 참모로서 직접 부대를 지휘하는 지휘관이자, 전투부대의 작전과 훈련을 계획하는 핵심참모로서의 임무를 수행한다. 국방부·합참·각 군 본부 그리고 상위부서에서 정책과 전략을 기획하고 군사력 건설 업무를 담당한다. 글로벌 안보정세를 이해하고, 범정부부처의 노력을 통합할 수 있는 조정 능력과 의사소통 능력, 문서기안 능력 등이 필수적으로 요구된다. 필자는 중령 진급자에 대한 재교육 없이 야전제대와 정책부서에 보직시키는 것은 군의 직무유기에 가깝다고 생각한다. 중령급 대상 교육은 이전 소령 때까지 배웠던 교육과는 확연이 달라야 한다. 기존 교육의 연장선상이 아니라 질적으로 차원이 다른 교육이 되어야 한다. 군 내부의 정형화된 교육의 틀에서 벗어나 군과 민간이 갖고 있는 역량과 인프라를 융합해서 최상의 교수진과 최신의 교육 내용을 제공해야 한다. 작전사급 이하 제대의 작전·전술뿐만 아니라 안보·국방정책, 군사전략, 군사력 건설, 무기체계 등에 대한 통찰력을 갖출 수 있도록 해야 한다. 엄정한 평가를 통해 군사적 리더로서의 자질과 능력을 보유한 인재를 식별해 중요 직위에 보직시키고, 상위계급에 진출시키는 시스템을 도입해야 한다. 군의 노력과 의지, 중단없는 교육만이 우리 군을 이끌어 갈 전략적 리더를 양성할 수 있다.

군의 전문교육(위탁교육)을 대폭 확대해야 한다

석박사가 많은 군대가 우수한 군대이며, 수준 높은 군대이다. 단정적 표현이기는 하나, 공부하는 리더가 군의 리더가 되어야 한다. 오늘날 많은 수의 초급간부와 중견간부가 군을 떠나고 있다. 잦은 이사와 열악한 처우, 복무환경 등이 복합적으로 작용한 결과이다. 그러나 군의 처우개선만으로 이 모든 문제가 해결되지 않는다. 군 간부의 복무 의욕을 고취시키고, 우수 인재가 군에 지속 남아 있도록 하기 위해서는 전문 학위교육, 국외 군사교육 등의 위탁교육을 대폭 확대해야 한다.

필자는 군에서 장기복무를 희망하는 간부들에게는 최소 석사학위 수준의 교육을 이수토록 하는 것은 국가적 책무라고 생각한다. 장기복무 간부가 원하는 시기와 교육기관에서 전문교육을 받을 수 있도록 기회를 제공해야 한다. 국제화 시대의 국방외교, 다자안보협력을 주도할 수 있는 군의 리더들은 영어 의사소통 능력을 필수적으로 갖추어야 한다. 미국은 GI Bill[182]을 제정해 국가가 제공하는 현역 복무 인원에 대한 교육 혜택을 예비역까지 확장하고 있다. 국가가 부여하는 교육 혜택을 본인이 사용하지 못할 경우 본인의 배우자 및 자녀에게까지 양도가 가능하다.[183] 헌신과 희생을 요구하는 군 복무에 대한 국가의 인정을 제고하고, 양질의 군 간부를 양성해 사회에 환원한다는 측면에서도 이러한 제도는 본받을 만하다.

진급 장성을 위한 교육과정을 제도화·내실화해야 한다

국방부에 근무하다 보면 해마다 연 2~3회 미군 진급 장성들이 한국을 방문해 국방부·합참의 주요 직위자들과 간담회를 갖고 상호 관심사를 논의한다. 일명 캡스톤CAPSTONE 그룹이라고 한다. 미군은 장성으로 진급이 결정되면 '캡스톤'이라고 불리는 필수 교육과정을 이수해야 한다. 캡스톤 과정은 '1986년 미 국방부 재편성법DOD Reorganization Act of 1986'에 따라

1987년부터 매 6주 프로그램을 연 4회 운영했으며, 2012년부터는 교육기간을 5주로 조정해 운영 중이다. 교육내용은 국가안보 정책·전략과 연합합동작전 분야, 전구 및 지역안보에 대한 이해, 미 통합사령부 방문, 예비역 4성장군들의 강연과 경험 전수 등으로 편성되어 있다. 5주간의 교육기간 중 유럽·서남아시아·아프리카·태평양 지역에 대한 해외시찰도 시행한다. 매년 15~20명 규모의 캡스톤 그룹이 한국 국방부와 합참, 연합사, DMZ 등을 방문해 한반도 안보 현장을 이해하고 한국의 주요 인사와 국방정책에 대한 토의 시간을 갖는다.[184]

한국군 역시 장성 진급자를 대상으로 한 교육과정이 있다. 매년 70~80명의 육·해·공군 장성 진급자가 발표되면 국방대학교에서 3주간의 교육을 실시하고, 그 중 1주는 해외시찰 교육이다. 한국군의 진급 장성 교육을 보다 내실화해야 한다. 미국의 캡스톤 프로그램처럼 필수 의무교육화하고, 국제정세와 외교안보, 육·해·공군의 합동성 교육, 무기체계, 획득, 방산 관련 교육을 강화해야 한다. 국방과학연구소, 국방연구원과 같은 안보관련 정책 및 연구개발 기관, 국내 방산기업 방문 같은 현장학습을 포함하고, 미 국방부Pentagon, 하와이 소재 인도·태평양사령부, 주일 유엔사 후방기지 견학을 통해 한미동맹의 발전과 태평양 전구작전에 대한 이해도를 높여야 한다.

국방교육체계의 혁신은 어렵지만 반드시 해야 할 과업이다. 그동안 우리 군은 인사관리와 보직을 이유로, 일부에서는 군인은 전투현장에 있어야 한다는 논리를 앞세워 국방의 인재를 양성하는 데 소홀했다. 군의 미래를 위해서는 바람직하지 않다. 개인의 성장과 발전은 조직의 총체적 역량을 향상시킨다. 우수한 인재의 수준 높은 지식은 조직 문화를 변화시키며, 수준 높은 군 간부가 군을 혁신시키고, 산·학·연과의 협력을 촉진하는 교두보 역할을 수행할 수 있다.

(2) AI 시대 국가안보와 과학기술[185]

2022년 2월 24일 러시아의 우크라이나 전면 침공으로 시작된 러-우 전쟁은 AI에 기반한 유무인 전투체계가 이미 전쟁의 주역이 되고 있음을 증명하고 있다. 우크라이나 전장에서 생포된 북한군 병사는 김정은 정권의 폭압과 인권유린뿐만 아니라 실전에 투입된 현용 드론의 위력, 유무인 복합전투 양상을 생생하게 묘사했다. 우리 군이 AI에 기반한 과학기술 강군으로 도약해야만 하는 이유이다.

러-우전쟁과 이스라엘의 전쟁에서 나타난 현대전 양상과 미래전 예측

현재 진행 중인 다중분쟁은 전통적 군사전술, 인간-기계 인터페이스Human-Machine Interface, 자율시스템이 통합된 양상을 보여주고 있다. 드론과 위성기술은 포병작전을 혁신시켰다. AI 기술이 탑재된 스마트폰 앱이 지휘통제체계의 핵심 수단이 되었다. 협소한 거리, 다수의 시민, 지하공간 등이 밀집한 도시지역 작전, 소셜 미디어와 선전전, 물리적 전장과 디지털 영역에서의 동시 전투는 시가전과 정보공간의 통제가 얼마나 중요한지를 여실히 보여주고 있다. 전쟁의 공간이 심해·우주·지하 등 극한의 영역과 사이버·전자기·심리 등 가상공간까지 확산되고 있다. 전쟁의 본질이 적의 생각·가치·행동에 영향을 주어, 아군의 군사적 목표를 달성하는 방향으로 전환되고 있다. 이미 미국과 중국은 인지전 또는 인지영역작전Cognitive Domain Operation 분야를 주목하고 있다. 전문 전투원과 높은 수준의 기술적 능력을 지닌 비전투원을 통합해야만 전쟁 수행이 가능해졌다.

예측 가능한 미래의 전장 모습은 어떻게 될까? 군사과학기술 혁명이 가속화되면서 정찰감시-정밀타격 체계 분야에서 혁명적 변화가 진행되고 있어, 지금과는 차원이 다른 유무인 복합전투 양상이 전개될 것이다. 도시지역에서의 작전소요가 훨씬 증대되면서, 네트워크화·소형화·기동화된 보병부대의 전투수행 능력과 무인체계를 활용한 정밀교전 능력이 필수적이다. SNS에 기반한 심리전, 대리전쟁Proxy War, 테러와 반정부 세력이 결합한 회색지대 분쟁과 하이브리드전이 동시에 진행될 것이다. 초연결 네트워크, 인공지능 무기, 장사정 타격체계, 우주 군사력이 게임 체인저로 작용할 것이다.

초지능·초연결·초융합의 AI 시대에 대비해야 한다. 미래 우리 군을 이끌어 갈 인재들은 군사적 전문성과 더불어 AI 친숙화, 국방과학기술에 대한 이해도를 두루 갖추어야 한다.

과학기술 강군 도약을 위한 우리 군의 노력

이러한 시대적 요구에 부응해 국방부는 2021년 '미래국방혁신구상'을 공론화했다. 『미래국방혁신구상』은 4차 산업혁명의 핵심기술을 기반으로 한 첨단과학기술군으로의 도약을 목표로 국방역량을 강화하기 위한 구상으로 다음 5대 중점분야를 제시했다.

〈'미래국방혁신구상' 5대 중점분야〉

①국방정책·전략 및 개념 발전

②AI 기반 무인체계 전력화 가속화

③국방과학기술 발전 및 산產·학學·연硏·군軍 협력 시스템 구축

④국방조직 및 제도 개선

⑤국방 리더십의 인식 제고 및 인재 양성

'미래국방혁신구상'은 2022년 '국방혁신 4.0 추진을 통한 AI 기반 과학기술 강군 육성'이라는 국정과제로 발전되었다. 그 결과 『국방전략서』 작성, 국방기획관리체계 개선, 국방 리더십에 대한 과학기술 교육 등 다양한 방안이 추진되었으며, 2023년 4월 '2023-2037 국방과학기술혁신 기본계획'을 통해 10대 분야 30개 국방전략기술을 제시했다.

〈'국방전략기술' 10대 분야〉

①인공지능 ②유무인 복합 ③양자 ④우주 ⑤에너지 ⑥첨단소재
⑦사이버·네트워크 ⑧센서·전자기전 ⑨추진 ⑩WMD 대응

군사전문성과 과학기술 소양을 겸비한 융합적 인재 양성 필요

국방태세를 유지하고, 미래 전장을 선도하는 과학기술강군 건설의 핵심은 인재 양성이다. 국방전략기술을 개발하는 전문인력을 확보하고, 산·학·연의 협력을 공고히 함으로써 연구 인프라를 확충하는 것이 중요하다. 그러나 그에 못지않게 시급한 것은 장교단을 포함해 국방을 이끌어갈 인재들의 과학기술 역량을 배양하는 것이다. 국방의 인재들이 군사적 전문성Military Expertise과 더불어 AI에 대한 친숙도AI fluency, 국방과학기술에 대한 이해력Science& Technology Literacy을 겸비하고 직무에 활용할 수 있도록 저변을 확대해야 한다.

〈'AI 시대 국가안보와 과학기술' 역량 함양을 위한 교육(안)〉

①과학기술 시대의 정치와 윤리

②지능화 전장 시대의 미래전

③뇌과학의 발전과 인지전

④지능형 무기체계

⑤빅데이터 분석과 과학적 의사결정

⑥신안보위협과 군사혁신의 현재와 미래

⑦우주발사체와 위성기술

⑧핵공학과 핵전략

⑨양자기술의 군사적 활용

⑩사이버·전자기전

⑪AI 기반 유무인 복합전투와 국방로봇 기술

⑫디지털 트윈과 국방 M&S 기술

⑬국가 과학기술 R&D와 국방 R&D 체계

⑭지향성 에너지

⑮반도체 전쟁과 국방 공급망의 강건성 등

KAIST의 김정호 교수는 AI를 인류의 불의 발견에 비유하며, 고등학생을 대상으로 AI 교육을 실시하고, 모든 대학 과정에 AI를 배울 기회가 주어져야 한다고 주장한다.[186] 우리 군이 유념해야 할 조언이다. 미래 국방의 리더들이 AI 시대 국가안보와 과학기술의 융합적 이해를 갖추기 위해서는 군 교육체계를 재편해야 한다. 미래 국방의 리더들은 국가안보와 군사전략, 국방경영, 국방과학의 분야별 지식을 융합해, 창의적 문제해결 역량과 소양을 갖춘 인재가 되어야 하며, 이에 대한 국가적 관심과 노력이 배가되어야 한다.

5

★

한미동맹과 다자안보협력 강화

(1) 한미동맹 현대화

한미동맹의 현대화, 한미동맹의 재조정과 관련된 논의가 뜨겁다. 한미동맹은 3년 여의 치열한 6·25 전쟁이 끝나고 1953년 10월 1일 '한미상호방위조약'을 체결함으로써 태동했다. 한미동맹을 혈맹이라고 한다. 3년 여의 전쟁 동안 미군은 연인원 총 178만 9,000명이 참전했고, 그중 3만 6,754명이 전사하고, 10만여 명이 부상당했으며, 실종자는 8,000여 명에 이른다. 매일 희생자가 발생하는 전선에서 피로 맺은 동맹관계가 형성된 것이다.[187] 이후 한미동맹은 지난 70여 년 이상 한반도의 평화를 지키는 보루이자, 한국의 번영과 성장을 견인한 핵심동력이 되었다. 북한의 위협을 억제하면서 한국군이 자주적 방위능력을 갖추도록 견인하였으며, 한국이 자유민주주의와 시장경제를 지향하는 국가로 뿌리내릴 수 있도록 한국 사회 전반에 걸쳐 지대한 영향을 미쳐 왔다. 한미동맹은 지속적으로 동맹의 협력 범위와 협력 수준을 심화해 왔다. 한미안보협의회의SCM 등 다양한 수준의 정책협의와 한미 정상회담을 통해 한미동맹이 국제사회와 인도·태평양 지역의 평화와 안정을 위해 핵심적 역할을 해야 한다는 것에 공감해 왔고, 이를 토대로 2022년 한미 정상회담을 통해 한미동맹을 '글로벌 포괄적 전략동맹'으로 발전시켜 나가기로 합의했다. 한미동맹은 역대 정부에 따라 전략적 동맹관계, 글로벌 포괄적 전략동맹, 21세기 전략동맹, 그리고 최근의 미래형 포괄적 전략동맹까지 다양한 용어로 표현되어 왔다. 그러나 이러한 용어 모두 그 의미상 차이는 없다고 볼 수 있다. 동맹의 공간적 범위를 글로벌 차원으로 확대하고, 동맹의 협력 수준을 군사·안보 차원을 넘어 정치·경제·사회·문화 등 전 분야로 확대해 나간다는 것이다.[188]

실상 '한미상호방위조약'은 타 당사국에 대한 태평양 지역에서 발생하는 모든 무력공격은 자국의 평화와 안전을 위태롭게 하는 위협으로 간주하도록 되어 있다.[189] 그러나 한국은 여전히 한미동맹을 대북 대응 중심으로 유지하고자 하며, 미국은 지역안보 차원으로 확대·전환하고자 한다.

한미동맹의 현대화는 미·중 간 전략경쟁이 가열되고 미국과 러시아의 대립이 지속되고 있는 상황에서, 한미동맹을 더 이상 대북억제 위주로 제한해서는 안 된다는 인식에서 비롯된 것이다. 그러나 사실 이 문제는 최근에 불거진 이슈가 아니라 냉전 종식 이후 미 측이 지속적으로 우리에게 요구했던 사안이다. 미국은 냉전이 종식된 이후 아시아·태평양 지역을 미 국방전략의 중심축으로 전환하고, 중국 견제를 위한 한미동맹과 미일동맹의 재조정을 지속 추구해왔다. 군사 분야에서는 '한국방위의 한국화'를 위해 한국군과 주한미군의 역할을 조정해 왔다. 최근 미 고위급 인사가 한미상호방위조약에서 '상호'에 밑줄을 그으며 한국이 인도·태평양 전략에 더 참여해 달라고 언급했다는 기사는 이제 한미동맹의 현대화가 더 이상 늦출 수 없다는 미 측의 절박함을 보여준다.[190]

현재 제기되고 있는 한미동맹의 현대화는 이러한 논의의 연속선상이며, 주한미군의 전략적 유연성 확대, 주한미군의 역할 재조정, 전작권 전환, 한미일 안보협력 강화 등 〈표 3-6〉에서 제기한 주요 현안은 모두 한미동맹의 역할을 한반도 너머로 확대하는 기회를 창출한다.

필자는 지난 70여 년간 한반도의 평화와 대한민국의 번영에 이바지해 온 한미동맹이 이제는 인도·태평양 지역의 평화와 번영의 핵심축으로 기능해야 된다고 주장한다. 주한미군의 전략적 유연성을 비롯한 안보 현안에 전향적으로 협의해야 한다고 본다. 인도·태평양 지역에 개방적이

〈표 3-6〉 한미동맹 현대화 주요 논점

- 한미동맹의 범위를 '한반도'에서 '인도·태평양 지역'으로 확대
- 한미동맹의 역할을 '대북억제'에서 '인도·태평양 지역의 안정과 평화'로 확대
- '주한미군의 전략적 유연성' 확대
- 주한미군의 규모와 역할 재조정
- 북한 위협 대응 및 역내 안보 유지를 위한 한국군의 역할 강화
- 한·미·일 안보협력 강화를 통해 북한·러시아·중국의 군사협력에 대응
- 한국의 국방비 인상과 방위비분담금 증액
- 한국군으로의 전시작전통제권 전환
- 한국의 미국산 무기구매 확대를 포함한 방산협력 강화
- 북핵 위협 대비 확장억제 강화와 한·미 연합훈련 조정
- 한·미 간 조선 MRO(유지·보수·정비) 협력과 AI 등 첨단 과학기술 협력 강화

* 출처 : 필자 작성

고 포용적이며 규칙과 규범에 기반한 국제질서가 정착되도록 한미동맹이 주도적 역할을 해야 한다.

현재 인도·태평양 지역은 북·중·러의 안보위협뿐만 아니라 공급망 재편, 핵심기술 경쟁, 중국의 기정사실화fait accompli 전략과 정보·문화의 왜곡 등 다양한 도전에 직면해 있다. 미국은 일본과 '안보일체화'를 통해 우방국을 규합하면서, 공동의 도전에 대응하고 있다. 미일동맹을 중심축으로, 미·일·호주가 광활한 인도·태평양 지역에서 자유민주주의 진영을 규합하고 있으며, 필리핀·영국·프랑스·캐나다 등의 우방국이 동참하고 있다. 인도·태평양 지역에서 일상처럼 시행되고 있는 다국적 연합훈련, 해상활동 등 군사력의 현시 모습을 보면 미·일·호주 3개국이 중심이 되어 다른 우방국과 전략적으로 연대하고 있음을 확인할 수 있다.

한국이 한미동맹의 역할을 한반도로 제한하려 한다면, 한미동맹은 미일동맹에 비해 전략적 가치가 낮게 평가될 수밖에 없으며, 한국이 지불해야 할 안보 비용도 더 증가할 수밖에 없다. 한미동맹의 주무대를 한반도를 넘어 인태 지역으로 확장해야 하며, 한미동맹을 핵심축으로 한·미·일 협력을 강화하고, 한·미·일과 영국·프랑스·호주 등 우방국과의 협력을 보다 적극적으로 추진해야 하는 이유이다.

(2) 주한미군의 전략적 유연성

'전략적 유연성strategic flexibility'은 해외 주둔 미군을 특정 지역·임무에 고착하지 않고, 필요할 때 전략적 목적 달성을 위해 다양한 지역으로 유연하게 전력을 투사할 수 있는 태세와 역량을 의미하는 국가안보전략 수준의 포괄적 개념이다.[191] 미군 전력의 자유로운 입출경을 통해 범세계적 안보위기에 신속하게 대응할 수 있는 태세를 갖춘다는 개념으로 전 세계에 주둔하고 있는 모든 미군에 적용된다.

2006년 한미가 '전략적 유연성'에 합의한 이후 주한미군은 미군 전력의 유연성을 향상하기 위한 조치를 진행해 나갔다. 2008년 9월 주한미군이 담당했던 10대 군사임무의 한국군 전환을 완료했고, 2018년까지 주한미군 기지 이전 계획에 따라 주한미군사령부와 미2사단 재배치 등을 완료했다. 트럼프 행정부 1기 들어서는 새로운 군사력 운용 개념으로 '범세계적 군사력 운용 모델Global Operating Model, GOM'과 '역동적 전력운용Dynamic Force employment, DFE' 개념을 제시했다. '범세계적 군사력 운용 모델'은 전 세계의 미군 전력을 전방전개전력, 신속대응전력, 전시증원전력, 본토방어전력으로 구분해 운용한다는 개념이다. '역동적 전력운용'은 전략적으로는 예측이 가능하게 하면서, 작전적으로는 예측이 불가하도록 주요 전력을 탄력적이고 유연하게 운용한다는 것이다.[192]

한·미 양국은 2010년 '주한미군 전력운용 원칙'에 합의해 주한미군의 한반도 내외 전개와 관련해 긴밀히 협조하기로 합의했다.[193] 이러한 전력운용 개념에 기반해 한·미는 2014년 미군 전력의 한반도 순환배치에 합의했고, 2015년부터 주한미군의 기갑여단 예하 대대, 아파치 대대, F-16

대대 등을 순환배치하고 있다. 주한미군 전력의 해외 전개 훈련도 2011년부터 본격화하기 시작했다. 2011년 일본 대지진 시 U-2 정찰기 파견, 2012년 미8군 병력의 '야마사쿠라' 훈련 참가, 2018년과 2019년 '발리카탄' 훈련 참가 등이 대표적 사례이다. 2022년 11월부터 주한미군 기갑여단을 스트라이커 여단으로 전환해 주한미군의 신속대응능력을 강화했다. 2023년 탈리스만세이버[194] 훈련에는 한국과 일본에 있는 미 육군 사전배치물자Army Pre-positioned Stocks, APS를 호주로 전개하는 훈련을 했다.

전략적 유연성은 '①장비의 유연성 ②병력이동의 유연성 ③기지사용의 유연성 ④사전협의절차의 유연성'을 포함한다. 장비의 유연성은 미군기지 내 장비를 전 세계 어느 곳으로든 이동할 수 있도록 한다는 것이며, 병력이동의 유연성은 미군 병력의 입출입이 유연해진다는 것이다. 기지사용의 유연성은 미군이 전 세계의 기지를 유연하게 활용한다는 뜻이며, 사전협의절차의 유연성은 위의 장비·병력·기지사용의 유연성을 보장하기 위해 당사국과 협의를 유연하게 한다는 의미이다.[195] 주한미군은 한·미 양국이 합의한 '전략적 유연성' 및 '주한미군 전력운용 원칙'과 이후 진행된 유연한 전력운용을 통해 위의 4가지 장비·병력이동·기지사용·사전협의절차의 유연성을 확보하기 위한 절차를 진행해 왔다. 트럼프 행정부 2기 들어 주한미군의 전략적 유연성을 확대해야 한다는 인식은 더욱 확고해졌다. 브런슨 사령관은 '한국은 일본·중국 사이에 있는 항공모함'이라고 한반도의 지정학적 중요성을 언급하면서, "주한미군은 북한 격퇴의 역할뿐만 아니라, 인도·태평양 전략의 한 부분으로 역내 작전과 활동, 투자에도 초점을 맞추어야 한다"고 강조했다.[196] 북한 핵·미사일 문제, 대만에 대한 중국의 무력도발, 인도·태평양 전역에 걸쳐 현시되고 있는 중국의 세력 확장과 군사력 증강, 러시아의 도전 등 인태 지역의 안보적 불안정성은 더욱 심화되고 있으나, 이에 대응할 수 있는 미군 전력은 한국과 일본에 집중되어 있다. 미국은 주한미군의 전략적 유연성을 미군 전력 배치의 불균형성을 완화시키면서, 미군의 역동적 군사력 운용 개념을 구현할 수 있는 불가피한 전략적 선택으로 인식하고 있다. 특히 동아시아에서 중국과의 지리적 근접성과 군사력 투사능력 등을 고려할 때 주한미군과 주일미군의 역할은 더욱 중요해지며, 주한미군의 경우 평택과 오산 기지를 해외 투사를 위한 거점기지로 활용해 한반도 외 지역으로 신속하게 선개할 수 있다.[197]

주한미군의 전략적 유연성은 다음과 같은 형태로 구체화될 수 있다. 우선 주한미군 예하 부대 및 장비의 역외 전개이다. 동남아·호주·서남아 등지에 주한미군 전력을 수시로 전개해 다국적 연습·훈련 등을 할 수 있다. 이러한 전력운용은 미군 전력의 순환배치 효과로 이어진다. 한국 내애 배치되어 있는 미군 사전배치물자의 역외 전개 훈련도 가능하다. 인태 지역 유사시 한국과 일본에 사전배치되어 있는 군수물자·장비·탄약·유류 등의 신속한 전개는 RSOI[198]에 필수적이며, 인도·태평양사령부를 지원하게 되어 있기 때문이다. 평택기지는 주한미군의 전략적 유연성을 발휘하는 전진기지로 최적의 조건을 갖추고 있다. 부산·진해 기지는 해외 주둔 해군 전력의 기항이나 정비를 위한 유용한 기지이다. 오산·군산 공군기지 역시 공군 전력의 유연한 입출입을 제공할 수 있다.

2024년 이란이 미사일로 이스라엘을 공격하였을 때의 사례는 해외 주둔 미군 전력의 유연성이 어떻게 실천되는지를 잘 보여준다. 당시 미 중부사령부는 유럽사령부의 지원을 받아 SM-3 요격미사일을 장착한 이지스 구축함으로 이란의 미사일을 요격하였고, 사드 포대를 전개해 이란의 추가 미사일 공격을 억제했다.[199]

주한미군은 지상군 전력으로 1개 스트라이커 여단, 항공여단, MLRS 여단, 사드 및 패트리어트 포대로 편성된 방공여단 등이 있고, 공군 전력으로 F-16 전투기가 주축이 된 공군 전투비행단 등이 있다. 주한미군 전력은 위기 유형과 분쟁상황에 따라 신속하게 전개할 수 있는 작전적 기동전력으로 평가할 수 있다. 한반도 유사시 주일미군과 역외 전력의 한국 작전전구Korean Theater of Operations, KTO로 전개가 필수적이듯, 아태 지역 내 분쟁 발생 시 주한미군 전력은 인도·태평양사령부의 즉응전력으로 우선 고려될 수밖에 없다.

주한미군의 전략적 유연성 확대는 인태 지역에 배치된 미군 전력의 군사행동의 유연성을 넓혀주면서, 주한미군과 주일미군의 능력과 태세의 변화를 수반한다. 주한미군의 작전수행 개념은 확장될 것이며, 미군은 인태 지역 유사시 주한미군과 주일미군 전력을 통합 운용하는 전략을 발전시킬 것으로 예상된다.[200] 상황에 따라 한국·일본 등 동북아 지역을 하나의 작전 전구로 판단하고, 그에 필요한 작전계획을 발전시킬 것이며, 전력 운용 개념에 따라 주한미군의 전력 구조와 규모도 변화될 가능성이 높다.

주한미군의 전략적 유연성 확대가 이제는 더 이상 피할 수 없는 필연적인 수순으로 다가오고 있으나, 국내에서는 안보 우려의 관성이 지속되고 있어 한국이 실효적인 대응전략을 마련하는 데 제약을 주고 있다. 즉 주한미군의 재조정과 전략적 유연성이 대북 억제력을 약화시키고, 한미일과 북중러 간 군사적 대립을 격화시켜 궁극적으로 한미동맹의 근간을 흔들 수 있다는 주장이다.

그러나 현재 한미동맹은 진화의 요구를 받고 있다. 중국의 군사력 증대뿐만 아니라 군사·비군사 영역이 모호한 회색지대 위협이 가중되고 있고, 공세적 군사전략 노선은 동아시아에서의 안보 긴장도를 높이는 주요인이 되고 있다.

이제는 주한미군의 전략적 유연성을 한미동맹 강화를 위한 기제로 활용해야 한다. 한국의 국력과 위상, 한반도의 지정학적 가치를 기반으로 보다 전향적이며 발전적인 대안을 모색해야 한다. 미군 전력의 입출이 대북 억제력을 약화시키는 핵심요인이 되지는 않는다. 그보다는 동맹의 강건함과 미국의 확장억제 공약이 더 중요한 요인이 될 것이다.[201] 전략적 모호성을 유지하기보다는, 원칙에 기반해 주한미군의 전략적 유연성이 실행될 수 있도록 합리적 대안을 마련하는 것이 중요하다. 어떠한 경우에도 한반도 안보는 흔들림이 없다는 점이 천명되어야 한다. 그러기 위해서는 한미동맹을 대북 대응 중심에서 지역·글로벌 안보 차원으로 확대·전환하는 노력이 필요하다.[202] 제3국의 위협에 대한 공감대를 기반으로, 인태 지역 안정을 위한 한국의 기여 확대라는 적극적인 접근을 통해 한미동맹을 단단하게 다져야 한다. 대만 유사시 한국군과 주한미군의 역할, 한국의 기여 방안, 지역안보 증진을 위한 동맹의 역할 확대 등에 대해 구체적인 협력 방안을 모색해야 한다. 이는 안정적인 전작권 전환, 방위비 분담 등의 현안과 미래지향적 한미동맹의 발전을 위해서도 중요하다.

(3) 전시작전통제권 전환

전작권 전환은 '시기에 기초한 전작권 전환 대vs. 조건에 기초한 전작권 전환' 그리고 한·미 연합지휘구조로서 '주도-지원형 병렬형 지휘구조 대 미래 연합사체제' 중 어떤 방향으로 추진할 것인가가 핵심 이슈가 되어 왔다.

'시기에 기초한 전작권 전환'은 특정 시기를 정해놓고 전작권 전환을 추

〈표 3-7〉 전작권 전환 추진 경과

	일 자	주요 내용
노무현	2005. 10. 21	한미 국방장관, 지휘관계와 전작권 전환에 대한 논의 가속화 합의
	2006. 9. 16	한미 정상, 전작권 전환 최초 합의(전환시기 : 2009.10 ~ 2012.3)
	2007. 2. 23	한미 국방장관, 2012년 4월 17일에 전작권 전환 합의
	2007. 11. 7	한미 국방장관, 전작권 전환을 위한 '전략적 전환계획(STP)' 승인
이명박	2010. 6. 26	한미 정상, 전작권 전환 시기를 2015년 12월 1일로 조정 합의
	2010. 7. 21	한미 외교·국방장관, 전작권 전환 기준문서『전략동맹 2015』합의
박근혜	2014. 5. 7	한미 정상, 전작권 전환문제 재검토 합의
	2014. 10. 23	한미 국방장관, '조건에 기초한 전작권 전환' 합의
	2015. 11. 2	한미 국방장관,『조건에 기초한 전작권 전환계획(COTP)』서명 * 기존의『전략동맹 2015』를 대체, 한미연합군사령부를 해체하는 대신 미래사령부를 창설하고, 한국군 4성장군이 미래사령관을, 미군 4성장군이 부사령관을 맡는 것으로 합의
문재인	2017. 6. 30	한미 정상, '조건에 기초한 전작권 전환' 조속 추진 합의
	2018. 10. 31	한미 국방장관,『조건에 기초한 전작권 전환계획 수정 1호』승인 * 미래연합군사령부를 현재의 한미연합군사령부와 유사한 구조로 하고, 한국군 4성장군이 미래연합군사령관을, 미군 4성장군이 부사령관을 맡는 것으로 합의
	2022. 11. 3	한미 국방장관,『COTP 수정 1호』부록 완성본 승인

* 출처 : 국방부 군사편찬연구소,『한미동맹 70년사』, pp.283-296.

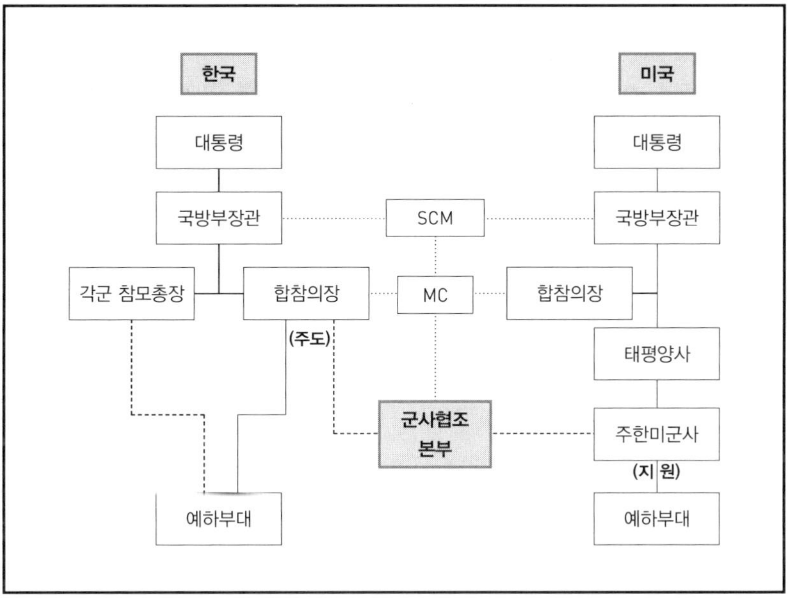

* 출처 : 장재규·길병규, 「전작권 전환과 한미 연합지휘구조 연구」, 『국방연구』 제65권 1호(2022), p.132.

〈그림 3-3〉 한국군주도 – 미군지원형 병렬형 지휘구조

진하는 개념이다. '조건에 기초한 전작권 전환'은 조건이 충족될 경우 전작권을 전환한다는 것이다. 한·미 연합지휘구조란 한국 방위를 위해 한국군과 미군으로 구성된 연합군에 대한 지휘구조를 의미하는 것으로서,[203] 전작권 전환을 최초 합의하였을 때는 한국군이 주도하고 미군이 지원하는 공동방위체제로 전·평시 구분 없이 각각 자국군에 대한 작전통제권을 행사하는 병렬형 지휘구조였으나, 현재는 한미연합사를 유지하면서 전작권 전환이 이루어지는 미래 연합사 구조를 추진 중이다.

연합지휘구조 측면에서 보면, 이명박 정부까지 유지해 온 지휘구조는 한국군 주도-미군 지원의 병렬형 구조였으나, 박근혜 정부는 미래사 체제, 문재인 정부에서는 미래연합사 체제로 변화했다.

- 현재 한미연합군사령부와 유사한 체제를 유지
- 한국군 4성장성인 미래연합군사령관은 전시 한미 양국의 공동 지침에 따라 전작권 행사(부사령관은 미군 4성장성 임명)

전작권 전환 이후 연합 지휘구조

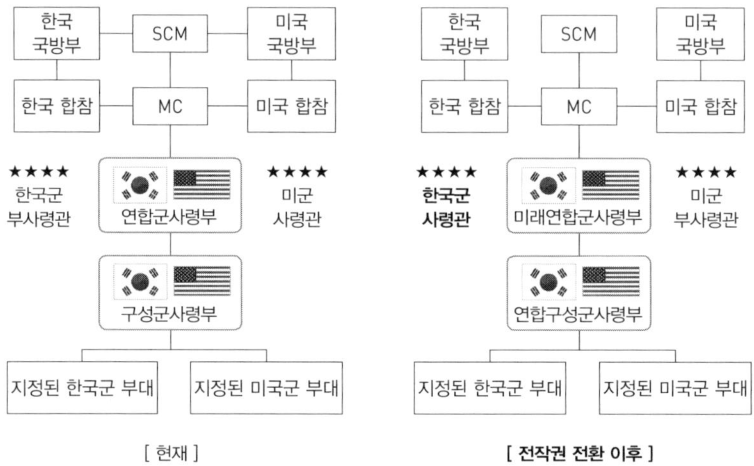

* 출처 : 합동참모본부 홈페이지

〈그림 3-4〉 전작권 전환 이후 미래연합군사령부 지휘구조

현재 한·미 양국은 '조건에 기초한 전작권 전환 계획'에 의거 전작권 전환을 추진하고 있다. '조건에 기초한 전작권 전환 계획'은 전작권 전환 시기를 특정하지 않고, 양국이 상호 합의한 전작권 전환 조건이 충족되는 시기에 전작권을 전환한다는 계획이다. 2015년 11월 양국 국방장관이 '조건에 기초한 전작권 전환 계획Conditions-based OPCON Transition Plan, COTP'에 서명하였고, 2018년 10월 양국은 전작권 전환 이후에도 현재의 한미연합군사령부를 지속 유지하면서 한국군 4성장성이 미래연합군사령관 임무를 수행토록 하는 미래 지휘구조에 합의했다. 이러한 변화 사항을 반영한

조건 #1

연합방위 주도를 위해 필요한 군사적 능력

- 한국군 핵심군사능력 확보
- 동맹은 미래연합사를 구축
- IOC → FOC → FMC의 평가 및 검증을 통해 미래연합사 임무수행능력을 점검·보완
- 미국은 보완·지속 능력을 계속 제공

조건 #2

동맹의 포괄적인 북한 핵·미사일 위협 대응능력

- 한미는 동맹의 포괄적인 북한 핵·미사일 대응능력 구비를 위해 공동으로 지속 노력

※ 조건 #1과 조건#2 능력·체계의 공동평가 결과를 종합적으로 검토, 미래연합사 평가 결과를 종합해 SCM에 '검증' 건의

조건 #3

- **안정적인 전작권 전환에 부합하는 한반도 및 역내 안보환경**

* 출처 : 합동참모본부 홈페이지

〈그림 3-5〉 전작권 전환 조건

『조건에 기초한 전작권 전환 계획COTP 수정 1호』는 현재에도 유효하다.

한미가 상호 합의한 전작권 전환 조건은 '①연합방위 주도를 위해 필요한 군사적 능력 ②동맹의 포괄적인 북한 핵·미사일 위협 대응능력 ③안정적인 전작권 전환에 부합하는 한반도 및 역내 안보환경'이다. 이들 3가지 조건이 충족되었을 때 전작권을 전환한다는 것이다.

조건 #1(연합방위 주도를 위해 필요한 군사적 능력)은 한국군의 핵심 군사능력 확보, 미래연합사령부의 전구작전수행능력 완비, 미국의 보완·

지속능력 제공'의 세부 조건으로 구성된다. 한국군의 핵심군사능력은 정보·작전·군수·통신 분야의 능력으로 구성되어 있다. 한국군 4성장성이 지휘할 미래연합군사령부는 기본운용능력IOC, 완전운용능력FOC, 완전임무수행능력FMC 평가를 통해 임무수행능력의 확보 여부를 검증한다. 미래연합사는 2022년 10월 완전운용능력FOC 평가를 성공적으로 시행해 미래연합사 임무수행에 필요한 주요과제를 수행할 수 있는 상당 수준의 능력을 갖추었다고 평가된다. 미래연합사 임무수행능력 확보 여부 검증은 향후 FOC 검증→FMC 평가 및 검증의 순으로 진행될 예정이다.

조건 #2(동맹의 포괄적인 북한 핵·미사일 위협 대응능력)은 북한 핵·미사일의 탐지Detect, 결심Decide, 격퇴Defeat, 방어Defend의 4D 분야 역량을 확보하는 것이다. 한·미는 2022년 8월 『COTP의 부록·별지』를 완성해, 전작권 전환 계획에 명시된 모든 능력목록을 확정했다.

전작권 전환과 관련한 필자의 생각은 '전작권 전환은 추진해야 한다. 다만, 그 시기는 우리 군의 지휘구조 개편 및 군사적 능력의 확보 시기와 연계되어야 한다'는 것이다.

현 '조건에 기초한 전작권 전환 계획'에 따른 전작권 전환은 우리 군에게는 역량 강화의 기회가 될 것이다. 현재 우리 군은 세계 최고 수준의 지·해·공 재래식 전력을 보유하고 있다. 동유럽과 중동에서 러브콜을 받고 있는 첨단 재래식 무기체계를 자력으로 생산하고 있으며, F-35 전투기, 이지스함, SLBM 장착 잠수함과 고위력 탄도미사일 등 대북 억제능력을 강화해 나가고 있다. 425 사업[204]에 따른 정찰위성 5기가 발사되어 전력화를 앞두고 있다. 2030년까지 수십여 기의 소형·초소형 정찰위성을 발사할 계획이며, 정찰위성이 계획대로 확보되면 북한 전역에 대한 근실시간 정찰감시가 가능해진다. 필자는 한국군이 주도적으로 연합작전을 지휘하기 위해 가장 시급히 확보해야 할 능력으로 ①기반전력인 정찰감시ISR 전력 ②대북 억제의 핵심인 고위력 탄도미사일 등의 타격전력 ③ISR과 타격전력을 이어주는 한국형 지휘통제통신체계 ④전쟁지속능력을 보장해 주는 전시 소요 주요탄약을 꼽는다.

현재의 '조건에 기초한 전작권 전환 계획'이 한·미 연합방위태세를 약화시킬 수 있다는 일부 우려가 있음을 잘 알고 있다. 전작권 전환에 따라 미군의 개입이 약화될 것이며, 이에 따른 대북 억제 역량이 약화될 가능성이 있다는 주장이다. 필자는 한국군 4성장성이 지휘하는 미래연합군사령부로 지휘구조가 변경된다 하더라도 한·미 연합방위체제는 공고히 유지될 것으로 생각한다. 1978년 연합사 창설 이후 한반도 안보를 지탱해 온 SCM-MC-연합사에 이르는 연합지휘구조가 굳건히 유지되고, 미래연합사 예하 각 구성군사령부의 지휘부와 참모조직 또한 평시부터 함께 근무하는 연합구성군사령부로 편성되어, 한·미 연합성은 더 강화된다.

전작권 전환은 전환 조건의 충족뿐만 아니라, 우리 군의 상부지휘구조 개편과 주한미군의 전략적 유연성을 반드시 고려해야 한다. 현재 우리 군은 평시 합참의장이 군령권을 행사하나, 전시에는 연합사로 작전통제권이 이양된다. 전·평시 육해공군 본부가 군정권을 행사하면서 합참과 연합사를 지원한다. 현재와 같이 이원화된 지휘구조를 단순화하고, 작전통제권 행사의 효율성을 보장해야 한다.[205] 전작권 전환 과정에서 우리 군의 상부지휘구조 개편을 반드시 추진해야만 하는 이유이다.

미국은 냉전 종식 이후 작전통제권 전환, 주한미군 재배치 등을 통해 한국주도-미국지원의 연합방위체제로 전환을 추진했다.[206] 미국의 한국에 대한 동맹전략의 변화는 '한국방위의 한국화'와 함께 '주한미군의 전략적 유연성' 확대의 동인이 되었다. 한국군에 대한 작전통제권 변화 역시 한국 정부의 의지보다는 국제 안보환경의 변화, 특히 미국의 군사전략의 변화가 가장 중요한 요인이 되었다.[207]

이제는 전작권 전환 문제를 한국군이 주도권을 갖고 전환 노력을 기울여야 한다. 전작권 전환에 맞춰 한국군의 작전기획 역량과 능력 및 태세를 발전시켜 한국군이 전작권 전환 시기를 주도적으로 결정할 수 있도록 해야 한다.

전작권 전환은 한국군 주도의 연합지휘체계를 구축하고, 한국군의 능력과 태세를 획기적으로 강화할 수 있는 기회이다. 북한군의 전략전술은 꾸준히 진화되어 왔고, 핵·미사일, 특수전부대, 잠수함, 사이버전 등 비대칭 전력은 지속적으로 증강되고 있다. 개전 시 우리 국민의 피해를 최소화하면서 최단시간 내 북한군을 격멸시킬 수 있는 방위전략을 수립하고, 작전을 주도해 나가야 한다. 선택과 집중의 군사력 건설을 통해 우리 군의 자강 능력을 갖추어야 한다. 전작권 전환에 대한 한·미 양국의 분위기도 긍정적으로 전환되고 있다. 이제는 전작권 전환이 선택이 아닌 필수임을 인식하고 우리 군의 의지를 결집시켜 전작권 전환에 대비해야 한다.

(4) 방위비분담금

한미동맹의 현대화를 위한 핵심 이슈 중 하나가 방위비분담금이다. 방위비분담금은 주한미군의 안정적 주둔을 위해 필요한 비용 중 일부를 한국이 미국에 제공하는 비용이다. 한국이 주한미군 주둔비용으로 지원하는 전체 금액은 방위비분담금을 포함한 직접지원비용과 토지임대, 카투사 기회비용, 훈련장 사용지원, 세금면제 및 감면 등의 간접비용을 합쳐 2021년 기준 약 3.4조원에 이른다.[208] 그 중 방위비분담금은 주한미군이 고용한 한국인 근로자의 인건비와 주한미군 시설 건설 및 유지·보수에 필요한 경비로서, '한·미 방위비분담특별협정Special Measures Agreement, SMA'에 근거를 두고 있다. SMA는 주한미군지위협정SOFA 제5조 1항에 대한 특별조치이다. SOFA 제5조 1항은 시설과 구역을 제외한 주한미군 유지 경비를 미국이 모두 부담하도록 규정하고 있다. 즉 SMA는 SOFA 제5조 1항의 예외를 두기 위한 특별협정인 것이다.

한국의 방위비분담은 1980년대 이후 한국의 경제 성장과 미국의 재정 악화가 맞물리면서 그 필요성이 제기되었다. 미국은 1977년 한국에 대한 무상군사원조를 종결했고, 1983년부터는 한미연합군사령부 운영비의 일부를 한미 양국이 분담하기 시작했다. 미국은 1987년 5월 7일 제19차 한미안보협의회의SCM에서 한국의 방위비분담 문제를 처음으로 공식 제기했다. 이후 한미 간 지속적인 협의를 통해 1990년 제22차 SCM에서 우리 정부가 1991년도에 미국에 1억 5천만 달러를 지원하기로 합의했다. 1991년 이전에는 미국이 주한미군 주둔비용과 군사시설 건설비용을 자체적으로 부담했다. 한·미 양국은 1991년 1월 25일 제1차 SMA

에 서명하였고, 한국은 다음 달 8일 국회비준을 받았다.[209] SMA는 미국에서는 의회 동의가 필요없는 행정협정이다. 그러나 한국은 SMA가 국민에게 중대한 재정적 부담을 주기 때문에 헌법 제60조에 따라 국회동의를 얻어야 한다는 주장이 제기되어, 제1차 SMA 체결 이후 현재까지 국회동의를 받아왔다.[210]

SMA에 따라 한국이 미국에 지원하는 방위비분담금은 1991년부터 2008년까지 인건비, 군사건설비, 군수지원비, CDIP 4개 항목으로 구성되었으나, 2009년부터는 군사건설비와 CDIP을 통합해 ①인건비 ②군사건설비 ③군수지원비 3개 항목으로 구성되어 현재까지 유지되고 있다. 인건비는 주한미군에 근무하는 한국인 고용원의 급여 및 여타 경비이다. 군사건설비는 막사, 창고, 훈련장, 작전·정보시설 등 군사시설의 건설에 필요한 경비이다. 군수지원비는 탄약 저장, 연료·장비·군수물자의 수송·보관·관리 등을 위한 경비이다. 2008년까지 별도 항목으로 편성된 CDIP Combined Defense Improvement Project(연합방위증강사업)은 연합방위력 증강을 위해 필요한 활주로·탄약고 등 주한미군의 시설 건설을 지원하는 항목이다.

방위비분담금은 1991년부터 1997년까지는 전액 달러로, 1998년부터 2004년까지는 '달러+일부 원화'로 지급하였으며, 2005년부터는 전액 원화로 지급하고 있다.

한·미 양국은 제8차 SMA를 통해 그동안 현금으로 지급해왔던 군사건설비를 단계적으로 현물지원 체제로 전환하기로 했으며, 그에 따라 2011년부터는 군사시설의 설계 및 감리비용을 제외한 군사건설비와 군수지원비 전액을 현물로 지원하고 있다. 방위비분담금 중 인건비, 군

〈표 3-8〉 '방위비분담금특별협정' 및 연도별 방위비분담금액

구 분	연도	분담액(억 원)	비 고
제1차 (1991. 1. 25 서명, 1991. 2. 21 발효)	1991	1,073(1.5억 달러)	연도별 분담액은 매년 협상
	1992	1,305(1.8억 달러)	
	1993	1,694(2.2억 달러)	
제2차 (1993. 11. 23 서명, 1994. 1. 1 발효)	1994	2,080(2.6억 달러)	달러 지급
	1995	2,400(3억 달러)	
제3차 (1995. 11. 24 서명, 1996. 1. 1 발효)	1996	2,475(3.3억 달러)	
	1997	2,904(3.63억 달러)	
	1998	3.99억 달러	
제3차 개정	1998	4,082(1.75억 달러+2,033억 원)	달러 + 원화 지급
제4차 (1999. 2. 25 서명, 1999. 1. 1 발효)	1999	4,411(1.41억 달러+2,575억 원)	
	2000	4,684(1.55억 달러+2,825억 원)	
	2001	4,882(1.67억 달러+3,045억 원)	
제5차 (2002. 4. 4 서명, 2002. 1. 1 발효)	2002	6,132(0.59억 달러+5,368억 원)	
	2003	6,686(0.65억 달러+5,910억 원)	
	2004	7,469(0.73억 달러+6,601억 원)	
제6차 (2005. 6. 9 서명, 2005. 1. 1 발효)	2005	6,804억 원	분담금 100% 원화 지급
	2006	6,804억 원	
제7차 (2006. 12. 22 서명, 2007. 4. 2 발효)	2007	7,255억 원	
	2008	7,415억 원	
제8차 (2009. 1. 15 서명, 2009. 3. 5 발효)	2009	7,600	• 2009년부터 CDIP와 군사건설비 통합 • 군사건설비를 단계적으로 현물로 전환 – 2011년 이후 현물기준은 88% 수준을 유지(미국은 사업선정 및 설계, 한국은 업체선정 및 공사진행 추가협정)
	2010	7,904	
	2011	8,125	
	2012	8,361	
	2013	8,695	
제9차 (2014. 2. 2 서명, 2014. 6. 18 발효)	2014	9,200	
	2015	9,320	
	2016	9,411	
	2017	9,507	
	2018	9,603	
제10차 (2019. 3. 8 서명, 2019. 4. 5 발효)	2019	10,389	
제11차 (2021. 4. 8 서명, 2021. 9. 1 발효)	2020	10,389	• 2020년은 2019년과 동일
	2021	11,833	
	2022	12,472	
	2023	12,896	
	2024	13,463	
	2025	14,028	

* 출처 : 국방부 군사편찬연구소, 『한미동맹 70년사』(2023), pp.146-147 참조해 필자 작성

사건설비, 군수지원비의 배정비율은 2021년 기준 각각 47.3%, 36.9%, 15.8% 수준으로,[211] 매년 인건비의 비율이 점차 올라가고 있는 실정이다. 현금으로 지급되는 인건비는 거의 전액 사용되고 있으나, 현물로 지급되는 군사건설비 예산은 매년 상당액이 집행되지 않고 있다.[212]

미국은 방위비분담금의 총액을 지속적으로 증가시키고, 현금 지급 비율을 늘려줄 것을 요구하고 있다. 트럼프 행정부 1기 기간 중에는 '작전지원'이라는 신규 항목의 추가를 요구하면서 방위비분담금의 대폭 인상을 주장했다.

한·미는 2021년 제11차 SMA를 통해 2020년부터 2025년까지 적용될 방위비분담금 규모를 결정했다. 2021년 1조 1,833억 원을 부담하고, 이후 4년간 국방비 증가율만큼 매년 방위비를 인상하기로 했다. 2025년에 책정된 방위비분담금은 1조 4,028억 원이다. 2026년부터 적용될 방위비분담금 결정을 위한 제12차 SMA는 2024년 10월 2일 타결되었다. 미 대선 직전에 타결된 것이다. 이에 따라 2026년 방위비분담금은 1조 5,192억 원으로 결정되었고, 2027년부터 2030년까지 총액은 전전년도 소비자물가지수 증가율을 반영해 결정하되 상한선 5%를 도입하기로 했다. 또한 미 측이 제기했던 미군 역외자산 정비지원 폐지를 포함한 제도 개선 조치에 합의했다. 제12차 SMA는 한미동맹의 영속성과 한국 측이 수용할 수 있는 합리적 수준의 인상율을 적용해 매년 방위비분담금 총액을 결정했다는 의미가 있으나, 전술했듯이 SMA는 미국에게는 행정협정이기 때문에 트럼프 대통령이 이를 무효화하고 재협상을 요구할 우려가 있다는 것도 사실이다.

방위비분담금이 우리 국방비에서 차지하는 비중은 2025년 기준 대략

〈표 3-9〉 방위비분담금과 관련된 주요 논점

• 한국의 GDP 대비 방위비분담금 비중이 높다. 한국은 약 0.06% 수준이나 일본은 0.04%, 독일은 0.03% 수준으로, 한국이 가장 높은 수준에서 미군의 주둔비용을 부담하고 있다.
• 1991년 주한미군 규모는 4만여 명이었으나 현재는 2만 8천 명 수준으로 감소했다. 그럼에도 불구하고 방위비분담금 지원 규모는 13배나 늘었다.
• 한국이 지원하는 직·간접비용, 즉 시설과 구역의 제공, 카투사 지원, 각종 세금혜택, 공무집행 중 발생한 피해에 대해 한국이 일부 보상금을 지급하는 점 등을 고려하면 실제 한국이 지불하는 방위비분담금은 2조 원이 넘는다.
• 방위비분담금이 총액형으로 지급되고 있어, 방위비분담금 사용에 대한 투명성이 없다. 총액형이 아닌 소요에 기초한 소요형으로 전환해야 한다.
• 현금으로 지원하는 방위비분담금 중 인건비가 과다 편성되고 있다. 주한미군 한국인 고용원에게 실제 지불하는 인건비 총액보다 더 높게 편성되고 있다.

* 출처 : 필자 작성

2.3% 수준이다. 우리의 GDP를 기준으로 하면 약 0.06% 수준이다. 1991년 첫 지급 이후 2025년까지 한국이 지불하는 방위비분담금은 13배 정도 늘었는데, 그 기간 국방비는 약 6배 증가한 것에 비교하면 한국의 방위비분담금 비중이 가중되고 있는 것도 사실이다.[213]

방위비분담금은 주한미군의 안정적 주둔과 한반도 방어를 위한 주한미군의 역할에 중요한 기여를 한다는 측면에서 굳건한 한미동맹을 지탱하는 또 하나의 축이라고 할 수 있다. 그러나 방위비분담금에 대한 논란이 여전한 것도 사실이다. 방위비분담금에 대해 국내에서 제기되고 있는 몇 가지 논점을 정리하면 위의 〈표 3-9〉와 같다.

한·미 양국이 방위비분담금 총액을 결정하는 구체적 지표는 설정하고 있지 않다. 방위비분담금은 미군이 주둔하고 있는 동맹국가들이 공동의 위협에 대처하기 위해 그 책임과 역할, 수반되는 비용을 공정하게 부담한다는 협력적 기조 하에 정해진다. 따라서 각 국가별로 방위비분담금 총액은 해당 국가가 처한 안보상황과 경제력, 주둔하고 있는 미군의 책임과 역할, 규모 등에 따라 상이하다. 우리나라의 방위비분담금 총액 규모는 주한미군의 한반도 방위에 대한 기여도, 주한미군의 안정적 주둔 여건 제공, 한국의 재정적 부담 능력, 한반도 안보상황을 고려해 결정한다는 원칙을 유지하고 있다. 이런 이유로 한국이 지원하는 방위비분담금의 규모를 일본이나 독일과 수평적으로 비교하기는 어렵다. 다만 방위비분담금 중 인건비의 대부분은 주한미군에 근무하는 한국인 근로자에게 지급되고 있으며, 설계·감리비를 제외한 미군 군사건설비의 88%와 군수지원비는 한국 업체를 통해 현물로 지원되고 있다는 측면에서 방위비분담금의 대부분이 한국 경제로 환원되고 있다는 사실에 주목할 필요가 있다.

필자의 경험을 토대로 유추컨대, 동맹의 성숙과 주한미군 방위태세의 증강을 위해 방위비분담금의 인상은 불가피한 측면이 있다고 본다. 우리의 국력과 경제력을 감안하면 감당이 가능하다고 생각된다. 그러나 방위비분담금의 급격하고 과도한 인상, 협상 과정에서 도출되는 미 측의 위압적 자세는 우리 국민들의 인식과 한미동맹의 건강한 발전에 부정적 영향을 초래할 수 있는 잠재적 요인이 될 수 있다. 한·미 간 협정을 통해 결정되는 방위비분담금이 한미동맹의 성숙한 발전은 물론, 한미 연합방위태세 증강에 지속적으로 기여하고 있음을 주지하면서, 현재 제기되고 있는 다양한 논쟁적 요소들에 대해서는 양국이 상호 입장을 존중하는 가운데 긴밀한 협의를 통해 합의점을 도출하려는 노력이 긴요하다. 아울러 방위비분담금에 대한 우리 국민들의 이해도를 높이고, 우리 국민들의 다양한 요구사항에 대해서는 미 측도 귀담아 듣는 등 상호 이해와 협력의 노력을 배가할 필요가 있다.

(5) 한·미·일 안보협력

현재 한·미·일 3국 간에는 국방장관회담, 차관보급 안보토의DTT, 합참의장회의, 합참 J-5 전략회의, 각 군 간 회의 등의 협의체와 연합해상훈련, 공군훈련 등이 주기적으로 실시되고 있다. 한·미·일 안보협력은 북한의 핵·미사일 위협에 대응하고, 역내 평화와 번영을 위한 3국 간 협력을 촉진시키는 전략적 효용성이 있다. 한미동맹의 현대화가 추구하는 한미동맹의 역할이 대북 위주에서 지역안보로 확장하게 되면, 한·미·일 안보협력의 중요성은 더욱 확대될 것이다.

한·미·일 안보협력의 출발은 1991년으로 거슬러 올라간다. 당시 북핵문제가 대두되면서 1991년부터 한·미·일 3국이 교대로 외교당국 간 정책기획협의회를 개최했다. 1999년부터 2003년까지는 외교당국 간 차관보급 협의체인 대북정책조정감독그룹Trilateral Coordination and Oversight Group, TCOG을 통해 3국의 대북정책을 조율했다. 외교당국 간 협의와 병행해 한·미·일 3국 국방당국은 대북정책 공조를 위해 1994년부터 2002년까지 차관보급 3자토의를 정례적으로 개최했다. 이렇듯 한·미·일 안보협력은 외교·국방에서 중층적 구조를 형성한 가운데 대북정책을 공조하고 지역안보현안에 대한 포괄적 대응을 가능하게 하는 메커니즘으로 역할을 수행했다.[214] 그러나 한국은 한일관계의 악화, 중국과의 관계를 고려, 2003년부터 한·미·일 안보토의Defense Trilateral Talks, DTT에 참가하지 않았다. 미국은 한미동맹의 역할을 확장하고, 역내 안보를 위해 한미동맹과 미일동맹의 긴밀한 협력이 필요하다고 판단하고, 한·미·일 안보협력의 제도화를 위해 다각적 노력을 기울였다. 한·미 간 다양한 정책협의를 통해 한·미·

일 안보토의의 재개를 주장했고, 역내 안보현안에 대한 3국 간 국방정책 협의체계를 구축하기를 희망했다. 미 측의 여망에 부응해 한국은 한·미·일 안보토의를 재개하기로 합의했으며, 2009년 6월 샹그릴라 대화에서 한·미·일 국방장관회담이 최초로 개최되었다. 이후 매년 한·미·일 국방장관회담과 차관보급 한·미·일 안보토의가 정례적으로 개최되었다. 한·미·일 국방장관회담은 2019년 11월 17일 개최된 이후 2022년 5월까지 개최되지 못하다가 2022년 6월 아시아안보회의를 계기로 다시 개최되었다. 국방당국 간 협의 채널이 활성화되면서, 현재는 한·미·일 합참의장회의Tri-Chief of Defense(줄여서 Tri-CHOD라고 부름), 한·미·일 각 군 간 회의, 한·미·일 3국의 연구기관 간 회의 등이 활발하게 진행되고 있다. 특히 2025년 8월 6일에는 한·미·일 3국의 합참의장회의가 최초로 서울에서 개최되었다.

한·미·일 3국의 국방부, 합참, 각 군 간 안보토의뿐만 아니라, 한·미·일 3국의 연합훈련도 활발하게 진행 중이다. 매년 한·미·일 3국의 연합해상훈련, 미사일경보훈련이 꾸준히 진행되고 있으며, 2023년부터는 한·미·일 3국의 연합공군훈련도 시행되고 있다.

필자는 한·미·일 3국의 안보협력이 한반도뿐만 아니라 역내 안정과 평화를 위한 메커니즘으로 기능하고 있으며, 앞으로도 한·미·일 안보협력의 제도화와 지속성을 유지하는 것이 중요하다고 생각한다. 무엇보다 한·미·일 안보협력은 북한 위협을 억제하고 한국을 지키기 위한 또 하나의 안보 보험이기 때문이다. 한·미·일 3국은 한미동맹과 미일동맹을 통해 연결되어 있다. 한국과 일본은 미국을 매개로 연결되어 있는 '유사동맹quasi alliance'이다.[215] 미국은 한국과 일본에 확장억제를 제공한다. 한국

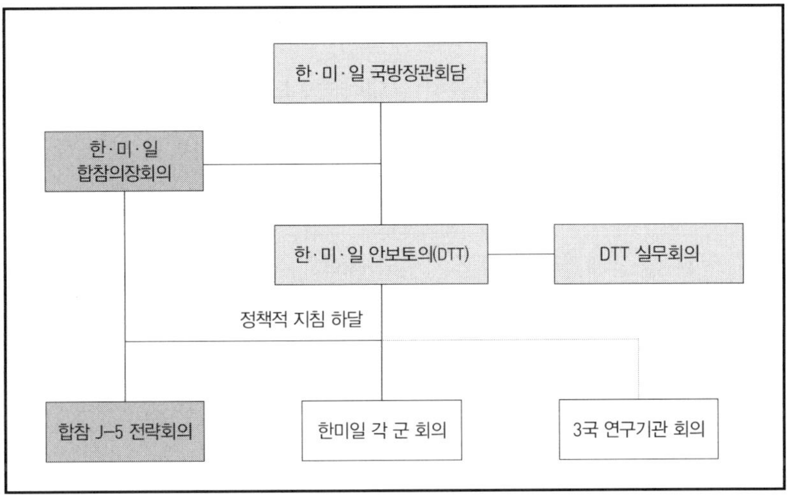

* 출처 : 필자 작성

〈그림 3-6〉 한·미·일 안보협의 체계

과 일본은 북한의 핵·미사일 위협에 직면하고 있으며, 중국의 군사력 팽창에 대한 공동의 우려를 갖고 있다. 자유민주주의 기반의 질서와 규범을 공유하고 있고, 매년 수천만 명의 국민이 왕래하고 있으며, 글로벌 경제 강국으로 경제·기술·사회·문화 등 모든 면에서 긴밀히 밀착되어 있다.

한·미·일 안보협력은 동북아 평화·안정을 위한 핵심축이자 아태 지역의 평화와 번영을 추동하는 중요한 플랫폼이다. 3국 간 긴밀한 정보공유와 국방·군사 교류협력은 외교·정보·경제 분야로 확산되어 3국 간 신뢰와 협력을 촉진시키는 역할을 한다.

한국은 북한 위협을 억제하고 대응하는 데 최우선 주안을 두고, 대북 정찰감시능력과 타격능력을 갖추기 위한 군사력 건설에 집중하고 있다. 그럼에도 불구하고, 북한 위협에 대응하고 아태 지역의 안보 불안정성에 능동적으로 대비하기 위해서는 한·미·일 3국의 안보연대가 필수적이다.

우리가 직면하고 있는 위협은 더 이상 북한만의 위협이 아니라 북한·러시아·중국 등 수정주의 국가들의 연대라는 더 크고 복잡한 차원으로 확대되었기 때문이다.[216] 일본은 세계 4~5위권으로 평가받고 있는 해군력과 공군력을 통해 아태 지역에 배치된 미국의 군사적 역량을 보완하고 있다. 일본 내 산재한 주일미군 기지와 유엔사 후방기지는 한반도를 포함한 아태 지역 안보를 위한 긴요 자산이다. 이러한 군사적 역량을 유사시 한국을 지원할 수 있는 역량으로 활용할 수 있도록 협력체계를 갖춰야 한다.

한·미·일 안보협력, 특히 한일 관계가 진정한 안보협력 관계로 발전할 수 있겠는가에 대한 의구심과 비판이 있는 것도 사실이다. 북한 위협에 대한 한·일 간 인식의 차이, 중국에 대한 전략적 접근법이 다른 것뿐만 아니라, 과거사와 영토문제, 종군위안부와 징용 문제 등으로 야기되는 한·일 간 신뢰문제로 인해 한국과 일본의 안보협력을 통해 얻을 수 있는 이익이 적다는 논리이다.[217] 또한 한·미·일 안보협력의 강화는 북·중·러 연대를 더욱 심화시켜 아태 지역 안정을 저해한다는 비판적 견해를 제기한다. 일부 식자는 오히려 일본이 한국에게 안보상 위협요소가 될 수 있다고 경고하기도 한다. 이런 시각은 이제 미래지향적으로 전환해야 한다. 북한의 위협과 한·미·일 안보협력을 통해 얻는 안보이익을 냉철하게 평가하고, 한일 관계를 미래지향적 파트너십으로 발전시켜야 한다. 제3차 핵시대가 도래한 지금, 북한에 대한 확장억제는 한미동맹뿐만 아니라 한·미·일 확장억제 연대를 통해 더욱 실효성 있는 체제로 작동할 수 있다.

현재 광대한 태평양에서 벌어지고 있는 무수한 해상훈련과 연합연습의 중심에는 미국과 일본, 호주가 있다. 격년제로 하와이 근해에서 실시하는 림팩훈련, 호주에서 실시되고 있는 탈리스만세이버 훈련이 대표적이다. 인도·태평양 상의 해상교통로를 보호하고, 아태 지역 국가들의 인도주의적 위기 또는 군사상황 발생에 대비한 다양한 훈련이 진행 중이다. 미국·일본·호주는 QUAD, AUKUS 등 다자안보협력체계의 중심에서 자유주의 국가들을 규합하고, 역내 국가들의 군사적 역량을 향상시키는 데 주도적 역할을 하고 있다. 자국의 안보와 글로벌 국제질서 구축을 위해 아태 지역 국가뿐만 아니라 영국·프랑스·캐나다·독일·인도 등의 우방국들도 미국·일본·호주와 연대해 다층적 안보 네트워크를 구축하고 있다. 아태 지역에서 안정된 국제질서가 유지될 수 있도록 글로벌 군사력 지수 5위인 한국도 다른 강대국과 함께 책임있는 역할을 해야 한다. 한국의 안보를 지원해 줄 수 있는 안보협력 네트워크를 다층적으로 확대해야 한다.[218] 한·미·일 안보협력은 광활한 아태 지역에서 한국이 대외전략의 주도권을 확대하고, 중국 및 러시아와의 관계 설정에서도 전략적 유용성을 확보하는 플랫폼이 될 수 있다.

(6) 유엔사 및 다자안보협력

유엔사UNC는 1950년 6·25 전쟁이 발발하자 유엔안보리결의 제82호, 제83호, 제84호에 의거 창설되었다. 이후 북한의 도발을 억제하고, 한반도 정전체제를 관리하는 임무를 수행해 왔다. 유엔사의 임무와 역할은 1957년 주한미군사령부가 창설되고, 1978년 연합사령부가 창설되면서 조정을 겪어 왔다. 이후 유엔사는 '평시 정전협정을 관리하고 유지하며, 한반도 유사시 전력제공자'로서의 임무를 수행해 왔다.

그러나 미·중 전략 경쟁이 본격화되고, 한반도·남중국해·대만 등 아시아·태평양 지역에서의 안보적 불안정성이 심화되면서 유엔사의 기능과 역할의 확대 필요성이 대두되었다. 이후 미 국방전략의 변화, 한미동맹과 미일동맹의 유기적 협력 필요성, 한국 내에서의 전시작전통제권 전환 추진 움직임, 주한미군 전력규모 조정 동향 등의 요인이 복합적으로 작용해 2014년부터 유엔사 재활성화가 본격적으로 추진되었다.[219] 현 유엔사 조직도는 〈그림 3-7〉과 같다.

유엔사령관은 한미연합군사령관, 주한미군사령관을 겸임한다. 유엔사 본부는 사령관, 부사령관, 참모장과 인사·정보·작전·군수·통신·기획 참모부로 구성되어 있다. 사령관과 참모장은 미군 장성이나, 부사령관은 2018년부터 캐나다·호주·영국 등 우방국 장성으로 임명해 오고 있다. 군사정전위원회Military Armistice Commission는 정전협정 이행을 감독하며, 정전협정 위반사건 발생 시 이를 처리하는 유엔군 측 장교 5명과 공산군 측 장교 5명으로 구성되어 있다. 군정위 유엔군 측은 한국, 미국, 영국, 그리고 참전국 연락장교단 대표들로 임명되고 있으며, 수석대표는 정전협정

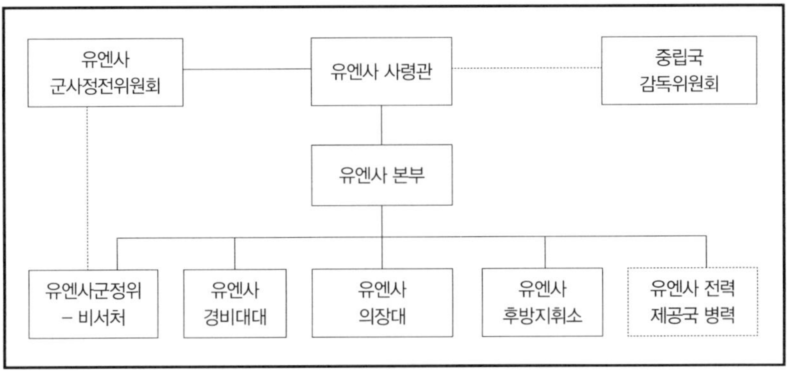

* 출처 : Andrew Harrison · 신상범, 『한반도 군사정전협정』(2023), p.214.

〈그림 3-7〉 유엔사 조직도

체결 이후 미군 장성이 임명되어 오다가 1991년 황원탁 소장이 임명된 이후 한국군 장성이 임명되어 오고 있다. 군정위는 판문점 공동경비구역에 소재하고 있다.

중립국감독위원회Neutral Nations Supervisory Commission, NNSC는 정전협정 이후 남북한의 군사력 증강 방지, 즉 허가된 병력·장비 외 추가적인 병력과 주요장비(전투기, 장갑차량, 무기, 탄약)의 한반도 입출경을 감독·감시·시찰하고 조사결과를 군사정전위원회에 보고하기 위해 설치되었다. 1953년 8월 1일부터 공식적인 활동을 시작했다. 여기서 중립국이란 '한국에서의 적대행위에 전투부대가 참가하지 않은 국가'를 말한다. 중립국감독위원회는 4명의 장교로 구성되어 있는데, 그 중 2명은 유엔군사령관이 지명한 중립국, 즉 스웨덴과 스위스가 임명하고, 나머지 2명은 북한과 중국이 공동으로 지명한 중립국인 폴란드와 체코슬로바키아가 임명한다. 현재는 스위스와 스웨덴이 중립국감독위원회에서 활동 중이며, 체코슬로바키아는 1993년 철수했으며 폴란드는 1995년 철수 후 유엔 측에서 활동을 재개하고 있다. 중립국감독위원회의 소재지는 판문점 공동경비구역이다.

유엔사군정위 비서처는 유엔사의 특별참모부로서 군사정전위를 지원하고, 북한군과의 통지문 수발신, 유엔사와 북한군 간 직통선 유지, 비무장지대 출입 및 군사분계선 통행 관리, 월 1회 판문점 헬기비행훈련, 서북도서 해상사격훈련 참관 등의 작전활동을 수행하고 있다. 비서처장은 미군 대령이, 부비서처장은 한국군 대령이 보직되어 있다.[220]

유엔사는 일본에 유엔사 후방지휘소와 7개의 유엔사 후방기지를 운

〈표 3-10〉 유엔사 후방기지

후방기지		주요 기능
일본 본토	요코다 공군기지	• 유엔사 후방지휘소와 주일미군사령부가 위치 • 일본 본토 최대의 미 공군기지, 극동지역 전체의 병참기지
	캠프 자마	• 주일 미 육군사령부와 미 1군단 전방사령부가 위치 • 미 육군 전시배치물자의 보관·정비·관리 등 후방지원
	요코스카 해군기지	• 주일 미 해군사령부와 7함대사령부가 위치 • 핵추진 항모를 포함한 항모전단 위치, 48~72시간 내 아시아·태평양 전역에 출동 가능
	사세보 해군기지	• 강습상륙함 포함 상륙전단 위치 • 서태평양 지역 최대의 유류 및 탄약 저장 • 한반도 유사시 가장 활용빈도가 높은 해군기지
오키나와	가데나 공군기지	• 전투비행단, 정찰 및 타격, 공중급유 능력 보유 • 한반도까지 1시간 내 전개 가능
	후텐마 해병대기지	• 미1해병비행사단과 제3해병기동군의 전개 지원 • 모든 미군 항공자산의 이착륙이 가능한 활주로 보유
	화이트 비치 해군기지	• 미 군함의 급유 지원 • 해병대 전개 시 필수적인 항만시설 제공

* 출처 : Andrew Harrison·신상범, 『한반도 군사정전협정』(2023) 및 임기훈, 「유엔사의 재활성화 요인과 전략적 가치 재고찰」(2024) 참조해 필자 작성

영하고 있다. 유엔사 후방지휘소는 1957년 7월 유엔사가 일본 도쿄에서 서울로 이전하면서, 유엔사와 일본 간 SOFA 협정을 유지하기 위해 창설되었다. 유엔사 후방지휘소는 유엔사 후방기지에 외국 선박·항공기의 방문 요청을 승인하고, 전시 유엔군사령부의 작전을 지원하며, 유엔사 회원국의 기지 사용을 지원한다. 호주 공군대령인 지휘관과 수 명의 참모로 구성되어 있으며, 영국·호주 등 9개 국가가 유엔사 후방지휘소에 연락장교를 파견하고 있다. 일본 내 7개소(본토 4개소, 오키나와 3개소)의 유엔사 후방기지는 한반도 유사시 주일미군 전력의 즉각 출동 및 병참기지와 유엔사 회원국의 전력 투입을 위한 기지로서의 역할을 하고 있다.

다수의 전문가들이 미국의 국방전략 변화, 전작권 전환, 남북관계의 변화 가능성과 연계해 유엔사의 미래에 대해 전망한다. 전작권 전환 시 유엔사와 미래연합사령부의 관계, 평화협정 체결 시 유엔사의 해체 또는 유엔사의 일본으로의 이전 가능성 등이 주를 이룬다.[221] 그러나 유엔사의 해체 또는 유엔사 본부의 일본 이전 가능성은 낮다고 판단하는 것이 합리적이다. 유엔사는 북한의 무력공격을 격퇴하고 한반도에서의 평화와 안전을 회복하기 위한 다수의 유엔안보리 결의 및 유엔총회 결의에 근거하고 있다. 설치 목적이 북한의 위협으로부터 한국의 안전과 평화를 보장하기 위한 것이다. 또한 유엔사는 한반도에서의 정전체제를 관리하고, 유사시 유엔사 전력제공국과의 협력을 창출할 수 있는 매우 견고한 구조를 갖추고 있다. 유엔사는 예하에 5개의 구성군사령부, 즉 지상군·해군·공군·해병대·특수전 구성군사령부를 두고 있어, 다국적군 사령부로서의 임무수행체계를 구축하였으며, 유엔사 구성군사령부를 구성하는 참모진 대다수가 주한미군사의 참모를 겸직하고 있다. 유엔군사령관은 군정위 위원들과 18개국의 유엔사 회원국 대사가 참여하는 대사단 회의를 개최해 현 안보상황과 유엔사 주요업무를 공유한다. 유엔사 회원국들은 유엔사와 일본정부 간 SOFA에 따라 7개소의 유엔사 후방기지의 자유로운 사용이 가능하다. 그러나 유엔사가 해체되면 유엔사에 대한 일본의 기지 제공 의무는 90일 이내에 종료된다. 한국의 유엔사 본부, 일본의 유엔사 후방기지는 주한미군과 주일미군, 한미동맹과 미일동맹 간 연대와 한·미·일 안보협력을 촉진하는 역할을 한다.

한국에게 있어 유엔사는 한반도의 지정학적 가치를 제고시켜 주는 다국적 안보 플랫폼이다. 인태 지역의 안보환경이 요동칠수록, 한미동맹과 한·미·일 안보협력은 한반도 안보와 인태 지역의 안정을 위한 강력한 안보 프레임워이 된다. 또한 '한·미·일 + 호주·영국·프랑스' 등 새로운 안보협력의 틀로 전환될 수 있다. 특히 우리나라와 같이 주변 열강들의 이해관계가 상충하는 지정학적 요충지에서는 동맹과 다자안보협력, 우리의 안보를 더욱 군건히 하는 핵심기제이다.[222] 이런 이유로 유엔사, 그리고 유엔사 회원국을 포함한 우방국과의 안보협력은 한반도 안보를 위해서 필수불가결하며, 우리의 대북·대주변국 국방전략을 구현하기 위해 유엔사와의 협력을 제도화해야 한다.

★

결론

21세기 들어 아시아·태평양 지역은 세계의 정치·경제·안보·문화의 중심지이자, 강대국들의 경쟁과 협력의 장으로 부상했다. 글로벌 해상무역과 에너지 수송의 필수 공급로로서 말라카 해협, 롬복 해협, 칼리마 해협, 바시 해협, 대만해협 등 군사적으로도 가치가 높은 주요 해상교통로가 위치하고 있어 국제적 분쟁 가능성이 늘 존재한다. 미국·중국·일본·인도·한국 등 세계 경제성장을 견인하는 경제 대국이자 군사 강국이 밀집해 있으며 북핵, 대만, 남중국해 영유권 분쟁 등을 놓고 상호 협력과 갈등을 반복하고 있다. 아태 지역은 안보적 불안정성이 상존하고 있는 미·중 간 패권경쟁의 중심 무대가 되었다.

미·중 간 경쟁은 미·중을 중심으로 하는 진영 간 대결 구도로 확산되는 추세다. 일본과 호주, 필리핀은 미국과의 동맹에 기반한 전략적 협력체계를 구축했고, 중국은 러시아·북한과 외교적 연대를 강화하고 있다. 현재 광활한 아태 지역에서 군사·경제안보의 핵심 플레이어는 한국을 비롯해 미국·중국·일본·러시아·호주이다. 미국은 QUAD, AUKUS와 같은 다자안보협력 체계, 한국·일본·필리핀 등과의 양자동맹을 토대로 우방국들을 규합해 이 지역에서 미국이 주도하는 국제질서를 정착시키려 하고 있다. 그 최전선에 인도·태평양사령부가 있다. 인도·태평양사령부는 미국의 국방전략을 실천하는 통합군사령부로서, 역내 주요 국가들의 위기관리, 주한·주일미군 등 인도·태평양사 예하 미군전력의 운용, 연합연습·훈련 등 동맹·우방국과의 군사교류와 군사외교 등의 안보협력을 실행한다. 인도·태평양사는 하와이에 사령부를 두고 있으며, 괌·한국·일본·호주·싱가포르·필리핀·디에고 가르시아 등지에 다수의 군사기지를 운용하고 있다. 그러나 약 13만 명의 인도·태평양 지역 주둔 미군 병력 중 8만여 명의 병력이 한국과 일본에 집중 배치되어 있는 점은 인태 지역 내 다양한 안보 도전에 적시적으로 대응할 수 있는 유연성을 저하시키고 있는 하나의 원인으로 지목되고 있다.

중국은 3단계 군사력 발전전략에 따라 중국군의 현대화를 강력하게 추진하고 있다. 1단계로 건군 100주년이 되는 2027년까지 중국군을 현대화된 군으로 도약시키겠다는 목표를 설정했는데, 미국의 군사전문가들은 2027년을 중국이 대만 침공을 위한 군사적 능력을 완비하는 시점으로 해석한다. 중국의 적극방어 군사전략과 A2/AD 전략은 미국의 접근을 원거리부터 거부하고, 적극적 군사작전을 통해 미국의 지역사용을 거부하는 전략이다. 이를 위해 제1·2도련선을 설정했으며 최근에는 하와이, 뉴질랜드를 연한 제3도련선을 설정한 것으로 알려져 있다. 특히 중국 해군력의 성장은 괄목할 만하다. 이미 2개 항모전단 구축이 완료되었고, 3번째 항모가 실전배치를 앞두고 있으며, 4번째 항모가 건설 중이다. 항모전단에 더해 강습상륙전단도 구성 중이다. 3척의 대형 강습상륙함을 배치했고, 중국이 독자개발한 4번째 차세대 강습상륙함을 시험운항 중이다. 중국의 항모전단과 강습상륙전단이 구성되면 남중국해와 동중국해를 포함한 아시아·태평양 지역의 제해권을 놓고 미·중 간 첨예한 대결이 불가피할 전망이다.

일본은 미일동맹의 격상, 주일미군과 자위대의 군사적 일체화를 통해 일본을 보통국가로 전환하려는 노력을 차근차근 이행해 나갔다. 미·일 연합방위체제를 근간으로 '자유롭고 열린 인도·태평양FOIP' 구상에 적극 동참하고 있으며, 인도·영국·프랑스·독일·캐나다·호주 등 우방국들과 안보협력을 적극 확대해 나가고 있다. 일본 자위대는 중국의 군사적 팽창에 대응하기 위해 stand-off 능력(원거리 타격능력), 다영역 작전 수행능력, 남서 제도의 방위력 증강에 최우선 순위를 두고 전력 증강에 박차를 가하고 있다. 지대함 미사일의 사거리를 1,000km까지 확장하고, 사정거리 1,600km 토마호크 순항미사일의 전력화를 추진 중이며, 차세대 전투기 개발에도 주력하고 있다.

러시아는 '러시아 대국주의' 정서에 기반해, 미국 주도의 일극질서를 부정하고 NATO의 동진을 최대 안보위협으로 간주한다. 러-우 전쟁의 여파로 인태 지역에 대한 전략적 관심도는 답보상태이나, 세계 정치·경제의 중심지로 인태 지역의 중요성을 인식하면서 아시아 국가들과 협력하에 미국을 견제하고 있다. 2024년에는 북한과 조약을 체결했는데 러시아·북한의 연대는 글로벌 안보질서를 흔드는 최대 변수로 등장했다. 러시아 5개 군관구 중 극동지역을 담당하는 동부군관구의 해·공군력은 한국·일본 등 주변국의 전력을 위협할 만큼 막강하며, 최근 중국·북한과 연대한 공세적 군사활동은 동북아 안보에 큰 도전이 되고 있다.

호주는 인태 지역에서 안보적 불안정성이 높아지고 있음을 인식하고, 2020년 이후 호주군의 방위태세를 증강하기 위한 국방전략과 군사력 건설을 본격적으로 추진하고 있다. '거부전략'을 자국의 국방전략으로 채택해 중국의 확장에 대비하고, 국방전략의 구현을 위해 장거리 정찰감시 및 타격, 수상·수중전 수행능력 등을 증강하면서, 특히 호주 북부지역에서의 전력 투사능력을 강화하기 위해 획기적인 투자를 추진하고 있다. 호주군은 비교적 소규모이나, 미국·일본 등이 주도하는 연합·합동 군사훈련에 적극 참여함으로써 존재감을 부각시키고 있다. 호주는 미·일·호주 3개국 안보협력을 기반으로 우방국과의 협력을 통해 태평양 도서국에 대한 호주의 영향력을 유지하고, 향후 아태 지역의 안보질서 구축에 핵심적인 역할을 수행하겠다는 의지를 밝히고 있다.

미·중을 중심으로 한 양대 진영이 첨예하게 부딪치는 곳이 한반도와 대만이다. 제2의 아시아·태평양 전쟁으로 비화될 수 있는 두 개의 분화구인 셈이다. 북한의 고도화된 핵·미사일 능력은 한국을 넘어 일본·괌·하와이까지 사정권에 두었으며, 북한은 미 본토를 목표로 한 전략핵능력을 갖추기 위해 부단한 노력을 기울이고 있다. 북한의 재래식 군사력은 양적으로는 이미 한국을 압도하고 있으며, 최근 북·러 협력을 토대로 질적 성장 또한 주목할 만하다. 한반도 주변에 밀집한 군사력은 가공할 만한 수준이며, 북한의 도발 양상 또한 회색지대 위협으로부터 국지도발, 제한전, 전면전까지 다양하게 그려볼 수 있다. 한국은 한국형 3축체계를 구축하고, 한미동맹의 확장억제를 통해 북한의 위협에 대응하고 있으나, 미국이 제공하는 확장억제의 신뢰성에 대해 한국 내 의구심이 증가하고 있어, 한·미 간 긴밀한 협의 하에 한국 내 여론을 관리하고, 동맹의 대응 능력을 강화해야 하는 숙제를 안고 있다.

대만은 미·중이 직접적으로 대결하고 있는 최전선이자, 거대한 분쟁으로 확산될 수 있는 도화선이다. 대만은 중국에게는 절대 포기할 수 없는 핵심이익이며, 미국에게는 중국 앞바다에 떠있는 불침항모와 같은 존재이다. 지난 1~3차 대만해협 위기 시 중국은 미국의 강력한 군사력 앞에 타협할 수밖에 없었다. 그러나 21세기 들어 중국의 군사력은 질적·양적으로 급성장했으며, 지난 수 년간 중국이 시행했던 대만 포위훈련은 대만해역과 대만의 방공식별구역이 이미 무력화되었음을 여실히 보여주었다. 중국은 그들이 원할 경우 언제든지 대만을 침략할 수 있다는 의지와 능력을 과시했고, 국제사회는 미국이 중국의 의지와 군사적 역량에 대응할 수 있는 능력을 구비하고 있는지에 대한 회의적 시각을 갖고 있다.

한국은 아시아·태평양 국가이자, 글로벌 정치·경제·안보질서에 상당한 영향력을 지닌 강국이다. 현재 한국은 선택의 기로에 서 있다. 국제사회는 한국의 선택을 주시하고 있으며, 미국과 중국은 저마다의 방향으로 한국의 선택을 요구하고 있다. 그러나 우리 군은 오랜 기간 누적된 관성과 수세적 문화에 길들여져 있으며, 군에 대한 지나친 개입과 간섭으로 군의 전사적 기질은 약화된 상태이다. 우리 군이 처한 전략적 환경은 더욱 어렵다. 회색지대 위협에 상시 노출되어 있으며, 병역자원의 부족은 절박한 안보 현안이 되었고, 효율적 국방 운영을 요구하는 국민적 목소리는 날로 커지고 있다. 우리 군이 처한 현실을 냉철하게 자각하고, 과거로부터 이어져 온 관성에서 벗어나 변화하는 안보환경에 부합하는 국방전략을 수립해야 한다. 필자는 '자강과 혁신'의 방향으로 우리의 국방전략을 재설계해야 한다고 주장한다.

우선 북한 위협을 억제하고 도발 시 압도적으로 응징할 수 있는 자강능력을 갖추되, 동맹·우방국이 제공하는 DIME(외교, 정보, 군사, 경제) 능력을 총체적으로 활용하는 전략을 수립해야 한다. 한국형 3축체계의 개념과 능력을 확장하고, 대북·대주변국에 대한 인지작전 수행체계를 발전시켜야 한다. 동맹·우방국과 다층적인 안보협력 체계를 구축하는 것이 필요하다.

한국군이 주도하고 미군이 지원하는 연합방위체제로의 전환은 불가피할 것으로 보인다. 한국군이 주도적 전구작전 수행능력을 갖추기 위해서는 우리 군의 군사력 건설 패러다임을 혁신해야 한다. 진부한 획득체계를 개편하고, 군 지휘구조에 노정된 행정과 인력의 중복문제를 해소해야 한다. 갈수록 줄어드는 병역자원 문제는 국가안보 차원에서 접근해야 한다. 이러한 난제를 극복하기 위해서는 각 군이 자군 중심적 사고를 타파하고, 2030년대 우리 군의 국방인력구조를 재설계하는 데 함께 고민하고 협조해야 한다. 우수한 국방인재를 획득하기 위한 제도 개선과 교육시스템의 혁신은 매우 중요한 과업이다. 모든 장교·부사관들이 과학기술에 대한 소양을 갖출 수 있도록 해야 하며, 각 군 대학, 합동군사대, 국방대학교 등 군의 고급인력을 양성하는 교육 시스템을 혁신해야 한다. 각 군의 인력획득과 인사관리 전반에 걸쳐 영향을 미치는 중요한 사안이라 지금까지 국방의 리더십이 이 부분에 대한 관심이 소홀했던 것이 아닌가 싶다. 지금이라도 TF를 구성해 국방인재 양성 체계에 대한 획기적 개편 방안을 마련하기를 희망한다.

한미동맹은 전환기적 시점에 와 있다. 지난 70여 년간 한미동맹은 한반도 방위의 근간으로 확고히 자리매김했으나, 이제 동맹은 한반도를 넘어 아시아·태평양 전역에 걸쳐 새로운 안보환경에 부합하는 포괄적 전략동맹으로의 전환을 요구받고 있다. 한미동맹의 현대화는 주한미군 역할 재조정, 주한미군의 전략적 유연성 등 다양한 동맹 현안의 재조정 문제를 포함하고 있으며, 이러한 이슈 모두 한미동맹의 범위와 역할을 확대해야 한다는 인식에 기초한다. 필자는 이 책에서 주한미군의 전략적 유연성, 전시작전통제권 전환, 방위비분담금, 한·미·일 안보협력, 유엔사 및 다자안보협력에 대한 소견을 중점적으로 기술했다.

주한미군의 전략적 유연성은 2006년 이후 내재되어 왔던 동맹 현안으로 실상 미국은 주한미군의 전략적 유연성을 확대하기 위한 일련의 조치를 차근차근 이행해 왔다. 주한미군 전력의 순환배치, 주한미군의 해외훈련 참가에 이어, 2025년에는 주한미군의 패트리어트 포대를 중동지역에 전개시킨 바 있다. 주한미군의 전략적 유연성은 필연적 수순으로 다가오고 있으며, 이제는 한국의 지정학적 가치를 높이면서 합리적 원칙 아래 주한미군의 전략적 유연성을 포용하는 협력적 자세가 요구된다. 위기는 곧 기회라는 말이 있듯이 한반도 안보를 위한 한국군의 자강 능력을 키울 수 있는 기회로 전환할 필요가 있다.

전작권 전환 역시 전향적으로 바라보아야 할 동맹 현안이다. 한국군 주도의 한국방위를 위해 우리 군이 전작권을 보유하는 것은 당연한 수순이다. 필자는 이미 한국군이 상당한 수준의 역량을 갖추고 있다고 생각한다. 그동안의 노력을 통해 작전기획 능력을 함양했으며, 대북 우위의 재래식 군사력도 갖추었다고 평가한다. 그러나 아직 충분하지는 않다. 한국군이 반드시 확보해야 할 능력은 정찰감시능력과 타격능력, 그리고 전구작전을 지휘할 수 있는 한국형 지휘통제체계의 구축, 전시 소요 필수탄약의 확보라고 필자는 판단한다. 전작권 전환은 능력의 확보와 더불어 한국군의 지휘구조 개편이 수반되어야 가능하다. 일본은 미·일 연합방위체제의 효율성을 극대화하기 위해 합동작전사령부를 신설했다. 이를 참고해 한·미 연합방위체제의 효율성을 극대화시키기 위한 상부지휘구조 개편을 추진하되, 우리 군에 내재되어 있는 조직·인력의 비대화와 비효율성은 반드시 극복해야 할 과업이라 사료된다.

방위비분담금은 동맹의 성숙한 발전과 주한미군의 방위태세 증강, 그리고 현재 미국이 처한 어려운 입장을 감안할 때 일정 수준 인상이 불가피하다고 생각한다. 그러나 이 문제는 신중하고 주의 깊게 다루어져야 한다. 방위비분담 이슈가 동맹의 건강한 발전에 부정적 요인이 되지 않도록 양국이 상호 입장을 존중한 가운데 조율할 필요가 있다.

한·미·일 안보협력은 한국의 안보, 아태 지역의 안정과 번영을 위해 매우 중요한 3자협력 플랫폼이다. 한국에 유리한 아태 지역 질서를 정착시키고, 우방국과 협력을 확대할 수 있는 촉매제 역할을 한다. 서울대학교 이근 교수는 오늘날 자유주의 국제질서 시대는 더 이상 식민지 제국주의 시대가 아니며, 한국이 국제사회에서 강대국의 지위를 인정받는 길은 강대국의 클럽에 들어가는 것이라고 주장한다. 공통의 가치와 시스템을 공유한 미국·일본과의 협력을 구축하고, 중국·인도 등의 강대국과 유연한 관계를 맺어야 한다고 언급하면서, 한·미·일 협력의 당위성을 강조한다.[223] 한국은 아픈 역사를 반드시 기억하되 오늘날 당당히 강대국으로 향하는 토대 속에서 그에 따른 역할과 위상에 맞는 행동을 해야 한다.

필자가 본문에서 언급했듯이, 현재 광대한 태평양 지역에서 자유민주주의 체제 우방국들을 규합하는 주도국가는 미국·일본·호주이다. 한국도 글로벌 강대국과 함께 규칙에 기반한 질서 확립을 위해 주도적인 역할을 해야 하며, 한·미·일 안보협력은 단단한 초석이 될 것으로 본다. 이런 측면에서 유엔사를 포함한 다자안보협력도 적극적으로 모색해야 한다. 한국과 같이 강대국들의 이해가 충돌하는 지정학적 요충지에서는 유엔사를 포함한 다자안보기구와의 전략적 협력이 우리의 안보를 더욱 탄탄하게 다지는 핵심기제이기 때문이다.

향후 한국이 직면하게 될 위기는 생각보다 훨씬 빨리, 더 크게 다가올 것이다. 아태 지역의 전략적 불안정성과 한국이 처한 국내 안보적 도전요인이 갈수록 심각해지고 있기 때문이다. 아태 지역의 주요 국가들은 자국의 국방전략을 쇄신하고, 자강의 힘을 갖추기 위해 사활적 노력을 기울이고 있다. 한국은 언제 폭발할지 모르는 두 개의 분화구와 직접 관련된 국가이다. 우리가 대비할 수 있는 시간은 길어야 10년 남짓이다. 우리의 면역력을 한층 강화하면서, 다층·다중의 안보협력체계를 구성해야 한다. 이 책에서 언급한 국방전략의 재설계는 국가적 수준의 관심과 노력이 있어야만 달성될 수 있다. 자군 이기주의에 매몰된 각 군의 자성과 희생이 수반되는 것은 피할 수 없다. 우리 국방을 이끌어 갈 인재들에게 큰 신뢰와 격려를 보내면서, 이 책이 미래 한국의 국방에 대해 고민하는 인재들에게 조그마한 도움이라도 되기를 희망한다.

★

주(註)

★ 서론

1 임기훈, 『주한미군과 주일미군: 미국의 아시아 안보전략』(서울: 플래닛미디어, 2022), pp.294-297.

★ CHAPTER 1 ★ 아태 지역 주요 국가들의 국방전략

2 GFP는 전 세계 국가들의 군사력 정도를 평가하는 비정부 기구이다. 핵을 제외한 재래식 전력만을 다룬다. 2025년 기준 한국은 5위, 일본 8위, 호주는 18위, 북한은 34위로 평가하고 있다.

3 골드워터 상원의원(공화당)과 니콜스 하원의원(민주당)이 공동 발의했다. 정식 명칭은 'Goldwater-Nichols Department of Defense Reorganization Act of 1986'이다. 문민통제, 합참의 역할 강화, 국방개혁 등의 내용을 포함하고 있다.

4 QDR은 1996년 9월 23일 국방수권법(National Defense Authorization Act)에 의거 1997년 최초 발간되었으며, 이후 2001년, 2006년, 2010년, 2014년까지 다섯 차례 발간되었다.

5 U.S.Department of Defense, *2022 National Defense Strategy of the U.S. in-*

cluding the 2022 Nuclear Posture Review and the 2022 Missile Defense Review(October, 2022), p.7.

6 합동참모본부, 『합동교범 10-2 합동·연합작전 군사용어사전』(2020. 7), p.262.

7 2022 NSS에서 제시되었으므로 대략 2030년대 초까지 결정적인 시간으로 간주하고 있는 셈이다.

8 미국·일본·인도·호주 4개국의 안보대화

9 2021년 9월, 인도·태평양 안보증진 및 중국 견제 목적으로 설립된 미국, 영국, 호주의 3자 안보협의체

10 국방대학교 합동참모대학, 『미 국방부 군사용어사전(미 합동교범 1-02 번역본)』(2008. 12), p.452.

11 오순근, 『포와에서 태평양을 걷다』(서울: 박영사, 2025), p.84.

12 2025년 9월 5일, 트럼프 대통령은 전쟁부를 국방부의 보조명칭으로 지정하는 행정명령에 서명했다. 이에 따라 미 국방부 공식 홈페이지에는 국방부와 국방장관의 명칭을 전쟁부(U.S. Department of War)와 Secretary of War로 표시하고 있다. 그러나 전쟁부라는 명칭이 국방부를 대체하기 위해서는 미 의회의 승인이 필요해 이 책에서는 미 국방부라는 명칭을 사용한다.

13 신동민, 「인도태평양사령부의 작전적 중점: 군수역량 강화·기동성 증대·타격능력 정밀/신속화 - 동맹·우방국에의 함의」, 『전략연구』 통권 제93호(2024. 7), p.388.

14 SSN은 Ship, Submersible, Nuclear-powered의 약자로 핵추진잠수함을 의미한다. SSBN은 Ship, Submersible, Ballistic missile, Nuclear-powered의 약자로 핵탄두를 장착한 탄도미사일 잠수함을 의미한다.

15 오순근, 『포와에서 태평양을 걷다』(서울: 박영사, 2025), pp.124-131.

16 이민자, 「일대일로 국가전략의 목적 및 평가」, 『신아세아』 31권 1호(2024), pp.25-27.

17 KIEP 북경사무소, 『중국의 일대일로 추진현황 및 평가와 전망』(2017), pp.6-17.

18 'Resolutely Safeguarding China's Sovereignty, Security and Development Interests'로 명시

19 2015년 중국 국방백서가 발표된 이후, 양위쥔 국방부 대변인과 인민해방군 총참모부 장위궈 대교 등은 중국 국방전략의 핵심은 '(여전히) 방어, 자위, 후발제인이 원칙'이라면서도 '만약 다른 사람이 우리를 침범한다면 반드시 응징할 것'이라고 경고했다.

20 제1도련선은 쿠릴 열도에서 시작해 일본, 류큐 열도, 타이완섬, 필리핀, 말라카 해협에 이르는 중국 본토 근해이며, 제2도련선은 그 바깥의 일본 동부, 사이판, 괌, 팔라우를 연결하는 선이다.

21 챠오량·왕샹수이 지음, 이정곤 옮김, 『초한전 : 세계화 시대의 전쟁과 전법』(서울: 교우미디어, 2021), p.171.

22 유인석, 「디지로그 복합전 개념과 전략적 함의」, 『한국군사』 제17호(한국군사문제연구원, 2025. 6), p.50.

23 이지훈, 「현대전에서의 법률전과 우리 군에 대한 중국 인민해방군의 시각을 중심으로」, 『국방정책연구』 제30권 2호(2014), pp.125-154.

24 표나리, 『중국의 회색지대 전략과 3전의 전개』(국립외교원 외교안보연구소, 2023), p.12.

25 NIDS, *NIDS China Security Report: China's Quest for control of the Cognitive Domain and Gray Zone Situation*(National Institute for Defense Studies: Japan, 2023), p.40.

26 https://www.globalfirepower.com/countries-listing.php(검색일 2025년 3월 4일)

27 정보지원군, 항공우주군, 사이버군은 기존의 전략지원군(Strategic Support Force)이 3개 부대로 분리된 것으로, 2024년 창설되었다.

28 《글로벌 이코노믹》 2024년 5월 7일자 기사(https://www.g-enews.com/article/Global-Biz/2024/05/202405070939299102fbbec65dfb_1, 검색일 2025년 3월 4일)

29 전구(戰區, Theater)란 단일의 군사전략목표 달성을 위해 지상, 해양, 공중 및 우주작전이 실시되는 지리적 영역을 말한다. 합동참모본부, 『합동연합작전 군사용어사전』(2020. 7), p.250.

30 NIDS, *NIDS China Security Report: China's Quest for control of the Cogni\-tive Domain and Gray Zone Situation*(National Institute for Defense Studies: Japan, 2023), pp.42-43.

31 중국의 집단군은 한국의 군단급 부대에 해당한다.

32 IISS, *The Military Balance 2025*, p.221.

33 조현규, 「최근 중국인민해방군 전력증강 동향과 함의 - 최초의 드론 항모 건조와 군용 5G 기지국 건설을 중심으로」, 『월간 KIMA 군사와 안보』 제84호(2025. 2), pp.54-59.

34 스톡홀름 국제평화연구소, *SIPRI Yearbook 2025*, p.180.

35 IISS, *The Military Balance 2025*, p.240.

36 중국 공군은 2021년 1월과 11월에는 항공기 886대를 동원해 대만 ADIZ를 230차례 침입하였으며, 2022년부터는 중국 공군의 대만 ADIZ 침입이 연 1,000회 이상 지속되고 있다.

37 상하이협력기구(Shanghai Cooperation Organization, SCO)는 1996년 러시아·중국·카자흐스탄·키르기스스탄·타지키스탄 5개국이 결성한 상하이 파이브(Shanghai Five)를 기반으로 출범한 국제기구로서, 중앙아시아의 안보협력과 경제·문화 교류를 목적으로 한다. 2001년 우즈베키스탄이 합류하며 상하이협력기구로 명칭이 변경되었고, 이후 인도·파키스탄·이란·벨라루스 등이 정회원으로 가입해 현재 9개국이 활동 중이다. 매년 회원국이 돌아가며 정상회의를 개최하고 있다.

38 National Institute for Defense Studies, *China Security Report 2024, China, Russia, and the U.S. Striving for a New International Order*(NIDS, Japan), p.24.

39 정재호, 「중국의 해외 군사기지 독법: 확대된 국익, 원칙의 변경, 그리고 전략적 불확실성」, 『중소연구』 제45권 제4호(2021/2022), p.9.

40 김순수·양정학, 「중국의 중앙아시아 외교전략 : 군사안보 관계를 중심으로」, 『전략연구』, 제24권 제1호(2017), p.238.

41 2017년 7월 11일, 신화사는 〈중국 인민해방군 지부티 보장기지 창설 및 부대출정식이 개최되었다〉는 단신을 발송, 지부티 군사기지 설립을 확인해 주었다. 학문양, 「중국의 해외항구 프로젝트 전략 비교연구 : 파키스탄의 과다르항, 그리스의 피레우스항, 아프리카의 지부티항 사례를 중심으로」, 서울대학교 대학원 석사학위논문(2024). p.101.

42 Isaac Kardon, *China's Geopolitical Gambit in Gwadar, Asia Dispatches*(Wilson Center, October 20, 2020), https://www.wilsoncenter.org/blog-post/chi-

nas-geopolitical-gambit-gwadar

43 David Shambaugh 지음, 이한솔·이지수·양희용 옮김, 『강대국이 마주치는 곳』(논산: 국방대 안전보장문제연구소, 2023), p.176.

44 임기훈, 『주한미군과 주일미군: 미국의 아시아 안보전략』(서울: 플래닛미디어, 2022), p.220.

45 기존 방위전략 3문서는 '국가안전보장전략, 방위계획대강, 중기방위력정비계획'이다.

46 방위계획대강은 1976년 최초 발간되었으며, 이후 1995년, 2004년, 2010년, 2013년, 2018년에 마지막으로 발간되었고, 2022년 NDS로 변경되었다.

47 Ministry of Defense, *Defense of Japan 2023*(2023年度 防衛白書 英語版), p.408.

48 김덕기, 「미중의 전력증강과 대만해협을 둘러싼 전력배비가 한반도에 주는 전략적 함의: 미국의 중국 A2/AD 대응전력 증강과 중국의 A2/AD 전력증강을 중심으로」, 『전략연구』 통권 제93호(2024. 7), p.126.

49 방면대는 한국군의 군단급에 해당한다.

50 일본 미쓰비시중공업이 2012년 개발한 트럭탑재 대함미사일

51 휴가급은 헬기탑재 구축함이나, 경항모에 준하는 역할을 수행할 수 있어 IISS는 일본의 경항모를 4척으로 산정하고 있다.

52 미국과 일본이 주도하고 호주, 캐나다 등 제3국이 실시하는 남중국해에서의 연합해상 훈련이다.

53 ARC-21 훈련은 2020년 일본 육상자위대가 4개국 군대와 처음으로 실시한 대규모 훈련이다. 이번 다자간 훈련은 동중국해와 남중국해에서 일본이 중국의 공세에 맞서 국방 협력을 강화하는 노력의 일환으로 진행됐다. https://ipdefenseforum.com/ko/2021/06/〈유럽과 인도 태평양 파트너국, ARC-21 훈련을 통해 단결〉, Indo-Pacific Defense Forum.

54 유영철, 「러시아의 국가안보전략 평가와 영향」, 『군사논단』 제115호(2023년 가을), pp.33-34.

55 주은식, 「러시아 국가안보전략 평가와 영향: 러시아-우크라이나 전쟁에서의 성과와

평가」, 『전략연구』 제87호(2022. 7), p.14.

56 유영철, 「러시아의 국가안보전략 평가와 영향」, 『군사논단』 제115호(2023년 가을), pp.35-36.

57 한국국가전략연구원, 『2022 동아시아전략평가』(서울: 한국국가전략연구원), p.338.

58 서동주, 「미·중 복합 지정학적 갈등과 러시아의 전략적 입장 및 대응」, 『국가안보와 전략』 제22권 2호(2022), p.57.

59 1991년 소련 해체 이후 독립한 국가들의 연합체

60 김성진, 「푸틴 집권 4기 러시아 국가안보전략의 변화」, 『중소연구』 제45권 4호(2021/2022년 겨울), pp.195-196.

61 우평균, 「러시아의 전략문화 및 군사전략의 특성과 우크라이나 침공」, 『국방연구』 제68권 2호(2025), pp.146-147.

62 앞의 논문, pp.127-128.

63 최인아·이선형·이재호·김소은, 「미중경쟁에 대한 호주의 전략적 대응과 시사점: 호주의 대중정책 변화를 중심으로」, 『세계지역전략연구』 21-11(세종: 대외경제정책연구원, 2022), pp.6-8.

64 앞의 책, pp.135-139.

65 앞의 책, p.114.

66 Australia Government, Department of Defence, *2020 Defence Strategic Update*(2020), pp.24-25.

67 Australia Government, *Department of Defence, National Defence: Defence Strategic Review*(2023), p.49.

68 앞의 책, p.54.

69 IISS, *The Military Balance 2024*(2024. 2), p.225.

70 트럼프 행정부 2기 출범 후 미 국방부의 콜비 차관은 AUKUS를 통해 미국산 핵잠수

함을 호주에 판매하는 것에 부정적 입장을 표명(2025. 6. 13《동아일보》)

71 Marine Rotational Force-Darwin(MRF-D)로 칭하며, 2024년 기준 최대 2,500명까지 호주 북부 다윈기지에 순환배치되고 있다.

★ CHAPTER 2 ★ 두 개의 분화구

72 Atlantic Council, *A rising nuclear double-threat in east Asia: Insights from our Guardian Tiger I and II tabletop exercises*(2025. 5), p.2.

73 이춘근, 『북한의 핵패권』(서울: 인문공간, 2023), pp.213-214.

74 앞의 책, pp.220-221.

75 앞의 책, p.226.

76 황장엽 전 북한 노동당 비서도 "북한은 본격 핵무기 개발을 1980년대부터 시작했고, 90년대 초반에 성공했다"라고 증언했다. 미국의 페리 국방장관도 1994년 언론 인터뷰에서 "북한이 핵무기 1~2개를 보유했을 것으로 추정한다"고 언급했다.

77 Institute for Science and International Security(과학국제안보연구소). 워싱턴 D.C. 소재 싱크탱크

78 앞의 책, pp.264-265.

79 핵무기는 폭발력 등급에 따라 가장 기본적인 내폭(implosion) 원자탄에서부터 증폭(boosted) 원자탄, 다층(layered) 원자탄, 수소탄 등으로 분류한다. 기본형 원자탄은 우라늄이나 플루토늄의 핵분열을 이용한 것이고, 증폭 원자탄과 다층 원자탄은 중수소와 3중수소를 넣어 폭발력을 높인 핵무기로 위력은 원자탄과 수소탄의 중간단계이다. 수소탄은 원자탄 옆에 다량의 열핵 연료 캡슐을 두는 방식으로 핵분열이 아닌 핵융합 반응을 이용한다.

80 SIPRI, *Year Book 2025*, p.182.

81 8종의 투발수단은 ①초대형방사포(KN-25) ②무인수중공격정(해일-1·2형) ③화살-1형 ④화살-2형 ⑤신형전술유도무기 ⑥KN-24 단거리 탄도미사일 ⑦전술유도탄 ⑧소형전술 SLBM이다.

82 Multiple Independently targetable Re-entry Vehicle. 하나의 탄도미사일에 여러 개의 탄두를 포함하고 각각 다른 목표지점에 대한 공격을 하는 탄도미사일을 말한다.

83 https://www.dni.gov/files/ODNI/documents/assessments/NIC-De\-classified-NIE-North-Korea-Scenarios-For-Leveraging-Nuclear-Weap\-ons-June2023.pdf(검색일 2025. 6. 22)

84 손재락, 「북한의 핵전략」, 이창위 외, 『기로에 선 북핵위기』(서울: 박영사, 2025), pp.269-270.

85 손재락, 앞의 글, pp.274-276.

86 MIRV는 Multiple Independently targettable Reentry Vehicle의 약자로서 하나의 미사일에 여러개의 탄두를 장착하고 각 탄두가 독립적으로 다른 목표를 타격할 수 있는 미사일이다. MaRV는 Maneuverable Reentry Vehicle의 약자로서 탄도미사일의 기동이 가능한 탄두를 말한다. 다탄두 기동성 재돌입 탄도탄 또는 기동탄두 재진입체라고도 한다.

87 Bruce W. Bennett 외, *Options for Strengthening ROK Nuclear Assurance*(RAND, 2023), p.18.

88 함형필, 「북한의 핵능력과 핵전략」, 『북한군사리포트: 북한의 전쟁수행 역량과 전략』(국방대 국가안전보장문제연구소, 2024. 2), pp.19-20.

89 손한별, 「제3차 핵시대의 핵전략」, 강창우 외, 『핵무기와 핵전략』(국방대 안전보장문제연구소, 2025), pp.180-184.

90 정경영, 『전작권 전환과 국가안보』(서울: 매봉, 2022), pp.167-168.

91 이강경, 「러시아-우크라이나 전쟁의 전훈고찰: 미래전 양상과 한국군의 국방혁신 방향을 중심으로」, 『한국군사』(2025. 6), pp.81-83.

92 김동현, 『우리는 미국을 모른다』(서울: 부키, 2023), pp.16-17.

93 본문에서 기술한 미국의 핵사용 원칙과 관련된 내용은 2024년 6월 24일 미 CSIS 방문 시 설명한 'U.S.Nuclear Stewardship' 제하 미 측 브리핑자료를 참조했다.

94 김보미, 「북한의 핵전력 지휘통제체계와 안정성」, 『국가전략』 제22권 3호(2016), p.40.; 김성주·김용현, 「북한의 핵무기 고도화에 따른 핵지휘통제체계 변화 전망」, 『북

한학 연구』 제19권 2호(2023), pp.10-12.

95 대가치 표적(Counter-Value targeting)은 적이 가장 가치를 두는 표적(인구, 정치리더십, 도시 핵심시설)을 의미하며, 대군사 표적(Counter-force targeting)은 적의 보복능력을 제한하기 위해 적의 핵전력을 최우선적으로 타격하는 것을 뜻한다.

96 이만석·함형필, 『미국의 핵전략』(서울: 플래닛미디어, 2024), p.238.

97 국방부, 『2022 국방백서』, p.57.

98 앞의 책, pp.57-59.

99 앞의 책, p.160.

100 영어로는 'United States and Republic of Korea Guidelines for Nuclear Deterrence and Nuclear Operation on the Korean Peninsula'이다.

101 임기훈, 「탈냉전기 주한미군과 주일미군의 역할 변화」, 『한국과 국제정치』 제37권 4호(2021), pp.80-81.

102 외교부 홈페이지 참조

103 1500년대 배를 타고 지나가던 포르투갈인들이 대만의 아름다운 풍광에 반해 일하 포모사(Ilha Formosa)라고 명명했다고 함. 포르투갈어로 '아름다운 섬'이란 뜻.

104 펑후제도는 펑후현, 진먼도는 진먼현, 마쭈열도는 롄장현이 관할한다.

105 양안관계란 중국·대만관계를 말한다. 양안은 중국과 대만을 의미하며, 대만해협을 두고 중국을 서안, 대만을 동안으로 구분한다.

106 1992년 양안이 공동의 인식을 했다는 점에서 '92공식'으로 불린다. 전가림, 「양안관계의 정치적 상호작용 연구: '92공식'과 '양국론'을 중심으로」, 『국제지역연구』 제24권 4호(2020), p.37.

107 신원우, 「양안 군사충돌 가능성에 관한 비판적 고찰 - 양안 경제협력 관계를 중심으로」, 『아시아연구』 제27권 4호(2024. 11), p.172.

108 양태근, 「중국과 대만관계의 역사 재해석과 전망 - 92공식을 중심으로」, 『역사와 세계』 제50집(2016), pp.245-246.

109 이 내용은 U.S. Department of Defense, *Annual Report to Congress: Military and Security Developments involving the People's Republic of China 2024*, pp.31-32에도 소개되어 있다.

110 중국어 정체자로 표기한 것으로, 대만독립을 뜻한다.

111 중국과 소련은 1969년 3월 2일부터 그해 9월 11일까지 중국과 소련 국경인 아무르강과 지류인 우수리강 유역의 영유권을 놓고 무력 충돌했다.

112 기세찬, 「미래 대만사태 양상 전망」, 김은비 외, 『두 개의 전쟁과 미래전쟁』(국방대 국가안전보장문제연구소, 2024. 12), pp.112-113.

113 김영신, 「제1차 대만해협위기와 臺·美 관계」, 『열린정신 인문학연구』 제23권 3호(2022), pp.80-81.

114 대진도와 일강산도는 중국 저장성 타이저우 앞바다에 있는 섬들로, 1차 대만해협 위기 시 중국 인민해방군에 의해 점령되어 현재도 중국이 실효적으로 지배하고 있음.

115 이택선, 「탈냉전기 미국 해군의 해양전략과 항공모함 운용 평가」, 국방대학교 박사학위 논문(2023), p.205.

116 앞의 논문, p.202.

117 IISS, The Military Balance 2025, p.220.

118 1992년 중국과 대만이 협의한 양안에 대한 공동인식으로, '일개중국(一個中國) 각자표술(各自表述)', 즉 하나의 중국에 합의하나, 표현은 각자의 방식을 채택한다는 것임.

119 U.S. Department of Defense, *Annual Report to Congress: Military and Security Developments involving the People's Republic of China 2024*, p.127.

120 김현승, 「중국 해상민병 부상의 위협성 평가 및 한국안보에 주는 도전과제」, 『전략연구』 통권 제93호(2024. 7), p.265.

121 NIDS, *NIDS China Security Report: China's Quest for control of the Cognitive Domain and Gray Zone Situation*(National Institute for Defense Studies: Japan, 2023), pp.56-58.

122 김정섭, 『세 개의 전쟁』(경기 파주: 프시케의 숲, 2024), pp.279-280.

123 이창형, 「중국의 對대만 무력사용 전망과 한국의 안보: 군사충돌 시나리오를 중심으로」, 『전략연구』 통권 제93호(2024. 7), p.43.

124 이왕휘, 「미중 갈등관계와 한국의 안보」, 김계동 외. 『한국 안보의 이해』(서울: 명인문화사, 2025), p.257 및 이창형, 「중국의 對대만 무력사용 전망과 한국의 안보: 군사충돌 시나리오를 중심으로」, 『전략연구』 통권 제93호(2024. 7), p.44에서 재인용

125 김정섭, 『세 개의 전쟁』(경기 파주: 프시케의 숲, 2024), pp.283-285.

126 Sugiura Yasuyuki, *The lessons of the Russo-Ukranian War for the Chinese People's Liberation Army with focus on the implications for a Taiwan Contin-gency*, Kikuchi Shigeo·Sugiura Yasuyuki edited, War with New and Old Characteristics(Tokyo: NIDS, 2025), p.52.

127 김광진, 「미국의 대만사태 대응 전망과 한국의 안보」, 『전략연구』 통권 제93호(2024. 7), pp.89-91.

128 Sugiura Yasuyuki, *The lessons of the Russo-Ukranian War for the Chinese People's Liberation Army with focus on the implications for a Taiwan Contin-gency*, Kikuchi Shigeo·Sugiura Yasuyuki edited, War with New and Old Characteristics(Tokyo: NIDS, 2025), p.342.

129 IISS, *The Military Balance 2025* 참조

130 기세찬, 「미래 대만사태 양상 전망」, 『두 개의 전쟁과 미래전쟁』(국방대 국가안전보장문제연구소, 2024. 12), pp.117-118.

131 이창형, 「중국의 對대만 무력사용 전망과 한국의 안보: 군사충돌 시나리오를 중심으로」, 『전략연구』 통권 제93호(2024. 7), pp.37-39.

132 IISS, *The Military Balance 2025*, pp.299-302.

133 주은식, 「양안사태시 한국의 선택과 대응」, 『전략연구』 통권 제93호(2024. 7), pp.206-207.

134 이 절에서 기술한 협조적·분쟁적 전략의 주요 내용은 2024년 11월 대만 국방대에서 개최한 세미나에서 제시된 내용 중 일부를 발췌해 필자가 수정·보완한 것이다.

135 David Sambaugh 지음, 이한솔·이지수·양희용 옮김. 『강대국이 마주치는 곳: 동남아시아에서의 미중경쟁』(논산: 국방대학교 안전보장문제연구소, 2023), p.243.

★ CHAPTER 3 ★ 한국의 국방전략 재설계

136 국가의 국력을 구성하는 핵심 요소로, Diplomacy(외교), Information(정보), Military(군사), Economy(경제)를 의미

137 합동참모본부, 『합동·연합작전 군사용어사전』(2020), p.42.

138 통계청 홈페이지. https://kostat.go.kr/unifSearch/search.es

139 2022년 기준 현역판정비율은 83.6%이다.

140 김갑진, 「방위충분성을 전제한 상비병력 최적화방안 연구」, 『지상군 발전연구』 제1권 1호(대한민국 육군협회, 2025. 6), p.28.

141 이와 관련 김용우 전 육군참모총장은 2025년 7월 24일 《국방일보》 기고를 통해 '우리 군의 DMZ·GOP 우선 대비태세를 바꾸고 FEBA 부대 중심의 전투훈련과 역량 강화에 집중해야 한다'고 역설하고 있다.

142 8200부대는 이스라엘 사이버전의 핵심부대로, 2024년 9월 레바논 무장정파 헤즈볼라 대원들의 통신수단인 삐삐를 폭발한 사건의 배후로 알려져 있다.

143 9900부대는 위성·드론·항공사진 등의 영상분석 부대로, 자폐증 등 장애인을 가진 인재를 주요 요원으로 선발하는 것으로 유명하다.

144 정춘일, 『과학기술 강군을 위한 국방혁신 4.0의 비전과 방책』(서울: 행복에너지, 2022), p.368.

145 강건작, 『강군의 조건』(서울: 클라우드나인, 2025), pp.182-183.

146 이 장은 필자가 한국군의 군사력 건설 혁신 필요성에 대한 인식을 토대로 2024년 8월 국방대 교수진들과 논의했던 내용을 정리한 것이다.

147 언급된 무기체계 획득 및 개발비용은 언론 보도 내용을 참고한 것이다.

148 정홍용, 『강군의 꿈』(서울: 플래닛미디어, 2021), p.13.

149 JMS(Joint Military Strategy): 합동군사전략서, JSOP(Joint Strategic Objective Plan): 합동군사전략목표기획서, JSCP(Joint Strategic Campaign Plan): 합동군사전략전역기획서, DPG(Defense Planning Guidance): 국방기획지침

150 합동참모본부, 『합동교범 10-2 합동·연합작전 군사용어 사전』, p.372.

151 한국방위산업학회 채우석 외, 『대한민국 방위산업 50년 그리고 미래』(서울: 플래닛미디어, 2024), p.72.

152 에드워드 러트워크·에이탐 샤미르 지음, 정홍용 옮김, 『이스라엘의 군사혁신』(서울: 플래닛미디어, 2024), pp.202-203.

153 국방부, 『2022 국방백서』, p.57.

154 앞의 책, p.59.

155 앞의 책, p.60.

156 배학영, 「한국의 군사적 핵억제·대응전략」, 강창우 외, 『핵무기와 핵전략』(서울: 박영사, 2025), pp.380-381.

157 정춘일, 『과학기술 강군을 위한 국방혁신 4.0의 비전과 방책』(서울: 행복에너지, 2022), p.368.

158 남세규, 「북핵 대응 '미사일 1만발' 확보 어떤가」, 《중앙일보》 2022년 10월 27일.

159 배학영, 「한국의 군사적 핵억제·대응전략」, 강창우 외, 『핵무기와 핵전략』(서울: 박영사, 2025), pp.406-408.

160 서정순·김학민, 「인지전 연구」, 『전략연구』 통권 제93호(2024. 7), p.354.

161 유동원, 「전평시 구분 없고 누구나 표적, 먼 미래가 아닌 현실이 된 위협」, 《국방일보》 2024년 12월 17일.

162 이재승, 「서방이 전쟁 책임 주장은 피해자와 가해자를 뒤바꾼 정치적 프레임」, 《중앙일보》 2025년 3월 25일.

163 김남철·최영찬·한상근, 『새로운 영역에서의 전쟁수행 인지전』(논산: 합동군사대, 2024), p.4.

164 앞의 책, pp.297-298.

165 합동참모본부, 『합동교범 10-2: 합동·연합작전 군사용어사전』(2020)

166 배이현, 「한국군 군제발전에 관한 연구」, 대전대학교대학원 박사학위논문(2015), p.18.

167 배이현, 앞의 논문, p.69.

168 국가안전보장회의법 제6조: 국가안전보장회의 의장은 필요하다고 인정하는 경우에는 관계부처의 장, 합동참모회의 의장 또는 그 밖의 관계자를 회의에 출석시켜 발언하게 할 수 있다.

169 정연봉, 『한국군 군사혁신의 비전과 전략』(서울: 플래닛미디어, 2025), pp.179-180.

170 김갑진, 「한국군 군구조 정책결정요인과 특징」, 경남대학교 대학원 박사학위논문(2021), pp.22-23.

171 헌법 제89조. 다음 사항은 국무회의의 심의를 거쳐야 한다. 16. 검찰총장, 합동참모의장, 각 군 참모총장, 국립대학교 총장, 대사, 기타 법률이 정한 공무원과 국영기업체 관리자의 임명.

172 에드워드 러트웍·에이탄 샤미르 지음, 정홍용 옮김, 『이스라엘의 군사혁신』(서울: 플래닛미디어, 2024), pp.5-6.

173 IISS, *The Military Balance 2025*, p.345.

174 에드워드 러트웍·에이탄 샤미르 지음, 정홍용 옮김, 앞의 책, pp.125-126.

175 Guy Hazoot, *The High-Tech Forces & the cavalry: How Israel Neglected the Ground Forces*(2024), 국방대 강연자료

176 Congressional Research Service, *Defense Primer: Department of Defense Pre-Positioned Material*(2020. 12), pp.1-2.

177 Department of the Army, *Army Pre-positioned Operations*(2022. 4), pp.1-2.

178 United States Government Accountability Office, *Report to the Committee on Armed Services: DOD needs a complete picture of the Military Services' Prepositioning Programs*(U.S. Senate, 2021. 3), p.12.

179 국방대 국가안전보장문제연구소, 『예비전력 논총』(2024. 11), pp.47-49.

180 U.S. Department of the Army, *ADP 6-22 Army Leadership and the Profession*(2019. 7), p.1-14.

181 군 위탁교육관리 훈령(국방부훈령 제2901호, 2024년 2월 23일)에서 요약

182 전역한 군인 또는 군인가족을 위한 학비지원 제도이다.

183 오동진, 「선진국의 제대군인을 위한 복지정책: 미국정책 사례를 중심으로」, 육군본부 세미나 발표자료(2024. 11. 21)

184 미 국방대학교(NDU), *NDU Capstone Course Overview* https://capstone.ndu.edu/Home/Course-Overview/(검색일 2025. 6. 8)

185 2025년 3월 12일 필자가 《국방일보》에 게재한 〈국가안보와 과학기술〉 기고문을 수정, 보완한 내용이다.

186 〈김정호의 AI시대 전략〉, 《조선일보》 2025년 8월 12일.

187 국방부 군사편찬연구소, 『한미동맹 60년사』(2013), pp.48-49.

188 강웅구, 「미국의 대 한미·미일동맹 정책비교를 통한 변화와 전망」, 『한국과 국제사회』 제8권 1호(2024), pp.584-585.

189 한미상호방위조약 제3조 : 각 당사국은 타 당사국의 행정관리하에 있는 영토 또한 금후 각 당사국이 타 당사국의 행정관리하에 합법적으로 들어갔다고 인정하는 영토에 있어서 타 당사국에 대한 태평양 지역에 있어서의 무력공격을 자국의 평화와 안전을 위태롭게 하는 것이라고 인정하고 공통한 위험에 대처하기 위하여 각자의 헌법 상의 수속에 따라 행동할 것을 선언한다.

190 〈한미동맹, 미 관점에서도 보라〉, 《조선일보》 2025년 7월 31일.

191 국방부 군사편찬연구소, 『한미동맹 70년사』(2023), p.85.

192 U.S. Department of Defense, *Summary of the 2018 National Defense Strategy of the United States of America*, pp.5-7.

193 국방부 군사편찬연구소, 『한미동맹 70년사』(2023), p.92.

194 2005년부터 호주에서 격년제로 실시하는 연합합동훈련이다. 2023년에는 13개국에서 3만 명의 인원이 참가하였다. United States Army Pacific, *America's Theater Army for the Indo-Pacific*(2023. 9), p.14. 2025년 7월 3~27일 개최된 훈련에는 19개국에서 3만 명 이상이 참가하였다.

195 배성인, 『전략적 유연성: 한미동맹의 대전환』(서울: 메이데이, 2007), pp.42-43.

196 2025년 5월 15일 브런슨 사령관의 미 육군협회 연설 참조.(https://www.youtube.com/watch?v=2VucFaecIu, 검색일자 2025. 7. 7)

197 류인석, 「주한미군의 전략적 유연성에 대한 고찰: 억제와 안정자 역할의 관점에서」, 『국가전략』 제27권 3호(2021), p.71.

198 Reception, Staging, Onward Movement, Integration(수용, 대기, 전방이동, 통합)

199 유민규, 「미국 미사일 방어자산 전개를 통한 확장억제 강화방안: 2024년 이스라엘 전역 사례연구를 중심으로」, 『국방연구』 제68권 2호(2025), pp.38-43.

200 임기훈, 『주한미군과 주일미군』(2022), p.296.

201 류인석, 「주한미군의 전략적 유연성에 대한 고찰: 억제와 안정자 역할의 관점에서」, 『국가전략』 제27권 3호(2021), p.75.

202 황병무, 『한국 외군의 외교·군사사』(서울: 박영사, 2021), p.319.

203 장재규·길병옥, 「전작권 전환과 한미 연합지휘구조 연구」, 『국방연구』 제65권 1호(2022), p.112.

204 2025년까지 고성능 영상레이더(SAR) 탑재 위성 4기와 전자광학(EO)·적외선(IR) 탑재 위성 1기 등 총 5기의 정찰위성을 확보할 예정이며, 5기가 모두 발사되었다. '425' 사업 명칭은 SAR(사)·EO(이오)를 이어붙인 것이다.

205 신범철, 「전시작전통제권 전환 과정 평가와 향후 정책방향」, 『세종정책브리프』(2025. 6), pp.14-15.

206 임기훈, 『주한미군과 주일미군』(서울: 플래닛미디어, 2022), pp.178-179.

207 강건작, 『강군의 조건』(서울: 클라우드나인, 2025), p.132.

208 국방부, 『2022 국방백서』, p.367.

209 방위비분담금 협정 체결 경과는 2023년 5월 22일 《국방일보》 13면에 자세히 소개되어 있다.

210 헌법 제60조 ①항은 '국회는 국가나 국민에게 중대한 재정적 부담을 지우는 조약 또는 입법사항에 관한 조약의 체결·비준에 대한 동의권을 가진다'라고 규정

211 『2022 국방백서』 367쪽에 따르면 2021년 방위비분담금 1조 1,833억 원 중 인건비는 5,598억, 군사건설비는 4,368억, 군수지원비는 1,867억 원이다.

212 2025년 7월 26일 《세계일보》는 외교부와 국방부의 국회 설명자료를 인용, '2023년 기준 누적된 방위비분담금 미집행액이 2조 원에 이른다. 이 중 미지출 현물 규모는 1조 9,151억 원, 미집행 현금 규모는 2,495억 원가량이다. 미지출 현물은 우리 국고에 보유 중이고, 미집행 현금은 미 재무부 계좌에 예치 중'이라고 보도했다.

213 《서울경제》 2024년 9월 22일.

214 신치범, 『한미일 안보협력의 메카니즘 중층적 구조의 기원』(파주: 광문각 출판미디어, 2024), p.142.

215 빅터 차는 "동맹국을 공유하고 있음에도 상호 동맹을 맺지 않고 있는 두 나라의 관계를 유사동맹으로 칭한다. 빅터 D. 차 지음, 김일영·문순보 옮김, 『적대적 제휴』(서울: 문학과 지성사, 2004), p.307.

216 이근, 『2030 대한민국 강대국 시나리오』(경기 파주: 21세기북스, 2025), p.170.

217 안문석, 「한미일 안보협력에 대한 성찰: 한일 안보협력의 가능성을 중심으로」, 『동향과 전망』 119호(2023), pp.273-287.

218 박영준, 「국제안보질서의 동요와 한미일 안보협력의 방향」, 『국가전략』 제30권 3호(2024), pp.25-26.

219 임기훈, 「유엔사의 재활성화 요인과 전략적 가치 재고찰」, 『국방연구』 제67권 2호(2024), pp.37-41.

220 Andrew Harrison·신상범, 『한반도 군사정전협정』(서울: 전쟁기념사업회, 2023), pp.219-221.

221 안준형, 「유엔군사령부의 미래기능과 역할에 관한 연구」, 『안보연구시리즈』 제6권 1호(국방대학교 안전보장문제연구소, 2020), pp.1-48 참조

222 이강경, 「러시아-우크라이나 전쟁의 전훈고찰: 미래전 양상과 한국군의 국방혁신 방향을 중심으로」, 『한국군사』(2025. 6), pp.90-91.

★ 결론

223 이근, 『2030 대한민국 강대국 시나리오』(경기 파주: 21세기 북스, 2025)

★

참고문헌

1. 국문자료

〈단행본〉

강건작, 『강군의 조건』, 서울: 클라우드나인, 2025.

국방대 국가안전보장문제연구소, 『예비전력 논총』, 2024.

국방부 군사편찬연구소, 『한미동맹 60년사』, 2013.

______, 『한미동맹 70년사』, 2023.

국방대학교 합동참모대학, 『미 국방부 군사용어사전(미 합동교범 1-02 번역본)』, 서울: 국방대학교 합동참모대학, 2008.

국방부, 『2022 국방백서』, 서울: 국방부, 2022.

김남철·최영찬·한상근, 『새로운 영역에서의 전쟁수행 인지전』, 논산: 합동군사대, 2024.

김동현, 『우리는 미국을 모른다』, 서울: 부키, 2023.

김정섭, 『세 개의 전쟁』, 경기 파주: 프시케의 숲, 2024.

뤄슈렌 지음, 부자오치 옮김, 『대만은 왜 중국에 맞서는가』, 서울: 미디어와치, 2021.

배성인, 『전략적 유연성: 한미동맹의 대전환』, 서울: 메이데이, 2007.

빅터 D. 차 지음, 김일영·문순보 옮김, 『적대적 제휴』, 서울: 문학과 지성사, 2004.

신치범, 『한미일 안보협력의 메카니즘 중층적 구조의 기원』, 파주: 광문각 출판미디어, 2024.

오순근, 『포와에서 태평양을 걷다』, 서울: 박영사, 2025.

에드워드 러트워크·에이탐 샤미르 지음, 정홍용 옮김, 『이스라엘의 군사혁신』, 서울: 플래닛미디어, 2024.

이근, 『2030 대한민국 강대국 시나리오』, 경기 파주: 21세기북스, 2025.

이만석·함형필, 『미국의 핵전략』, 서울: 플래닛미디어, 2024.

이석수, 『북핵 위기와 해법』, 논산: 국방대학교, 2025.

이춘근, 『북한의 핵패권』. 서울: 인문공간, 2023.

임기훈, 『주한미군과 주일미군: 미국의 아시아 안보전략』, 서울: 플래닛미디어, 2022.

정경영, 『전작권 전환과 국가안보』, 서울: 매봉, 2022.

정연봉, 『한국군 군사혁신의 비전과 전략』, 서울: 플래닛미디어, 2025.

정춘일, 『과학기술 강군을 위한 국방혁신 4.0의 비전과 방책』, 서울: 행복에너지, 2022.

정홍용, 『강군의 꿈』, 서울: 플래닛미디어, 2021.

챠오량·왕샹수이 지음, 이정곤 옮김, 『초한전 : 세계화 시대의 전쟁과 전법』, 서울: 교우미디어, 2021.

최인아·이선형·이재호·김소은, 『미중경쟁에 대한 호주의 전략적 대응과 시사점: 호주의 대중정책 변화를 중심으로(세종지역전략연구 21-11)』, 세종: KIEP 대외경제정책연구원, 2022.

표나리, 『중국의 회색지대 전략과 3전의 전개』, 서울: 국립외교원 외교안보연구소, 2023.

황병무, 『한국 외군의 외교·군사사』, 서울: 박영사, 2021.

한국국가전략연구원, 『2022 동아시아전략평가』, 서울: 한국국가전략연구원, 2022.

한국방위산업학회 채우석 외, 『대한민국 방위산업 50년 그리고 미래』, 서울: 플래닛미디어, 2024.

합동군사대학교, 『중국 국방전략』, 계룡 : 국방출판지원단, 2021.

합동참모본부, 『합동교범 10-2 합동·연합작전 군사용어사전』, 서울: 합참, 2020.

Andrew Harrison·신상범, 『한반도 군사정전협정』, 서울: 전쟁기념사업회, 2023.

David Shambaugh 지음, 이한솔·이지수·양희용 옮김, 『강대국이 마주치는 곳』, 논산: 국방대 안전보장문제연구소, 2023.

KIEP 북경사무소, 『중국의 일대일로 추진현황 및 평가와 전망』, 2017.

〈논 문〉

강웅구, 「미국의 대 한미·미일동맹 정책비교를 통한 변화와 전망」, 『한국과 국제사회』 제8권 1호, 2024.

권태영·김푸름, 「중국의 3전과 한국의 대응방향」, 『전략연구』 제26권 1호, 2019.

기세찬, 「미래 대만사태 양상 전망」, 김은비 외. 『두 개의 전쟁과 미래전쟁』, 논산: 국방대 국가안전보장문제연구소, 2024.

김갑진, 「방위충분성을 전제한 상비병력 최적화방안 연구」, 『지상군 발전연구』 제1권 1호, 2025.

______, 「한국군 군구조 정책결정요인과 특징」, 경남대학교 대학원 박사학위논문, 2021.

김광진, 「미국의 대만사태 대응 전망과 한국의 안보」, 『전략연구』 통권 제93호, 2024.

김덕기, 「미중의 전력증강과 대만해협을 둘러싼 전력배비가 한반도에 주는 전략적 함의: 미국의 중국 A2/AD 대응전력 증강과 중국의 A2/AD 전력증강을 중심으로」, 『전략연구』 통권 제93호, 2024.

김보미, 「북한의 핵전력 지휘통제체계와 안정성」, 『국가전략』 제22권 3호, 2016.

김성주·김용현, 「북한의 핵무기 고도화에 따른 핵지휘통제체계 변화 전망」, 『북한학 연구』 제19권 2호, 2023.

김성진, 「푸틴 집권 4기 러시아 국가안보전략의 변화」, 『중소연구』 제45권 4호, 2021/2022.

김순수·양정학, 「중국의 중앙아시아 외교전략 : 군사안보 관계를 중심으로”, 『전략연구』, 제24권 제1호, 2017.

김영신, 「제1차 대만해협위기와 臺·美 관계」, 『열린정신 인문학연구』 제23권 3호, 2022.

김현승, 「중국 해상민병 부상의 위협성 평가 및 한국안보에 주는 도전과제」, 『전략연구』 통권 제93호, 2024.

박광득, 「九二共識(구이공식)에서 湖四点(호사점)까지의 양안관계 연구」, 『한국동북아논총』 제10권 35호, 2005.

박영준, 「국제안보질서의 동요와 한미일 안보협력의 방향」, 『국가전략』 제30권 3호, 2024.

배이현, 「한국군 군제발전에 관한 연구」, 대전대학교대학원 박사학위논문, 2015.

배학영, 「한국의 군사적 핵억제·대응전략」, 강창우 외, 『핵무기와 핵전략』, 서울: 박영사, 2025.

서동주, 「미·중 복합 지정학적 갈등과 러시아의 전략적 입장 및 대응」, 『국가안보와 전략』 제22권 2호, 2022.

서정순·김학민, 「인지전 연구」, 『전략연구』 통권 제93호, 2024.

손재락, 「북한의 핵전략」, 이창위 외, 『기로에 선 북핵위기』. 서울: 박영사, 2025.

손한별, 「북한의 미래도발 양상전망」, 김은비 외, 『두 개의 전쟁과 미래전쟁』, 논산: 국방대 국가안전보장문제연구소, 2024.

______, 「제3차 핵시대의 핵전략」, 강창우 외, 『핵무기와 핵전략』, 논산: 국방대 안전보장문제연구소, 2025.

신동민, 「인도태평양사령부의 작전적 중점: 군수역량 강화·기동성 증대·타격능력 정밀/신속화 – 동맹·우방국에의 함의」, 『전략연구』 통권 제93호, 2024.

신범철, 「전시작전통제권 전환 과정 평가와 향후 정책방향」, 『세종정책브리프』, 2025.

신원우, 「양안 군사충돌 가능성에 관한 비판적 고찰 - 양안 경제협력 관계를 중심으로」, 『아시아연구』 제27권 4호, 2024.

안문석, 「한미일 안보협력에 대한 성찰: 한일 안보협력의 가능성을 중심으로」, 『동향과 전망』 119호, 2023.

안준형,「유엔군사령부의 미래기능과 역할에 관한 연구」,『안보연구시리즈』 제6권 1호, 국방대학교 안전보장문제연구소, 2020.

양태근,「중국과 대만관계의 역사 재해석과 전망 - 92공식을 중심으로」,『역사와 세계』 제50집, 2016.

오동진,「선진국의 제대군인을 위한 복지정책: 미국정책 사례를 중심으로」, 육군본부 세미나 발표자료, 2024년 11월 21일.

우평균,「러시아의 전략문화 및 군사전략의 특성과 우크라이나 침공」,『국방연구』 제68권 2호, 2025.

유민규,「미국 미사일 방어자산 전개를 통한 확장억제 강화방안: 2024년 이스라엘 전역 사례연구를 중심으로」,『국방연구』 제68권 2호, 2025.

유영철,「러시아의 국가안보전략 평가와 영향」,『군사논단』 제115호, 2023.

유인석,「디지로그 복합전 개념과 전략적 함의」,『한국군사』 제17호, 2025.

______,「주한미군의 전략적 유연성에 대한 고찰: 억제와 안정자 역할의 관점에서」,『국가전략』 제27권 3호, 2021.

이강경,「러시아-우크라이나 전쟁의 전훈고찰: 미래전 양상과 한국군의 국방혁신 방향을 중심으로」,『한국군사』, 2025.

이민자,「일대일로 국가전략의 목적 및 평가」,『신아세아』 31권 1호, 2024.

이왕휘,「미중 갈등관계와 한국의 안보」, 김계동 외,『한국 안보의 이해』, 서울: 명인문화사, 2025.

이지훈,「현대전에서의 법률전과 우리 군에 대한 중국 인민해방군의 시각을 중심으로」,『국방정책연구』, 제30권 2호, 2014.

이창형,「중국의 對대만 무력사용 전망과 한국의 안보: 군사충돌 시나리오를 중심으로」,『전략연구』 통권 제93호, 2024.

이택선,「탈냉전기 미국 해군의 해양전략과 항공모함 운용 평가", 국방대학교 박사학위 논문, 2023.

임기훈,「유엔사의 재활성화 요인과 전략적 가치 재고찰」,『국방연구』 제67권 2호, 2024.

______, 「탈냉전기 주한미군과 주일미군의 역할변화」, 『한국과 국제정치』 제37권 4호, 2021.

전가림, 「양안관계의 정치적 상호작용 연구: '92공식'과 '양국론'을 중심으로」, 『국제지역연구』 제24권 4호, 2020.

장재규·길병옥, 「전작권 전환과 한미 연합지휘구조 연구」, 『국방연구』 제65권 1호, 2022.

정재호, 「중국의 해외 군사기지 독법: 확대된 국익, 원칙의 변경, 그리고 전략적 불확실성」, 『중소연구』 제45권 제4호, 2021/2022.

조현규, 「최근 중국인민해방군 전력증강 동향과 함의 - 최초의 드론 항모 건조와 군용 5G 기지국 건설을 중심으로", 『월간 KIMA 군사와 안보』 제84호, 2025.

주은식, 「러시아 국가안보전략 평가와 영향: 러시아-우크라이나 전쟁에서의 성과와 평가」, 『전략연구』 제87호, 2022.

______, 「양안사태시 한국의 선택과 대응」, 『전략연구』 통권 제93호, 2024.

학문양, 「중국의 해외항구 프로젝트 전략 비교연구 : 파키스탄의 과다르항, 그리스의 피레우스항, 아프리카의 지부티항 사례를 중심으로」, 서울대학교 대학원 석사학위논문, 2024.

함형필, 「북한의 핵능력과 핵전략」, 김태현 외, 『북한군사리포트: 북한의 전쟁수행 역량과 전략』, 논산: 국방대 국가안전보장문제연구소, 2024.

2. 영문자료

Ashton H.S. Cho and Yuan-Chou Jing, *Tipping the Balance? China's PLA Northern Theater Command and the Korean Peninsula*, The Korean Journal of Defense Analysis, Vol. 36. No. 2. June 2024.

Atlantic Council, *A rising nuclear double-threat in east Asia: Insights from our Guardian Tiger I and II tabletop exercises*, May 2025.

Australia Government, Department of Defence, *2020 Defence Strategic Update*, 2020.

_______, *National Defence: Defence Strategic Review*, 2023.

Brad Roberts. *The Plausible Alternative to the South Korean Bomb, Deterring A Nuclear-Armed North Korea*, Lawrence Livermore National Laboratory, May 2023.

Bruce W. Bennett 외, *Options for Strengthening ROK Nuclear Assurance*, RAND, 2023.

Congressional Research Service, *Defense Primer: Department of Defense Pre-Positioned Material*, December 2020.

Center for Strategic and International Studies(CSIS), *U.S. Nuclear Stewardship*, 2024.

Department of the Army, *Army Pre-positioned Operations*, April 2022.

_______, *ADP 6-22 Army Leadership and the Profession*, July 2019.

Guy Hazoot, *The High-Tech Forces & the Cavalry: How Israel Neglected the Ground Forces*, 2024.

IISS, *The Military Balance 2025*, London: IISS, 2025.

_______, *The Military Balance 2024*, London: IISS, 2024.

Ministry of Defense, *Defense of Japan 2023*(2023年度 防衛白書 英語版), 2023.

_______, *2024 Defense of Japan*(2024年度 防衛白書 英語版), 2024.

National Institute for Defense Studies, *NIDS China Security Report: China's Quest for control of the Cognitive Domain and Gray Zone Situation*, Tokyo, Japan: National Institute for Defense Studies, 2023.

_______, *China Security Report 2024, China, Russia, and the U.S. Striving for a New International Order*. Tokyo, Japan: National Institute for Defense Studies, 2024.

Senate Armed Services Committee, *Statement of Admiral John C. Aquilino, Commander, U.S. Indo-Pacific Command Posture*, 118th Congress, March 21, 2024.

Stockholm International Peace Research Institute, *SIPRI Yearbook 2025*, Oxford

University Press, 2025.

Sugiura Yasuyuki, *The lessons of the Russo-Ukranian War for the Chinese People's Liberation Army with focus on the implications for a Taiwan Contingency*, Kikuchi Shigeo·Sugiura Yasuyuki edited. War with New and Old Characteristics, Tokyo: NIDS, 2025.

The State Council Information Office of the People's Republic of China, *China's National Defense in the New Era*, July 2019.

The U.S. Department of Defense, *Annual Report to Congress: Military and Security Developments involving the People's Republic of China 2024*.

________, *2022 National Defense Strategy of the U.S. including the 2022 Nuclear Posture Review and the 2022 Missile Defense Review*, October 2022.

________, *Summary of the 2018 National Defense Strategy of the United States of America*.

The White House, *National Security Strategy*, October 2022.

United States Army Pacific, *America's Theater Army for the Indo-Pacific*, September 2023.

United States Government Accountability Office, *Report to the Committee on Armed Services: DOD needs a complete picture of the Military Services' Prepositioning Programs*, U.S. Senate, March 2021.

3. 기 타

〈김용우 전 육군참모총장 기고〉, 《국방일보》 2025년 7월 24일.

〈김정호의 AI시대 전략〉, 《조선일보》 2025년 8월 12일.

〈남세규, 북핵 대응 '미사일 1만발' 확보 어떤가〉, 《중앙일보》 2022년 10월 27일.

〈미국의 중거리미사일(다크이글) 배치〉, 《조선일보》 2025년 8월 6일.

〈방위비분담금 미집행액 관련〉, 《세계일보》 2025년 7월 26일.

〈방위비분담금 협정 체결 경과〉, 《국방일보》 2023년 5월 22일.

〈병역자원 추세〉, 《조선일보》·《중앙일보》·《세계일보》 2025년 8월 11일.

〈북한 강건호 진수식 및 조기경보통제기 사진〉, 《연합뉴스》 2025년 6월 13일 및 2025년 3월 27일.

〈북한 ICBM 개발 계보〉, 《국민일보》 2025년 9월 10일.

유동원, 〈전평시 구분없고 누구나 표적〉, 《국방일보》 2024년 12월 17일.

이재승, 〈서방이 전쟁 책임 주장은 피해자와 가해자를 뒤바꾼 정치적 프레임〉, 《중앙일보》 2025년 3월 25일.

임기훈, 〈국가안보와 과학기술 기고문〉, 《국방일보》 2025년 3월 12일.

〈중국군의 대만 포위훈련 구역〉, 《중앙일보》 2025년 4월 1일.

〈중국, 2022년 국방비 약 966조4160억 원… 공식 발표의 3배 수준〉, 《글로벌 이코노믹》 2024년 5월 7일.

〈중국의 도련선 전략〉, 《세계일보》 2022년 1월 5일.

〈중국의 일대일로〉, 《한국경제》 2020년 6월 26일.

〈콜비 차관은 AUKUS를 통해 미국산 핵잠수함 호주 판매에 부정적 입장 표명〉, 《동아일보》 2025년 6월 13일.

〈한국의 방위비분담금 증가비율 관련〉, 《서울경제》 2024년 9월 22일.

〈한미동맹, 미 관점에서도 보라〉, 《조선일보》 2025년 7월 31일.

미 국가정보판단서 초록https://www.dni.gov/files/ODNI/documents/assessments/NIC-Declassified-NIE-North-Korea-Scenarios-For-Leveraging-Nuclear-Weapons-June2023.pdf(검색일 2025. 6. 22)

미 국방대학교(NDU), NDU Capstone Course Overview https://capstone.ndu.edu/Home/Course-Overview(검색일 2525. 6. 8).

〈미국의 극초음속 미사일 호주 전개〉, 미 육군 홈페이지 2025년 8월 2일 뉴스https://www.army.mil/article/287545/us_army_showcases_long_range_hypersonic_weapon_during_ts25_in_australia(검색일 2525. 9. 22)

〈미군 병력규모〉, 미 국방부 DMDC(Defense Manpower Data Center), https://dwp.dmdc.osd.mil/dwp/app/dod-data-reports/workforce-reports(검색일 2025. 3. 15)

미 전쟁부(U.S. Department of War) 홈페이지(https://www.war.gov/ 검색일 2025. 9. 15)

〈전작권 전환 이후 관련〉, 합동참모본부 홈페이지https://www.jcs.mil.kr/mbshome/mbs/jcs2/subview.jsp?id=jcs2_020402020000 (검색일 2025. 6. 24)

〈파키스탄의 과다르항 관련〉, Isaac Kardon, *China's Geopolitical Gambit in Gwadar, Asia Dispatches*(Wilson Center, 2020. 8)https://www.wilsoncenter.org/blog-post/chinas-geopolitical-gambit-gwadar(검색일 2025. 3. 8)

통계청 홈페이지(https://kostat.go.kr/unifSearch/search.es, 검색일 2025. 4. 6)

호주 Lowy Institute 2024 Power Index(https://power.lowyinstitute.org/ 검색일 2025. 5. 18)

2025년 5월 15일 브런슨 사령관의 미 육군협회 연설 (https://www.youtube.com/watch?v=2VucFaeclu, 검색일 2025. 7. 7)

〈ARC-21 훈련〉, https://ipdefenseforum.com/ko/2021/06/'유럽과 인도 태평양 파트너국, ARC-21 훈련을 통해 단결 – Indo – Pacific Defense Forum'(검색일 2025. 5. 4)

Global Firepower 2025 Military Strength ranking(https://www.globalfirepower.com/countries-listing.php, 검색일 2025. 3. 4)

한국국방안보포럼(KODEF)은 21세기 국방정론을 발전시키고 국가안보에 대한 미래 전략적 대안을 제시하기 위해 뜻있는 군·정치·언론·법조·경제·문화 마니아 집단이 만든 사단법인입니다. 온·오프라인을 통해 국방정책을 논의하고, 국방정책에 관한 조사·연구·자문·지원 활동을 하고 있으며, 국방 관련 단체 및 기관과 공조해 국방 교육 자료를 개발하고 안보의식을 고양하는 사업을 하고 있습니다. http://www.kodef.net

KODEF 안보총서 128

미중 패권경쟁과 두 개의 분화구

한반도와 대만, 그리고 한국의 국방전략

초판 1쇄 인쇄 2025년 11월 21일
초판 1쇄 발행 2025년 11월 27일

지은이 임기훈
펴낸이 김세영

펴낸곳 도서출판 플래닛미디어
주소 04013 서울시 마포구 월드컵로15길 67, 2층
전화 02-3143-3366
팩스 02-3143-3360
블로그 http://blog.naver.com/planetmedia7
이메일 webmaster@planetmedia.co.kr
출판등록 2005년 9월 12일 제313-2005-000197호

ISBN 979-11-24129-00-5 93390